日本外观设计审查基准

国家知识产权局专利局审查业务管理部　组织编译

意匠審査基準

知识产权出版社
全国百佳图书出版单位
—北京—

图书在版编目（CIP）数据

日本外观设计审查基准/国家知识产权局专利局审查业务管理部组织编译. —北京：知识产权出版社，2020.4

ISBN 978 - 7 - 5130 - 6830 - 7

Ⅰ.①日… Ⅱ.①国… Ⅲ.①外观设计—专利申请—审查—研究—日本 Ⅳ.①G306.3

中国版本图书馆 CIP 数据核字（2020）第 043100 号

责任编辑：崔开丽　吴亚平　　**责任校对：**潘凤越

封面设计：博华创意·张冀　　**责任印制：**刘译文

日本外观设计审查基准

国家知识产权局专利局审查业务管理部　组织编译

出版发行：知识产权出版社有限责任公司　　**网　址：**http://www.ipph.cn

社　址：北京市海淀区气象路 50 号院　　**邮　编：**100081

责编电话：010 - 82000860 转 8377　　**责编邮箱：**wypjdai@163.com

发行电话：010 - 82000860 转 8101/8102　　**发行传真：**010 - 82000893/82005070/82000270

印　刷：三河市国英印务有限公司　　**经　销：**各大网上书店、新华书店及相关专业书店

开　本：787mm×1092mm　1/16　　**印　张：**17.5

版　次：2020 年 4 月第 1 版　　**印　次：**2020 年 4 月第 1 次印刷

字　数：402 千字　　**定　价：**118.00 元

ISBN 978-7-5130-6830-7

编译委员会

编 译 说 明

在中国，为保护发明、实用新型、外观设计三种创新成果，将对该三者的保护规定于一部法律——《中华人民共和国专利法》。根据《中华人民共和国专利法》第一条、第二条之规定，中国专利法保护的客体是发明创造，即发明、实用新型和外观设计。由此可见，在中国发明、实用新型、外观设计均属于专利，是中国专利法立法体制特色之一。与中国一部法律规定发明、实用新型和外观设计之保护的立法模式不同，日本对发明（特許）、实用新型（実用新案）、外观设计（意匠）的保护实行单独立法模式，即分别由『特許法』（以下称为《特许法》）、『実用新案法』（以下称为《实用新型法》）、『意匠法』（以下称为《外观设计法》）予以规范。除了这三部主要法律外，日本特许厅还制定了多部与上述法律相对应的辅助性法律法规，如『特許・実用新案審基準』（以下称为《日本发明・实用新型审查指南》）、『特許・実用新案審査ハンドブック』（以下称为《日本发明・实用新型审查手册》）、『意匠審査基準』（以下称为《日本外观设计审查基准》）、『審判便覧』（以下称为《日本审判便览》）等。

为了更好地研究日本的专利审查规则，丰富专利审查学术资源，国家知识产权局专利局审查业务管理部组织力量对《日本发明・实用新型审查指南》、《〈日本发明・实用新型审查指南〉特定技术领域适用实例》（《日本发明・实用新型审查手册》附属书 B）、《日本外观设计审查基准》、《日本审判便览》进行了翻译，编辑成册，供在审查实践中参考。

本书在出版过程中得到了日本贸易振兴机构北京办事处的大力支持，为我们提供了完备的日文版本，同时给予了高度的关切。

在此特别强调，本书仅作为理解日本专利审查规则的参考资料，如发现译文内容有不妥之处，请以原文为准。

关于外观设计审查基准

外观设计审查基准为了谋求外观设计审查中所依据的外观设计法的统一的条文解释及其运用，早在1930年左右就已经存在“外观设计审查操作规程”，这之后为应对1959年外观设计法的修改，“外观设计审查基准”于1968年6月公布，该基准历经数次若干追加修订等，被广泛应用了30多年之久。

之后，在1998年对外观设计法进行了大幅的修改，而且在1999年也对外观设计法的一部分条文进行了修改，关于该修改条文的解释及其运用，在“1998年修改外观设计法　外观设计审查的运用基准”“1999年修改外观设计法　外观设计审查的运用基准”中实现了运用的统一，但是在审查实务中，还需要一并阅读原有的“外观设计审查基准”。

鉴于这样的情况，外观设计审查基准办公室基于原有的“外观设计审查基准”“1998年修改外观设计法　外观设计审查的运用基准”“1999年修改外观设计法　外观设计审查的运用基准”，针对与外观设计的审查实务有关的每项条文，重新编辑了“外观设计审查基准”并公布。

2002年1月

日本特许厅审查业务部外观设计科

外观设计审查基准办公室

关于外观设计审查基准（对应2006年修改的外观设计法）

“对外观设计法等进行部分修改的法律”（2006年法律第55号）在2006年6月7日公布，关于外观设计法的主要修改项目从2007年4月1日起实施。与此同时，对此前公布的外观设计审查基准的以下部分进行了修改。另外，对各章的相关条文也一并进行了修订。

本外观设计审查基准适用于2007年4月1日以后的外观设计专利申请。（此外，第3部分“新颖性丧失的例外”适用于2006年9月1日以后的外观设计专利申请。）

◎ 第2部分　第2章　“外观设计是否相似的判断”

◎ 第2部分　第4章　“与在先申请外观设计的一部分相同或者相似的在后申请外观设计的保护排除”

◎ 第3部分　“新颖性丧失的例外”

◎ 第6部分　“在先申请”

◎ 第7部分　第1章　“部分外观设计”

◎ 第7部分　第3章　“关联外观设计”

◎ 第7部分　第4章　“外观设计法第2条第2款规定的包含图像的外观设计”

2007年4月

日本特许厅审查业务部外观设计科

外观设计审查基准办公室

关于外观设计审查基准的部分修改

本次对原有的“外观设计审查基准”中的第 7 部分第 4 章“外观设计法第 2 条第 2 款规定的包含图像的外观设计”和第 10 部分“按照巴黎公约主张优先权等的手续”进行了修改。此外，关于修改部分，在 2008 年 7 月进行的产业结构审议会知识产权政策部门会议外观设计制度小委员会（以下简称外观设计制度小委员会）第 1 次外观设计审查基准工作小组中进行了讨论，之后从 2008 年 9 月至 10 月听取了日本特许厅内外的意见，据此进行了必要的修订，并在 2008 年 10 月召开的外观设计制度小委员会第 2 次外观设计审查基准工作小组中得到批准。

本外观设计审查基准第 7 部分第 4 章和第 10 部分适用于在 2008 年 10 月 31 日以后审查的申请。

◎ 第 7 部分　第 4 章　“外观设计法第 2 条第 2 款规定的包含图像的外观设计”

◎ 第 10 部分　　　　　“按照巴黎公约主张优先权等的手续”

2008 年 10 月

日本特许厅审查业务部外观设计科

外观设计审查基准办公室

关于外观设计审查基准的部分修订

本次伴随着按照“对特许法等进行部分修改的法律”（2008 年 4 月 18 日法律第 16 号）中对外观设计法的修改，将外观设计审查基准以下项目中的“30 日”修改为“3 个月”。

“第 8 部分第 2 章　补正不予受理”和“第 9 部分第 4 章　补正后外观设计的新申请”的修订内容适用于在 2009 年 4 月 1 日以后不予受理决定的副本已送达的申请，“第 9 部分第 2 章　申请的变更”的修订内容适用于在 2009 年 4 月 1 日以后对原专利申请作出应驳回的最初审查决定的副本已送达的申请。

◎ 第 8 部分　第 2 章　“补正不予受理”

◎ 第 9 部分　第 2 章　“申请的变更”

◎ 第 9 部分　第 4 章　“补正后外观设计的新申请”

2009 年 7 月

日本特许厅审查业务部外观设计科

外观设计审查基准办公室

关于外观设计审查基准的部分修订

本次新追加了第 11 部分“审查方法”。“审查方法”是对外观设计实质审查方法概要的阐释，在 2009 年度召开的外观设计制度小委员会第 3 次外观设计审查基准工作小组（2009 年 11 月召开）和外观设计制度小委员会第 4 次外观设计审查基准工作小组（2010 年 1 月召开）中讨论了其内容，之后，在 2010 年 2 月听取了日本特许厅内外的意见，据此进行了必要的修订，在外观设计制度小委员会外观设计审查基准工作小组中得到批准。

另外，伴随在第 11 部分中追加了“审查方法”，以往的第 11 部分“其他”顺延为第 12 部分“其他”。

本外观设计审查基准适用于在 2010 年 4 月 1 日以后审查的申请。

◎ 第 11 部分　“审查方法”

◎ 第 12 部分　“其他”

2010 年 4 月

日本特许厅审查业务部外观设计科

外观设计审查基准办公室

关于外观设计审查基准的部分修订

本次对原有的“外观设计审查基准”中的第 2 部分第 1 章“适于工业应用的外观设计”、第 7 部分第 1 章“部分外观设计”、第 7 部分第 4 章“包含图像的外观设计”进行了修改。此外，关于修改部分，在外观设计制度小委员会第 5 次外观设计审查基准工作小组（2011 年 3 月召开），以及外观设计制度小委员会第 6 次外观设计审查基准工作小组（2011 年 5 月召开）中讨论了其内容，之后，从 2011 年 5 月至 6 月听取了日本特许厅内外的意见，据此进行了必要的修订，在外观设计制度小委员会外观设计审查基准工作小组中得到批准。

本外观设计审查基准第 2 部分第 1 章、第 7 部分第 1 章、第 7 部分第 4 章适用于 2011 年 8 月 1 日以后的外观设计专利申请。

2011 年 7 月

日本特许厅审查业务部外观设计科

外观设计审查基准办公室

关于外观设计审查基准的部分修订

本次新追加了第 11 部分“国际外观设计专利申请”，并且修改了第 2 部分第 4 章“与在先申请外观设计的一部分相同或者相似的在后申请外观设计的保护排除”、第 6 部分“在先申请”、第 7 部分第 3 章“关联外观设计”、第 9 部分第 1 章“外观设计专利申请的分案”、第 10 部分“按照巴黎公约主张优先权等的手续”、第 12 部分“审查方法”。本次的修订对应于工业品外观设计国际注册海牙协定日内瓦修改协定，在外观设计制度小委员会第 1 次外观设计审查基准工作小组（2014 年 10 月召开）以及第 2 次外观设计审查基准工作小组（2014 年 10 月召开）中讨论了其内容，之后，从 2014 年 10 月至 11 月听取了日本特许厅内外的意见，据此进行了必要的修订，在第 3 次外观设计审查基准工作小组（2014 年 12 月召开）中得到批准。

另外，在第 11 部分中追加“国际外观设计专利申请”的同时，将以往的第 11 部分“审查方法”以及第 12 部分“其他”分别顺延为第 12 部分“审查方法”、第 13 部分“其他”。

本外观设计审查基准适用于在 2015 年 5 月 13 日以后审查的申请。

◎ 第 2 部分　第 4 章　“与在先申请外观设计的一部分相同或者相似的在后申请外观设计的保护排除”

◎ 第 6 部分　“在先申请”

◎ 第 7 部分　第 3 章　“关联外观设计”

◎ 第 9 部分　第 1 章　“外观设计专利申请的分案”

◎ 第 10 部分　“按照巴黎公约主张优先权等的手续”

◎ 第 11 部分　“国际外观设计专利申请”

◎ 第 12 部分　“审查方法”

◎ 第 13 部分　“其他”

2015 年 4 月

日本特许厅审查第一部外观设计科

外观设计审查基准办公室

关于外观设计审查基准的部分修订

本次对第7部分第4章“包含图像的外观设计”进行了修订。本次修订接受了外观设计制度小委员会报告书“通过保护创造性设计的权利从而帮助日本企业展开国际业务”（2014年1月），在外观设计制度小委员会外观设计审查基准工作小组中讨论了其内容（2015年3月至11月），之后，经由外观设计制度小委员会的确认和意见征集程序后得到了批准（2016年1月）。

本次修订后的外观设计审查基准第7部分第4章的“74.4.3 设计非易性”适用于2016年4月1日以后审查的外观设计专利申请，除“74.4.3 设计非易性”以外的部分适用于同日以后的外观设计专利申请。

◎ 第7部分　第4章　“包含图像的外观设计”

2016年3月

日本特许厅审查第一部外观设计科

外观设计审查基准办公室

关于外观设计审查基准的部分修订

本次对第1部分第2章“外观设计专利申请有关的外观设计的认定”、第2部分第1章“适于工业应用的外观设计”及第3部分“新颖性丧失的例外”进行了修订。对本次修订的相关内容在外观设计制度小委员会外观设计审查基准工作小组中进行了讨论（2016年12月至2017年2月），之后，进行了意见征集（2017年2月至3月），据此进行了必要的修订。

本次修订的外观设计审查基准适用于在2017年4月1日以后审查的外观设计专利申请。

◎ 第1部分　第2章　“外观设计专利申请有关的外观设计的认定”

◎ 第2部分　第1章　“适于工业应用的外观设计”

◎ 第3部分　“新颖性丧失的例外”

2017年3月

日本特许厅审查第一部外观设计科

外观设计审查基准办公室

关于外观设计审查基准的部分修订

本次对第 2 部分第 1 章“适于工业应用的外观设计”、第 7 部分第 1 章“部分外观设计”及第 11 部分第 8 章“部分外观设计的国际外观设计专利申请”进行了修订。对本次修订的相关内容在外观设计制度小委员会外观设计审查基准工作小组中进行了讨论（2018 年 2 月），之后，进行了意见征集（2018 年 3 月至 4 月），据此进行了必要的修订。

本次修订的外观设计审查基准适用于在 2018 年 5 月 1 日以后审查的外观设计专利申请。

◎ 第 2 部分　第 1 章　“适于工业应用的外观设计”

◎ 第 7 部分　第 1 章　“部分外观设计”

◎ 第 11 部分　第 8 章　“部分外观设计的国际外观设计专利申请”

2018 年 4 月

日本特许厅审查第一部外观设计科

外观设计审查基准办公室

关于外观设计审查基准的部分修订

本次伴随着按照“对反不正当竞争法等进行部分修改的法律”（2018 年 5 月 30 日法律第 33 号）中对外观设计法的修改，将外观设计审查基准第 3 部分“新颖性丧失的例外”项下的“6 个月”改为“1 年”。

本次修订后的审查基准关于 2017 年 12 月 9 日以后公开的外观设计，适用于 2018 年 6 月 9 日以后提交申请的审查。

◎ 第 3 部分　“新颖性丧失的例外”

2018 年 6 月

日本特许厅审查第一部外观设计科

外观设计审查基准办公室

外观设计审查基准 沿革

1968 年 06 月 12 日	
1985 年 06 月 27 日	部分追加
1985 年 06 月 27 日	部分修改
1985 年 12 月 11 日	部分修订
1987 年 03 月 05 日	部分追加
1988 年 03 月 15 日	部分追加
1989 年 03 月 23 日	部分追加
1993 年 04 月 23 日	部分修订
1993 年 11 月 08 日	部分修订
1994 年 06 月 16 日	部分修订
2002 年 01 月 31 日	部分追加
2002 年 01 月 31 日	部分修订
2007 年 04 月 01 日	部分追加
2007 年 04 月 01 日	部分修订
2008 年 10 月 31 日	部分修订
2009 年 07 月 01 日	部分修订
2010 年 04 月 01 日	部分追加
2011 年 08 月 01 日	部分修订
2015 年 04 月 10 日	部分追加
2015 年 04 月 10 日	部分修订
2016 年 03 月 11 日	部分修订
2017 年 03 月 31 日	部分修订
2018 年 04 月 27 日	部分修订
2018 年 06 月 06 日	部分修订

凡　例

1. 整体上使用的省略记载

“附于请求书的图片等”	= 附于请求书的图片、照片、模型或者样品
“公知外观设计”	= 外观设计法第 3 条第 1 款第 1 项或者第 2 项的外观设计
“公开外观设计”	= 符合公知外观设计的外观设计
“电子外观设计信息”	= 通过互联网得到的外观设计信息
“本领域设计人员”	= 具有该外观设计所属领域一般常识的人
“作为在先申请有关的外观设计公开的外观设计”	= 由在先申请的外观设计专利申请人，以属于请求书的“外观设计产品”栏中记载的产品分类的产品形态公开的外观设计
“一套图片”	= 在立体的情况下，通过正投影法以相同比例尺制作的主视图、后视图、左视图、右视图、俯视图以及仰视图，或者能与它们替换的图。在平面的情况下，以相同比例尺制作的主视图以及后视图
“其他必要的图”	= 在仅以一组图片不能充分表现外观设计专利申请有关的外观设计时增加的展开图、剖视图、剖面图、放大图、立体图及其他必要的图
“第一附表”	= 外观设计法实施规则第一附表
“第二附表”	= 外观设计法实施规则第二附表
“本外观设计”	= 从自己的外观设计专利申请有关的外观设计中选择的一项外观设计
“组成产品”	= 构成成套产品的产品
“已确定的组成产品”	= “组成产品表”中已确定的组成产品
“日内瓦修改协定”	= 工业品外观设计国际注册海牙协定日内瓦修改协定
“指定缔约国”	= 海牙协定的日内瓦修改协定第 1 条（xix）规定的指定缔约国
“国际申请”	= 日内瓦修改协定第 1 条（vii）规定的国际注册申请
“国际公布”	= 基于日内瓦修改协定第 10 条（3）（a）的规定的公布
“国际注册日”	= 日内瓦修改协定第 10 条（2）规定的国际注册日
“国际注册”	= 日内瓦修改协定第 1 条（vi）规定的国际注册

“国际外观设计专利申请” = 根据外观设计法第60条之6第1款以及同条第2款的规定视为外观设计专利申请的国际申请

“国际注册簿” = 日内瓦修改协定第1条（viii）规定的国际注册簿

“国际外观设计专利申请有关的请求书的记载” = 在国际外观设计专利申请中，被认定为记载于根据外观设计法第6条第1款等的规定提交的请求书中的内容

“国际外观设计专利申请有关的图片的记载” = 在国际外观设计专利申请中，被认定为记载于根据外观设计法第6条第1款的规定提交的图片中的内容

“国际外观设计分类” = 1979年9月28日修订的、对1968年10月8日在洛迦诺署名的外观设计国际分类进行确定的洛迦诺协定所确定的外观设计国际分类

2. 在一部分中使用的省略记载

“形态” = 形状、图案或色彩或者它们的结合

但是，在与“设计非易性”有关的项目中不称为“形态”。这是因为，外观设计法第2条第1款规定的“形状、图案或色彩或者它们的结合”作为外观设计的构成要件与产品是浑然一体的，而与之相对的外观设计法第3条第2款规定的“形状、图案或色彩或者它们的结合”是指将产品分离的形状或者图案的独立要素或者这些独立要素的结合，所以两者的差异很明确。

具体地，在第2部分“外观设计专利授权的要件”第3章“设计非易性”以及第7部分“个别的外观设计专利申请”第1章“部分外观设计”71.4.3“设计非易性”中不称为“形态”。

另外，在第7部分“个别的外观设计专利申请”第2章“成套产品的外观设计”72.1.1.3“成套产品整体有统一性”以及72.1.1.3.1“能认定为成套产品整体有统一性的类型”中，作为成套产品整体是否有统一性的判断也基于仅将产品分离的形状或者图案的独立要素或者这些独立要素的结合来进行，所以同样不称为“形态”。

目　录

第 1 部分　请求书及图片

第 1 章　外观设计专利申请

1.1　相关条文

外观设计法

第六条　期望获得外观设计专利授权的人必须在记载有下列事项的请求书中附上期望获得外观设计专利授权的外观设计的图片，并提交给特许厅长官。

一　外观设计专利申请人的姓名或者名称及其住所或者居所

二　外观设计的设计人的姓名及其住所或者居所

三　外观设计产品

2　在由经济产业省令决定的情况下，可以提交表现期望获得外观设计专利授权的外观设计的照片、模型或者样品来代替前述图片。在该情况下，必须将照片、模型或者样品分别记载于请求书中。

3　如果具有该外观设计所属领域一般常识的人根据第一款第三项的外观设计产品的记载或者附于请求书的图片、照片或者模型不能理解该外观设计产品的材质或者大小从而导致不能识别该外观设计时，必须将该外观设计产品的材质或者大小记载于请求书中。

4　在外观设计产品的形状、图案或者色彩会基于该产品具有的功能而变化的情况下，在期望对变化前后的该产品的形状、图案或色彩或者它们的结合获得外观设计专利授权时，必须将该意思以及该产品的该功能的说明记载于请求书中。

5　在根据第一款或者第二款的规定提交的图片、照片或者模型中带有该外观设计的色彩时，可以对白色或者黑色中的一种颜色省略彩色。

6　在根据前款的规定省略彩色时，必须将该意思记载于请求书中。

7　在根据第一款的规定提交的图片中记载外观设计，或者在根据第二款的规定提交的照片或者模型中表现外观设计的情况下，在外观设计产品的全部或者一部分为透明时，必须将该意思记载于请求书中。

外观设计法实施规则

第四条　根据外观设计法第六条第二款的规定，能够代替该条第一款的图片的照片为可清楚表现外观设计的照片。

2　在提交照片时必须遵照格式第七。

第五条　根据外观设计法第六条第二款的规定，能够代替该条第一款的图片的模型或者样品需要符合下列各项的要求。

一　不易损坏或者不易变形或者不易变质的

二　方便处理或者保存的

三　在根据下款的规定收纳于袋子中的情况下，其厚度为七毫米以下的

四　其大小为纵向二十六厘米以下，横向十九厘米以下的。但是，在使用薄的布料

或者纸张时，设为长宽分别为一米以下大小也可。

2 在提交模型或者样品时，必须收纳于结实的袋子中，并将按照格式第八制作的纸张粘贴在该袋子上。在该情况下，根据前款第四项但书的规定提交模型或者样品时，必须将该布料或者纸张折叠成七毫米以下的厚度收纳于袋子中。

格式第2［备注］

8 在期望对产品的部分获得外观设计专利授权时，在“【外观设计产品】”栏上设置“【部分外观设计】”栏。

39 在对不属于第一附表的下栏所列产品分类中的任一种的产品进行外观设计专利申请时，在“【外观设计产品说明】”栏中记载该产品的使用目的、使用状态等能有助于理解产品的说明。

11.1 外观设计法第6条的规定

外观设计法第6条规定了在外观设计专利申请时应提交的文件以及应记载于该文件中的事项。

第1款规定在外观设计专利申请时向日本特许厅长官提交的文件必须确定请求书以及图片，并且规定了必须记载于上述文件的事项。此外，关于外观设计产品，要参照第5部分“一设计一申请”。

第2款规定了能代替图片提交的文件，以方便申请人制作图片。

第3款至第7款设想了不能利用图片的记载充分表现外观设计的情况，规定了应在请求书中补充记载说明以充分表现外观设计。

但是，对基于这些规定的请求书或者附于请求书的图片、照片、模型或者样品（以下称为“附于请求书的图片等”）的记载是申请人应履行的责任，关于申请人必须充分记载的事项，审查员不进行“不需要该事项”或者“有进一步需要的事项”等的判断。

11.2 请求书以及图片的意义

期望获得外观设计专利授权的人向日本特许厅长官提交的请求书以及附于请求书的图片等表示设计人设计的外观设计，即期望获得外观设计专利授权的外观设计的内容。

为此，外观设计专利权的保护范围必须基于通过请求书的记载（注）以及附于请求书的图片等表示的外观设计来确定。（外观设计法第24条）

因此，可以说请求书以及附于请求书的图片等具有作为确定设计人和外观设计专利申请人以及确定外观设计专利权保护范围的权利要求书的功能。

（注）

所谓请求书的记载是指，①“部分外观设计”、②“外观设计产品”、③“外观设计产品说明”、④“外观设计说明”栏的记载。

第 2 章　外观设计专利申请有关的外观设计的认定

外观设计专利申请有关的外观设计的认定是基于该外观设计所属领域的一般常识就以下几方面对请求书的记载和附于请求书的图片等综合地判断而进行的。

这是因为，期望获得外观设计专利授权的人进行外观设计专利申请时，必须在请求书中记载必要事项，将期望获得外观设计专利授权的外观设计通过附于请求书的图片等进行表达并提交给日本特许厅长官（外观设计法第 6 条），另外在确定外观设计专利权保护范围时，也必须基于通过请求书的记载和附于请求书的图片等表示的外观设计进行（外观设计法第 24 条）。

因此，不属于请求书或者附于请求书的图片等的文件，例如特征说明书、优先权证明文件、外观设计法第 4 条第 2 款规定的适用的证明文件等，不作为在进行外观设计专利申请有关的外观设计的认定时的基础资料。

另外，对于作为附于请求书的图片等参考图所示的图形，如果其显示的形状、图案或者色彩不同于一组图片及其他必要图，那么在对申请的外观设计的形态认定中，这些不同的要素本身不被考虑。

（1）外观设计产品。

基于该外观设计产品的使用目的、使用状态等认定用途和功能。

此外，在对不属于外观设计法实施规则第一附表（以下称为“第一附表”）的下栏所列产品分类中的任一种的产品进行外观设计专利申请的情况下，基于请求书的“外观设计产品说明”栏中记载的该产品的使用目的、使用状态等能有助于理解产品的说明对用途和功能进行认定。（外观设计法实施规则格式第 2 备注 39）

（2）外观设计产品的形状、图案或色彩或者它们的结合。（注）

认定该外观设计产品的形态。

（注）

除第 2 部分“外观设计专利授权的要件”第 3 章“设计非易性”、第 7 部分“个别的外观设计专利申请”第 1 章“部分外观设计”71.4.3“设计非易性”、第 7 部分第 2 章“成套产品的外观设计”72.1.1.3“成套产品整体有统一性”以及 72.1.1.3.1“能认定为成套产品整体有统一性的类型”之外，以下称为“形态”。

第2部分 外观设计专利授权的要件

为了使外观设计专利申请（注）获得外观设计专利授权，必须满足以下所有的要件。

（注）

所谓外观设计专利申请是指，审查员还未作出是否符合外观设计法第2条第1款定义的外观设计的判断的外观设计。

（1）适于工业应用的外观设计； （→第2部分第1章）

（2）具有新颖性； （→第2部分第2章）

（3）具有设计非易性； （→第2部分第3章）

（4）并非与在先申请外观设计的一部分相同或者相似的在后申请外观设计。

（→第2部分第4章）

（注）

即使是满足上述要件的外观设计，在外观设计专利申请不符合以下所列之一时，也不能获得外观设计专利授权。

（1）该外观设计专利申请根据下述规定不能进行外观设计专利授权时。

①外观设计法第5条（不能获得外观设计专利授权的外观设计）；

②外观设计法第8条（成套产品的外观设计）；

③外观设计法第9条第1款或者第2款（在先申请）；

④外观设计法第10条第1款至第3款（关联外观设计）；

⑤外观设计法第15条第1款中准用的特许法第38条（共同申请）；

⑥外观设计法第68条第3款中准用的特许法第25条（外国人权利的享有）。

（2）该外观设计专利申请的外观设计根据条约的规定不能进行外观设计专利授权时。

（3）该外观设计专利申请不满足外观设计法第7条规定的要件时。

（4）该外观设计专利申请人不是外观设计的设计人的情况下，对该外观设计没有承继获得外观设计专利授权的权利时。

第 1 章　适于工业应用的外观设计

21　相关条文

外观设计法

第二条　本法中的“外观设计”是指能够通过视觉引起美感的产品（包含产品的部分。除了第八条以外，以下相同）的形状、图案或色彩或者它们的结合。

2　前款中所规定的产品的部分的形状、图案或色彩或者它们的结合，包含用于产品操作（仅限于为了使该产品能够发挥其功能所进行的操作），并显示在该产品或者与其一体使用的产品上的图像。

（第 3 款和第 4 款略）

第三条　适于工业应用的外观设计的设计人，除下列外观设计外，可以对该外观设计获得外观设计专利授权。

一　外观设计专利申请前已在日本国内或者外国公知的外观设计

二　外观设计专利申请前已记载于日本国内或者外国公开的出版物上的外观设计或者通过电子通信回路能被公众利用的外观设计

三　与前两项所列的外观设计相似的外观设计

（第 2 款略）

外观设计法实施规则

格式第 6 ［备注］

7　在图形（参考图的图形除外）中，不得记入中心线、基准线、水平线、用于表示阴影的细线，或者用于说明浓淡、内容的指示线、符号或者文字以及其他不构成外观设计的线、符号或者文字。但是，用于对期望获得外观设计专利授权的外观设计的形状进行确定的线、点等可以记载。在该情况下，应将该意思以及通过哪种记载确定其形状记载于请求书的“【外观设计说明】”栏。

8　立体图片为根据正投影法在各图以相同比例尺制作的，包括主视图、后视图、左视图、右视图、俯视图以及仰视图的组图。但是，在下表左栏所列的情况下，也可以省略其右栏所列的图。在该情况下，应将该意思记载于请求书的“【外观设计说明】”栏。

主视图和后视图相同或者对称的情况	后视图
左视图和右视图相同或者对称的情况	一方的视图
俯视图和仰视图相同或者对称的情况	仰视图

9　利用等角投影法制作的图或者利用斜投影法制作的图［限于箱体立体图（宽度比高度比深度的比率为 1 比 1 比 2 分之 1 的图）或者透视图（该比率为 1 比 1 比 1 的图）］在记载了下表左栏所列内容的情况下，可以省略其右栏所列的图的全部或者一部

分。在该情况下，在利用斜投影法制作时，要将箱体立体图或者透视图的差异以及倾角按各图记载于请求书的“【外观设计说明】”栏。

表示正面、平面以及右侧面的图	主视图、俯视图或者右视图
表示背面、底面以及左侧面的图	后视图、仰视图或者左视图
表示正面、左侧面以及平面的图	主视图、左视图或者俯视图
表示背面、右侧面以及底面的图	后视图、右视图或者仰视图
表示正面、右侧面以及底面的图	主视图、右视图或者仰视图
表示背面、左侧面以及平面的图	后视图、左视图或者俯视图
表示正面、底面以及左侧面的图	主视图、仰视图或者左视图
表示背面、平面以及右侧面的图	后视图、俯视图或者右视图

10　表示平面的图片为以利用相同比例尺制作的主视图以及后视图的组图，原则上一组图片记载于同一张纸张。但是，在主视图和后视图相同或者对称的情况，或者里面无图案的情况下也可以省略后视图。在该情况下，应将该意思记载于请求书的“【外观设计说明】”栏。

12　表示形状连续的棒材、线材、板材、管材等或者图案反复连续的表面结构的图片，可以仅对明晰该连续或者反复连续的状态的部分作图，对于表面结构且图案仅在一个方向反复连续的外观设计，应将该意思记载于请求书的“【外观设计说明】”栏。

13　在如无线电接收机的电线的中间部分那样，即使将产品的一部分的图示省略也清楚地明白外观设计的情况下，在作图上不得已时，也可以将该部分的记载省略。在该情况下，该省略部位用两条平行的单点画线如剖开那样表示，且应将该意思及该省略部位在图片上的尺寸记载于请求书的“【外观设计说明】”栏。

14　在仅仅以 8 至 10 的图片不能充分表现该外观设计时，除了加上展开图、剖视图、剖面图、放大图、立体图、图像图以及其他必要的图之外，还需要帮助理解外观设计时，要加上表示使用状态的图以及其他的参考图。

15　在剖视图或者剖面图的剖开面引出平行斜线时，将该剖开部位在其他的图中用点画线表示。该点画线不得记入图形中。在该点画线的两端标注符号，且用箭头表示绘画剖开面的方向。

16　在画局部放大图时，将该放大部位在该局部放大图的原图中用点画线表示。该点画线不得记入图形中。在该点画线的两端标注符号，且用箭头表示绘画局部放大图的方向。

18　关于如盖和主体、碟和碗那样能分离的产品，且以其组合状态不能充分表现其外观设计的产品，除了组合状态的图之外，还对该产品的各个构成部分加上 8 至 10 的图片和 14 的图。

19　关于如积木那样，仅仅以其构成各片的图片不能充分表现使用状态的产品，要加上表示其做成或者收纳的状态的立体图；关于如组件那样，时而组合、时而分解的产品且仅仅以组合状态的图片不能充分表现分解状态的产品，要加上其构成各片的立体图。

20　关于动态产品、可打开产品等的外观设计，如果不描绘其运动、打开等外观设计变化前后的状态的图片就不能充分表现该外观设计的话，要制作可知其运动、打开等外观设计变化前后的状态的图片。

24　产品的全部或者一部分为透明的外观设计的图片按照如下要领制作。

イ　在外周无色且无图案的情况下，按照原样表示透视可见的部分。

ロ　外周的外表面、内表面或者壁厚内的任一个显示有图案或者色彩的情况下，不表示后表面或者下表面的图案或者色彩，仅表示前表面或者上表面的图案或者色彩。

ハ　在外周的外表面、内表面或者壁厚内或者被外周包围的内部的任意两个以上表示有形状、图案或者色彩的情况下，表示各个形状、图案或者色彩。

21.1　外观设计法第 3 条第 1 款总括部分的规定

外观设计法第 3 条第 1 款总括部分规定，外观设计专利申请如果不符合外观设计法第 3 条第 1 款总括部分规定的适于工业应用的外观设计，则不能获得外观设计专利授权。

外观设计专利申请为了符合外观设计法第 3 条第 1 款总括部分规定的适于工业应用的外观设计，必须满足以下所有的要件。

因此，不满足以下任何一个要件的外观设计，不符合外观设计法第 3 条第 1 款总括部分规定的适于工业应用，不能获得外观设计专利授权。

（1）构成外观设计的要素；（→21. 1. 1）

（2）外观设计是具体的；（→21. 1. 2）

（3）适于工业应用的。（→21. 1. 3）

21. 1. 1　构成外观设计的要素

所谓外观设计法第 3 条第 1 款总括部分规定的适于工业应用的外观设计是指，外观设计法第 2 条第 1 款中所定义的外观设计，即作为产品形态且通过视觉引起美感的外观设计。

因此，外观设计专利申请为了构成外观设计，必须满足以下所有要件。

（1）被认定为产品；（→21. 1. 1. 1）

（2）是产品自身的形态；（→21. 1. 1. 2）

（3）能诉诸视觉；（→21. 1. 1. 3）

（4）是通过视觉引起美感的。（→21. 1. 1. 4）

21. 1. 1. 1　被认定为产品

外观设计专利申请为使外观设计成立，必须是关于产品形态的创作，因为产品和形态是一体不可分的，所以与产品剥离的单纯形态的创作，例如仅图案或者色彩的创作不被认为是外观设计。

（1）关于作为外观设计法的对象的产品。

所谓作为外观设计法的对象的产品是指有形物中可在市场上流通的动产。

（2）不被认定为是产品的例子。

①原则上不是动产的产品。

作为土地及其附着物的所谓的不动产不被认定为产品。但是，即使在使用时成为不动产，但在工业上可量产、在销售时作为动产处理的，例如门、组装木制小房被认定为产品。

②固体以外的产品。

电、光、热等无形物不被认定为产品，即使是有形物，但是如气体、液体等不具有其自身固有的形态的不被认定为产品。

③粉状物和颗粒状物的集合物。

粉状物、颗粒状物等即使构成的各个物是固体且具有一定的形态，但是作为其集合体不具有特定的形态，所以不被认为是产品。但是，即使构成的各个物是粉状物或者颗粒状物，但其集合体具有固定的形态的，例如方糖被认为是产品。

④是产品的一部分。

不破坏该产品就不能分离的物，例如作为“袜子”的一部分的“袜子的脚后跟”仅以自身在通常的交易状态下并不作为独立的产品处理，所以不被认为是产品。但是，构成完成品中的一部分的部件（零件）其具有可置换性，且在通常的交易状态下作为独立的制品处理的情况下，被认为是产品。

【事例】

“袜子的脚后跟”　　“袜子”

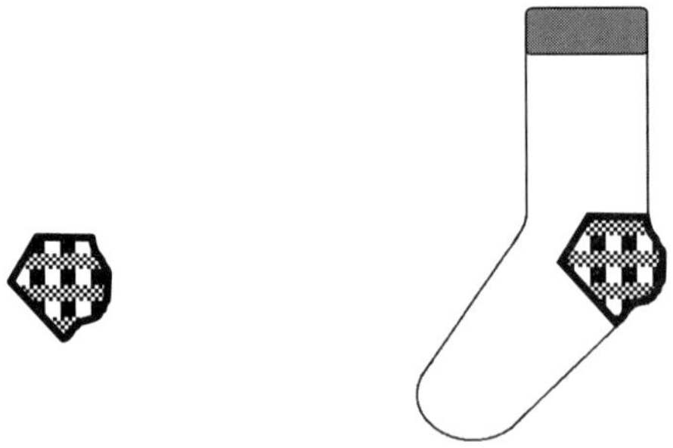

21.1.1.2　是产品自身的形态

因为外观设计是产品的形态，所以不被认为是产品自身的形态的也不被认为是外观设计。

（1）关于产品自身的形态。

所谓产品自身的形态是指由产品自身具有的特征或者性质产生的形态。

（2）不被认定为产品自身的形态的例子。

①以销售展示效果为目的。

例如，在产品为手帕的情况下，以销售展示效果为目的而将手帕扎成花的形态不被认定为手帕这一产品自身的形态。但是，在将折叠的手帕模拟别的产品的形式而做成陈列品的情况下，被认为是陈列品这一产品自身的形态。

21.1.1.3　能诉诸视觉

根据外观设计法第 2 条的定义，所谓外观设计是指通过视觉引起美感的设计，不能诉诸视觉的设计不被认为是外观设计。

（1）关于能诉诸视觉。

所谓能诉诸视觉是指外观设计专利申请的整体形态能通过肉眼进行辨识。

（2）不被认为是能诉诸视觉的例子。

①粉状物或者颗粒状物的一个单位。

上述一个单位因为微细，通过肉眼不能辨识其形态，无法被认为是能诉诸视觉的。

21.1.1.4　是通过视觉引起美感的

根据外观设计法第 2 条的定义，所谓外观设计是指通过视觉引起美感的产品，所以不引起美感的不被认为是外观设计。

美感有时也会如音乐那样通过听觉引起，但是关于外观设计，仅限于通过视觉引起的情况。

（1）关于美感。

外观设计法第 2 条第 1 款规定的美感并不是如美术品那样要求高尚的美，只要引起一些美感就足够。

（2）关于不被认为是通过视觉引起美感的例子。

①以功能、作用效果作为主要目的的，几乎不引起美感的产品；

②毫无外观设计的章法，仅给予繁杂感觉而几乎不引起美感的产品。

21.1.2　外观设计是具体的

作为外观设计权客体期望获得外观设计专利授权的外观设计，是基于该外观设计所属领域的一般常识，根据申请时请求书的记载和附于请求书的图片等可直接导出具体的一项外观设计的内容，即关于以下①和②的具体内容。

①基于外观设计产品的使用目的、使用状态等的用途和功能；

②外观设计产品的形态。

但是，当作为外观设计被保护的是通过请求书的记载和附于请求书的图片等掌握的与作为无形财产的产品有关的具有美感的创作时，关于作为具有美感的创作所申请的外观设计的内容，只要根据请求书的记载和附于请求书的图片等能作为具体的一项外观设计导出即可，关于附于请求书的图片等，不必要求如产品设计图片那样对外观设计整体以同样标准的高度正确性进行记载。

换言之，例如即使请求书或者附于请求书的图片等具有笔误、不清楚等记载缺陷，在其符合下列情况时，也被认为是具体的外观设计。

①在基于该外观设计所属领域的一般常识综合地判断（注）的情况下可得到合理解释；

②关于在未决定哪一个正确的状态下，即使保留也不影响外观设计要点的认定（参照第 8 部分“请求书、图片等的记载的补正”第 2 章“补正不予受理”82.1.1“外观设计要点与外观设计要点的认定”）的微细部分的记载缺陷。

（注）

所谓综合地判断是在请求书或者附于请求书的图片等具有记载缺陷的情况下，也包含对该记载缺陷是否可合理解释的判断，以下同理。

另外，以下仅在记载为综合地判断的情况下，以基于该外观设计所属领域的一般常识进行为前提。

（1）外观设计不被认定为具体时的例子。

请求书或者附于请求书的图片等具有如下的记载缺陷，即使对请求书的记载和附于请求书的图片等综合地判断也不能直接导出具体的一项外观设计的内容的情况下，外观设计不被认定为是具体的。

此外，在以下事例中，日本特许厅长官名义的手续补正通知书（方式）被送达，在针对该通知书的答复补正已提交时，首先根据申请时具有记载缺陷的请求书的记载和附于请求书的图片等，对期望获得外观设计专利授权的外观设计是否被认定为是具体的进行判断，接着基于该判断结果对该答复补正是否变更了申请时请求书的记载或者附于请求书的图片等的要点进行判断。（参照第 8 部分“请求书、图片等的记载的补正”第 1 章“补正”）

①外观设计产品的使用目的、使用状态等不清楚的情况。

②图形相互不一致的情况。

③图片、照片等模糊的情况。

（i）图片、照片等过小或者模糊，不能正确知晓外观设计的情况。

（ii）虽然是清楚的图片、照片，但是拍摄了背景、亮点、阴影等多余部分而不能正确知晓外观设计的情况。

但是，在通过计算机图形学制作而成的图形中，为了明确外形形状，以单一颜色设定背景的色彩，并在请求书的“外观设计说明”栏中注明了背景为彩色的情况以及即使并未注明但背景为彩色一目了然的情况除外。

此外，如下例所示，当图形整体是否显示了申请外观设计的产品的形态、图中背景的彩色是否包含在内并不清楚明了时，则外观设计不被认定为是具体的。

对背景的彩色需要进行说明的示例

【主视图】

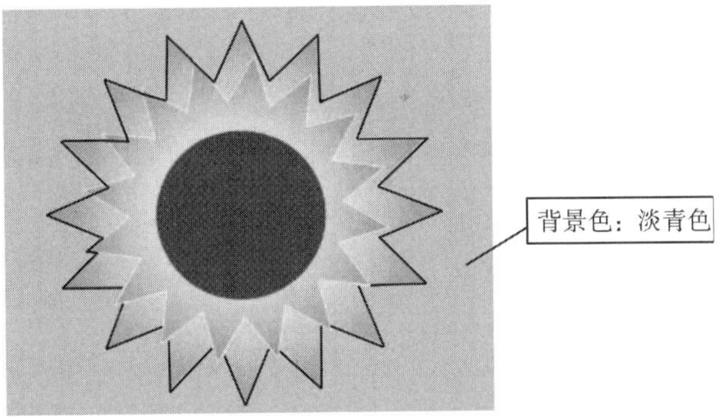

外观设计的产品“装饰用贴纸”

申请涉及的外观设计，仅仅是向日葵图案部分，还是包括淡青色的外沿部分在内的图形整体，并不清楚明了

④外观设计被抽象地说明的情况。

在请求书或者图片中使用文字、符号等对形状、图案以及色彩抽象地说明的情况。

⑤在需要进行材质或者大小的说明的情况下，而没有该记载的情况。（外观设计法第 6 条第 3 款）

⑥在需要变化状态的图片的情况下，而没有该图片以及说明的记载的情况。

在属于动态产品、可打开产品等的外观设计，如果没有该动作、打开等外观设计的变化状态的图片就不能充分表现该外观设计的情况下，该图片及其说明没有记载于请求书的“外观设计说明”栏的情况。（外观设计法第 6 条第 4 款）（外观设计法实施规则格式第 6 备注 20）

⑦在着色的图片中有一部分没有着色的情况。

但是，在请求书的“外观设计说明”栏中记载了无着色的部分是白色或者黑色的说明的情况除外。（外观设计法第 6 条第 6 款）

⑧关于从图片可认为产品的全部或者一部分为透明，但该意思的说明没有记载于请求书的“外观设计说明”栏的情况。（外观设计法第 6 条第 7 款）（外观设计实施规则格式第 6 备注 24）

⑨在图形中表示出中心线，基准线，水平线，用于表示影子的细线，或者用于说明浓淡、内容的指示线、符号或者文字以及其他不构成外观设计的线、符号或者文字的情况。

（i）但是，以下情况除外：

イ 记载有用于确定形状的线、点以及其他等，且在请求书的“外观设计说明”栏中有相应记载以及通过任何一个记载即可确定其形状的情况（外观设计法实施规则格式第 6 备注 7）以及即使没有记载这些说明，但对照外观设计涉及产品的性质、各部分的用途及功能，也能够清楚知道这些是用于确定形状的线、点的情况。

省略了说明的记载但被认可的示例

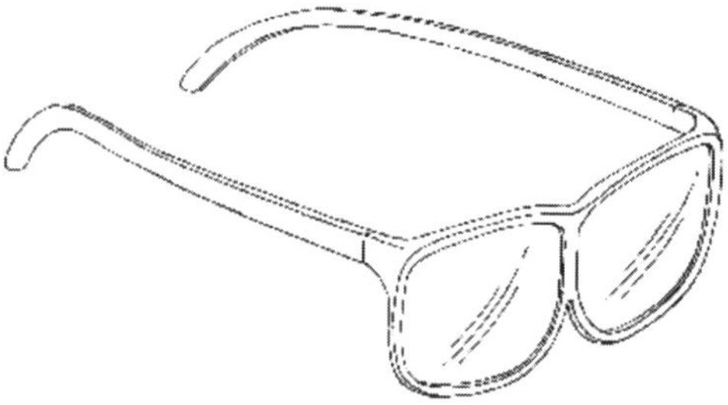

外观设计涉及的产品“眼镜”

从“眼镜”的产品的性质上，在镜片中央标示线状图案等并非通常一般。

外观设计涉及的产品“轿车”

从“轿车”的产品性质上，在车体及车窗上标示线状图案并非通常一般。

口　在通过计算机图形学制作而成的图形中，在表现“阴影”的亮度变化时，在请求书的“外观设计说明”栏中记载了其亮度变化为“阴影”的说明，以及即使没有该说明的记载也能明知其为“阴影”的情况。

但是，如下面 b 所示，在无法确定各方面所表现的颜色是否为“阴影”的情况下，外观设计不被认定为是具体的。

a　即使没有说明的记载也能明知亮度变化为“阴影”的示例：

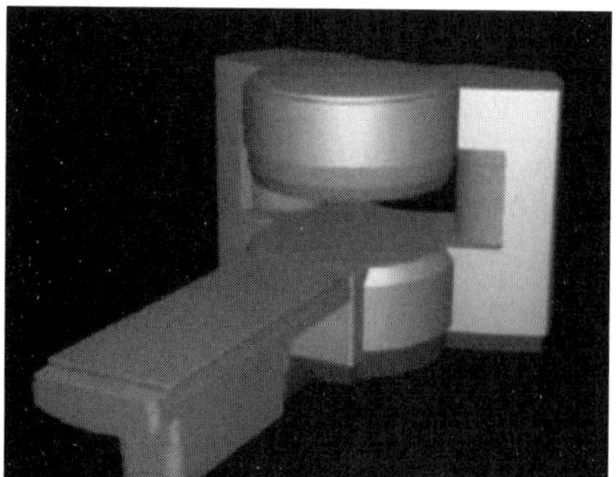

外观设计涉及的产品“医疗用图像摄影机”

外观设计涉及的产品“电子计算机用鼠标”

b　如果没有说明的记载，则亮度变化是否为“阴影”无法明了的示例：

外观设计涉及的产品“橡皮擦”

（ii）产品上所表示的文字、标识按如下处理。

イ　产品上所表示的文字、标识除了下记ロ中示列的之外，可以作为构成外观设计来处理。

ロ　产品上的文字、标识中仅专门用于传递信息的文字、标识，不被认为是图案，不构成外观设计。但是，即使表示在图形中也不需要删除。

示例如下：

a　报纸、书籍的文章部分；

b　以普通方式表示成分、使用说明等的文字。

⑩符合下述情况的立体图片。

（i）图没有利用正投影法、等角投影法或者斜投影法［限于箱体立体图（宽度比高度比深度的比率为 1 比 1 比 2 分之 1 的图）或者透视图（该比率为 1 比 1 比 1 的图）］制作的情况。

但是，下述情况除外。

イ　大型设备等的照片在难以利用如同正投影法、等角投影法或者斜投影法制作的图那样制作照片的情况下，如立体图那样制作的照片。

ロ　如表示图案的杯子那样，将图案表示为展开图能正确知晓外观设计，且在能将形状正确展开的情况下，同时使用图案部分的展开图和省略图案的形状表示图的图片。

（ii）各图的比例尺有差异的情况。

（iii）6 面视图不齐备的情况（立体产品的情况）。

但是，下述情况除外。

イ　关于利用正投影法制作的图，在下表的左栏所记载的情况下，该右栏的图被省略，该意思记载于请求书的“外观设计说明”栏的情况。

（外观设计法实施规则格式第 6 备注 8）

主视图和后视图相同或者对称的情况	后视图
左视图和右视图相同或者对称的情况	一方侧视图
俯视图和仰视图相同或者对称的情况	仰视图
主视图、后视图、左视图以及右视图相同的情况	后视图 左视图 右视图

ロ　基于利用等角投影法作图或者利用斜投影法作图的情况，在记载了下表的左栏所列的图时，将该右栏所列的图的全部或者一部分省略的情况。

表示正面、平面以及右侧面的图	主视图、俯视图或者右视图
表示背面、底面以及左侧面的图	后视图、仰视图或者左视图
表示正面、左侧面以及平面的图	主视图、左视图或者俯视图
表示背面、右侧面以及底面的图	后视图、右视图或者仰视图
表示正面、右侧面以及底面的图	主视图、右视图或者仰视图
表示背面、左侧面以及平面的图	后视图、左视图或者俯视图
表示正面、底面以及左侧面的图	主视图、仰视图或者左视图
表示背面、平面以及右侧面的图	后视图、俯视图或者右视图

ハ　即使在缺乏仰视图的情况下，如属于以下的 a 或 b，即使通常看不到底面，并且又缺乏仰视图，但通过对请求书及图片的记载进行综合判断，能够推导出具体的外观设计的内容的情况。

a　放置在地面、桌子等上面使用的产品；

b　车辆等很重的产品。

（注）放置在地面、桌子等上面使用的产品是指在使用时不需要举起来的产品。例如像茶壶一样不需要举起来使用的产品除外。（参考：2000 年（行ケ）第 58 号“茶壶”事件）

即使没有仰视图也被认可为外观设计是具体的示例

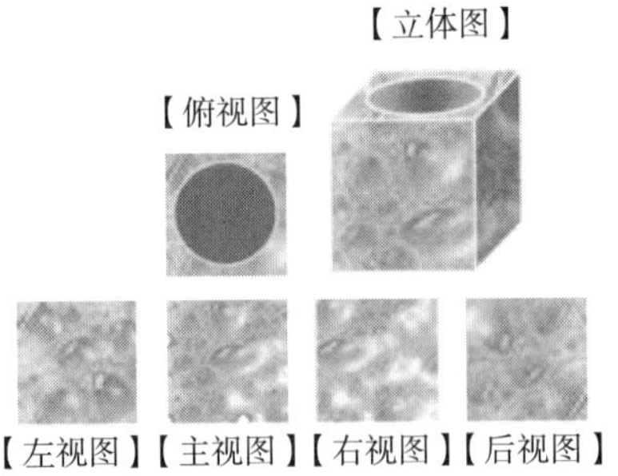

外观设计物品“花瓶”

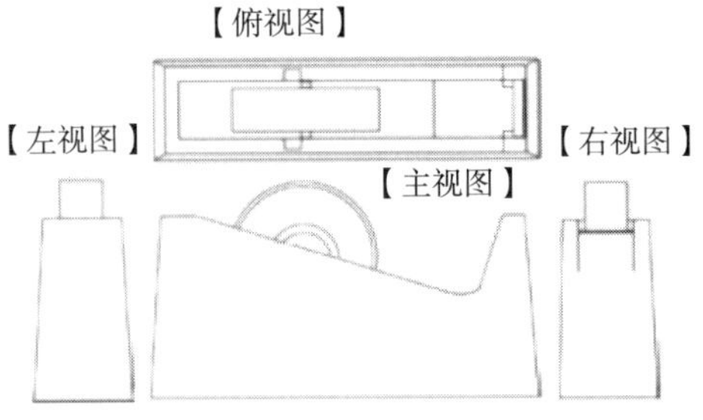

外观设计物品“胶带切割器”

【外观设计说明】后视图与主视图对称，省略

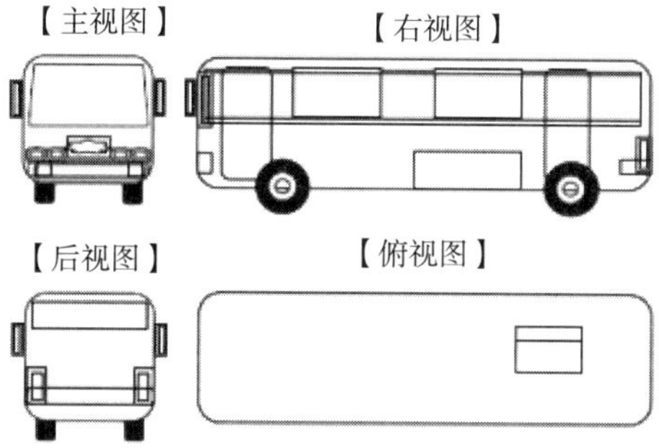

外观设计物品“公共汽车”

【外观设计说明】左视图与右视图对称，省略

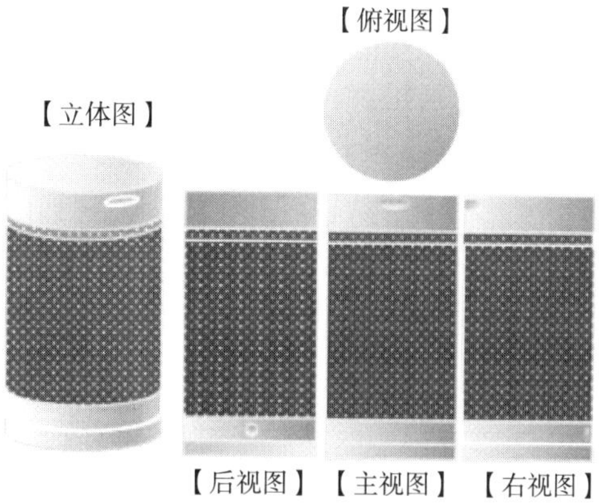

外观设计物品“音箱”

【外观设计说明】左视图与右视图对称，省略

没有仰视图则不被认可为外观设计是具体的示例

外观设计物品“花瓶”

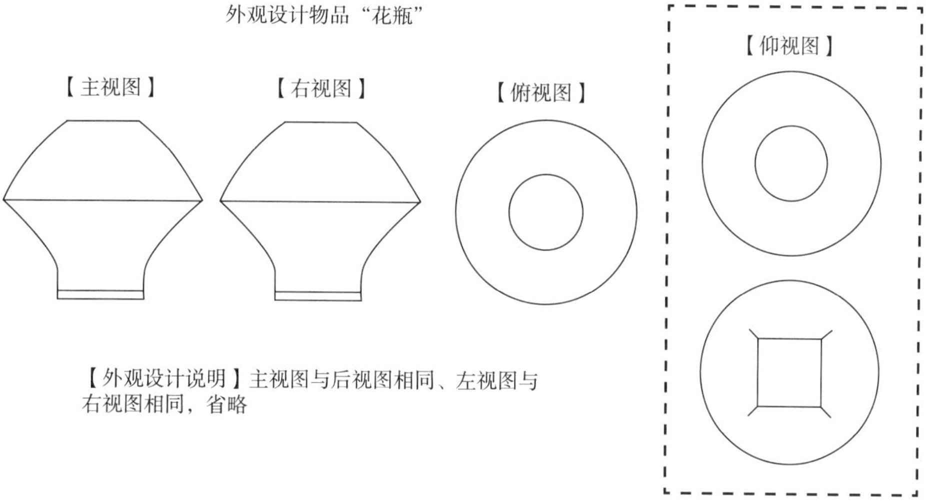

【外观设计说明】主视图与后视图相同、左视图与右视图相同，省略

※在本示例中，如同右边方框所示，可以想象出各种形态，无法推导出具体的外观设计。

ニ　在仅对与外观设计法第 2 条第 2 款规定的产品作为一体使用的产品所显示的图像进行部分外观设计申请时，将图像图形以外的表示外观设计产品的一组图片或者一部分的图形省略，并在请求书的【外观设计说明】栏中有相应记载的情况。

ホ　对产品的部分期望获得外观设计专利授权的情况，将仅表示期望的部分以外的部分的图中符合以下 a 至 c 中任何一个的图省略的情况。

a　主视图或者后视图的任何一方；

b　左视图或者右视图的任何一方；

c　俯视图或者仰视图的任何一方。

（iv）在利用斜投影法制作图时，没有按每个图将箱体立体图或者透视图的类别以及倾角在请求书的“外观设计说明”栏中进行记载的情况。（外观设计法实施规则格式

第6备注9）

⑪表示平面的图片符合下述的情况。

（i）各图的比例尺有差异的情况；

（ii）2面视图不齐备的情况（平面产品的情况）。

在记载于下表的左栏的情况下右栏的图被省略，但该意思记载于请求书的“外观设计说明”栏的情况除外。（外观设计法实施规则格式第6备注10）

主视图和后视图相同或者对称的情况	里面图
后视图无图案的情况	〃

（注）所谓平面的产品是指包装纸、乙烯树脂质地、纺织品质地等薄的产品。但是，如包装用袋那样有重合部且在使用时为立体的产品，如植毛乙烯树脂那样质地较厚的产品等作为立体的产品处理。

⑫在表示形状或者图案连续或者反复连续的产品的图片中，该连续状态不明确的情况。（外观设计法实施规则格式第6备注12）

⑬根据外观设计法实施规则格式第6备注13，电线等的中间省略的图片中符合下述的情况：

（i）省略部位没有用2条平行的单点画线剖开的图片；

（ii）没有记载省略部位在图片上省略几厘米的说明的情况。

⑭在仅以6面视图或者2面视图不能充分表现外观设计的情况下，没有下述的图片的情况。

（i）外观设计法实施规则格式第6备注14规定的展开图、剖视图、放大图等；

（ii）当为积木、组件时，外观设计法实施规则格式第6备注19规定的立体图。

⑮剖视图等的剖开面和剖开部位的表示符合下述的情况。

（i）剖开面的平行斜线不完全或者没有的情况；

（ii）剖开部位没有通过表示（剖开点画线、符号以及箭头）明确示出的情况。

但是，通过记载哪面视图为中央纵剖视图、哪面视图为中央横剖视图来明示剖开部位的情况除外。（外观设计法实施规则格式第6备注15）

⑯关于局部放大图，没有其放大部位的表示（剖开点画线、符号、箭头）的情况。（外观设计法实施规则格式第6备注16）

⑰能分离的产品符合下述的情况。

在如盖和主体那样能分离的产品，在组合的状态下不能充分表现外观设计的情况下，没有组合的图和关于各个构成部分的图片的情况。（外观设计法实施规则格式第6备注18）

⑱透明的外观设计的图片没有按照外观设计法实施规则格式第6备注24的规定制作的情况。

（注）　关于备注 24 规定的“外周”

杯子纵剖视图的例示

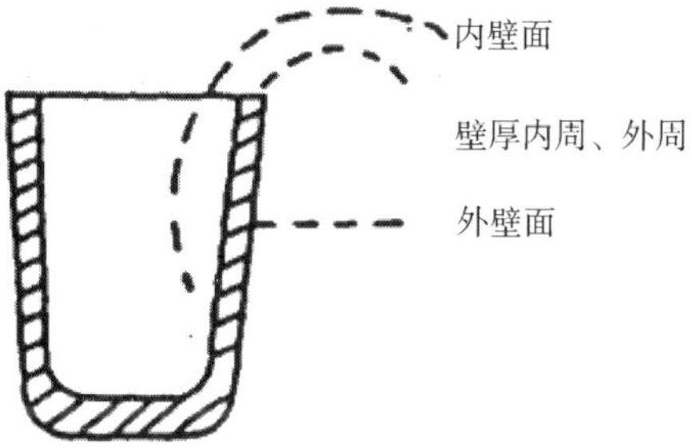

（i）如电灯泡，若不原样地表示透视看见的部分就无法充分表现该外观设计的产品，用备注 24イ的要领表示。但是，没表示出壁厚。

（ii）其他的产品采用不透明体的方式表示，在形状、图案重合的情况下，用备注 24ロ、ハ的要领表示。

此外，如鸟笼一样后表面透视可见的产品，其形状、图案重合的情况也同样。（外观设计法第 6 条第 7 款）（参照上述⑧）

21.1.3　适于工业应用的

用外观设计法保护的外观设计与特许法、实用新型法中所称的产业上可利用的发明或者实用新型不同，仅限于能利用工业方法量产的产品。例如，农具是在农业上使用的产品，但是农具本身可利用工业方法量产，所以其外观设计属于适于工业应用的外观设计。

（1）关于适于工业应用。

所谓适于工业应用是指可利用工业技术重复大量生产相同物，不要求实际上在工业上利用，只要具有该可能性即可。

（2）不被认为是适于工业应用的例子。

符合以下情形的不被认为是适于工业应用的外观设计，根据外观设计法第 3 条第 1 款总括部分的规定不能获得外观设计专利授权。

①将自然物作为外观设计的主要要素来使用的不能量产的产品。

如将自然石头原样地使用的陈列品那样，将几乎未实施加工的自然物以原样的形状使用的，即自然产生的应称为造型美的产品作为外观设计的主要要素的，并不是可利用工业技术重复大量生产相同物的产品，所以不属于适于工业应用的外观设计。

②土地建筑物等不动产。

不是可利用工业技术重复大量生产相同物可得到的，所以不属于适于工业应用的外观设计。（参照上述 21. 1. 1. 1（2）“不被认为是产品的例子”）

③属于纯美术领域的作品。

这样的作品并不是以利用工业技术重复大量生产相同物为目的而制作的，所以不属于适于工业应用的外观设计。

第2章　新颖性

22　相关条文

外观设计法

第三条　适于工业应用的外观设计的设计人除下列外观设计外，能对其外观设计获得外观设计专利授权。

一　在外观设计专利申请前在日本国内或者外国公知的外观设计

二　在外观设计专利申请前已记载于在日本国内或者外国发行的出版物中的外观设计或者通过电子通信回路能被公众利用的外观设计

三　与前两项规定的外观设计相似的外观设计

（第2款略）

22.1　外观设计法第3条第1款各项的规定

即使进行外观设计专利申请的是适于工业应用的外观设计，但如果符合外观设计法第3条第1款第1项或者第2项的外观设计（以下称为“公知外观设计”），或者符合与公知外观设计相似的外观设计，并不具有新颖性，也不能获得外观设计专利授权。

即在外观设计专利申请前在日本国内或者外国的公知外观设计，或者在外观设计专利申请前记载于在日本国内或者外国发行的出版物中的外观设计或者通过电子通信回路能被公众利用的外观设计，自己将创作的外观设计公开，丧失了新颖性，即使对与该外观设计相同或者相似的外观设计进行外观设计专利申请，也不能获得外观设计专利授权。

22.1.1　外观设计法第3条第1款第1项

在外观设计专利申请前在日本国内或者外国的公知外观设计。

22.1.1.1　关于外观设计专利申请前

所谓外观设计专利申请前是指与以日为单位判断的外观设计专利申请之日（外观设计法第9条、外观设计法第10条等）不同，要考虑外观设计专利申请的具体时分（注）。

因此，例如，对于在上午在日本国内或者外国成为公知的外观设计，在当天的下午进行外观设计专利申请时，该外观设计专利申请的外观设计属于在外观设计专利申请前的公知外观设计。

（注）

在“在外国公知的外观设计”的情况下，将该外观设计在该国或者该地域公知的时间换算成日本时间来进行判断。

22.1.1.2 关于公知外观设计

所谓公知外观设计是指未对不特定者保密而实际上其内容已被知晓的外观设计。

22.1.1.3 不作为公知外观设计处理的外观设计

（1）授权外观设计专利公报发行日前的授权外观设计。

授权外观设计专利公报发行日前的授权外观设计，即使进行了外观设计专利权的授权登记，但将其认定为普遍公知的外观设计，进而作为外观设计法第 3 条第 1 款第 1 项规定的适用基础存在疑虑的话，不作为公知外观设计处理。

22.1.1.4 符合公知外观设计情况的处理

符合公知外观设计的情况下，必须具体地向申请人出示关于全部相关内容。

（1）公知外观设计产品及其形态。

（2）上述外观设计未对不特定者保密而实际上已被知晓的事实。

22.1.2 外观设计法第 3 条第 1 款第 2 项

在外观设计专利申请前已记载于在日本国内或者外国公开的出版物中的外观设计或者通过电子通信回路能被公众利用的外观设计。

22.1.2.1 关于外观设计专利申请前

所谓外观设计专利申请前，与以日为单位判断的外观设计专利申请之日（外观设计法第 9 条、外观设计法第 10 条等）不同，要考虑外观设计专利申请的时刻（注）。

因此，例如，关于在上午记载于在日本国内或者外国公开的出版物中的外观设计或者通过电子通信回路能被公众利用的外观设计，在当天的下午进行外观设计专利申请时，该外观设计专利申请的外观设计符合在外观设计专利申请前已记载于公开的出版物中的外观设计或者通过电子通信回路能被公众利用的外观设计。

（注）

在“记载于在外国公开的出版物中的外观设计或者通过电子通信回路能被公众利用的外观设计”的情况下，将在该国或者该地域发行记载有该外观设计的出版物的时间，或者该外观设计通过电子通信回路能被公众利用的时间换算成日本时间进行判断。

22.1.2.2 关于发行

所谓发行，是指出版物处于不特定者能看到的状态，而不需要指明实际上谁看了该出版物的事实。

22.1.2.3 关于出版物

所谓出版物，是指以通过对公众发行来公开为目的进行复制的文件、图片以及其他与其相似的信息传播介质（CD－ROM 外观设计专利公报、书籍、杂志、报纸、商品目录、小册子等)。

22.1.2.4 出版物发行日期的处理

(1) 出版物有发行日期的记载或者接收印(注)的情况。

①在没有接收印而记载有发行的年月日时，采用该年月日。

此外，在该发行的年月日的记载(i)仅为年的情况下，推定为该年的最后一天；(ii)仅为年月的情况下，推定为该年月的最后一天。

②在有发行的年月日和接收印时，采用其中较早一方的年月日。

③在没有发行的年月日的记载而有接收印时，采用接收印的年月日。

(注)

所谓接收印是指已接收出版物的组织(日本特许厅外观设计科、日本特许厅外观设计科旧资料系、独立行政法人工业所有权信息·研修馆、旧独立行政法人工业所有权综合信息馆、旧工业所有权综合信息馆、旧万国工业所有权资料馆)为了确定接收事实而在出版物的封面等上盖的写明接收组织和接收日期的印章。

(2) 出版物没有发行日期的记载和接收印的情况。

①关于该出版物，在登载了存在书评、集锦、商品目录等的出版物时，由其发行日期推定该出版物的发行日期。

②关于该出版物，在有重版或者再版等并在其上记载有初版的发行日期时，将其推定为发行的日期。

③在有其他适当的线索时，由其推定或者认定发行日期。

22.1.2.5 关于外观设计专利申请时间和出版物发行日期的判断

(1) 外观设计专利申请日期和作为出版物发行日期所采用的日期不同的情况。

根据各自的年月日判断前后关系即可，不必认定或者推定到更详细的时刻来判断前后关系。

(2) 外观设计专利申请日期和作为出版物发行时期所采用的日期是同日的情况。

除了外观设计专利申请时间明显在出版物的发行时间之后的情况之外，不视为出版物发行日期在外观设计专利申请之前。

22.1.2.6 关于出版物记载的外观设计

在判断关于外观设计专利申请的外观设计是否属于出版物记载的外观设计，或者是否属于与该外观设计相似的外观设计时，如果出版物记载的外观设计可充分表现到能对比的程度，则能作为新颖性判断的基础资料。

(1) 可以作为新颖性判断的基础资料的示例。

①虽然在出版物记载的外观设计由于通过所谓的立体图表示而没有表示其背面、底面等的形态的情况，或者没有表示出版物记载的外观设计的一部分的情况下，但该外观设计的整体形态由于产品的特性等可以大致定型化等理由，因而可以推定出不清楚部分的具体形态的。

②出版物记载的产品的外观设计，即便在该产品中的包含有与该产品不相似的产品

的外观设计（例如，部件的外观设计），也能识别该外观设计自身的具体形态的。

③在外观设计专利公报登载的部分外观设计的“期望获得外观设计专利授权的部分”以外的“其他部分”中能识别外观设计产品的具体形态的。

22.1.2.7　关于通过电子通信回路能被公众利用的外观设计

（1）关于回路。

所谓回路是指一般由往复的通信路构成的，能双向通信的传送路。仅能向一个方向发送信息的播放（传送来自双向的通信的有线电视等除外）不包含于回路。

（2）关于公众。

所谓公众是指社会一般的不特定者。

（3）关于公众可利用。

所谓公众可利用是指处于社会一般的不特定者能看到的状态，不需要实际上谁真实访问的事实存在。例如，在互联网中粘贴链接，登录于搜索引擎（注 1），或者将地址（注 2）登到面向公众的信息传递手段（例如，广为知晓的报纸、杂志等）且没有对公众进行访问限制。

（注 1）

也被称为检索引擎，为了查找互联网上的特定网站而发挥数据库作用的网站。

（注 2）

采用 URL（Uniform Resource Locator：统一资源定位系统）的书写方法书写的互联网服务的所在地。一般书写为 http：//×××. or. jp。

（4）关于能被公众利用的外观设计的日期。

在该外观设计专利申请前，通过电子通信回路能被公众利用的事实被认定即可。

22.1.2.8　通过互联网得到的外观设计信息在审查上的处理

为了将通过互联网得到的外观设计信息（以下称为“电子外观设计信息”）作为通过电子通信回路能被公众利用的外观设计加以引用，必须满足以下的全部要件。

（1）在外观设计专利申请前，引用的电子外观设计信息是公众可利用的信息。

（→22. 1. 2. 8. 1）

（2）在外观设计专利申请前，引用的电子外观设计信息已按照其内容登载。

（→22. 1. 2. 8. 2）

22.1.2.8.1　引用的电子外观设计信息是在外观设计专利申请前公众可利用的信息

互联网上登载的信息是不特定者可访问的信息，具有与记载于公开出版物中的信息同样的信息传播力，所以通常是公众可利用的信息。

即使在对主页的访问需要密码或者访问收费的情况下，如果该信息登载在互联网上，公众能知晓该信息的存在和存在场所，且不特定者可获取，则可以说是公众可利用的信息。

（1）电子外观设计信息被认为是公众可利用信息的示例。

①登录搜索引擎能检索到或者公众能知晓该信息的存在和存在场所的信息（例如，可从有关联的学术团体、新闻等链接或者登载于报纸、杂志等面向公众的信息传递手段上的地址上获得的信息）。

②在需要密码的信息中，仅通过输入密码不特定者就可访问的信息（在该情况下，无论获得密码是否收费，只要是谁都能基于某种手续没有差别地获得密码进行访问的主页，就是公众可利用的信息）。

③在收费的主页中，仅通过支付费用不特定者就可获取的信息（在该情况下，只要是无论谁仅通过支付费用都能没有差别地访问的主页，就是公众可利用的信息）。

（2）电子外观设计信息不被认为是公众可利用信息的示例。

即使登载在互联网上，但是符合以下情况的信息不能说具有公众利用可能性。

①登载在互联网上，但是没有公开地址，所以除偶然情况外不能访问的信息。

②能访问信息的人被限制于特定的团体、企业的构成成员等，且被作为对外保密的信息处理（例如，仅公司职员能利用的公司内部系统等）。

③信息的内容进行了通常不能解读的加密处理的信息（不管收费、免费，无论谁都能通过某种手段获得用于解读密码的工具的情况除外）。

④在没有公开到足以使公众看到信息的期间的信息（例如，仅短时间在互联网上公开的信息）。

22.1.2.8.2 引用的电子外观设计信息在外观设计专利申请前按照其内容已登载的

（1）引用的电子外观设计信息的登载日期时间（注）及其内容改变的问题。

因为登载在互联网上的信息容易改变，所以常常被询问引用的电子外观设计信息是否在所表示的登载日期时间按照其内容被登载。

在发现电子外观设计信息的时间点，即使审查员引用的电子外观设计信息的登载日期时间在外观设计专利申请之前，也不能完全排除其被改变过的可能性。

（注）

关于登载日期时间的表示，将互联网的信息在其主页上登载的国家或者地域的时间换算为日本时间进行判断。

（2）对引用的电子外观设计信息的登载日期时间及其内容改变的问题的应对。

关于被认为引用的电子外观设计信息在所表示的登载日期时间按照其内容登载的疑义极其低的主页，推断为审查员访问时所登载的内容是在主页上示出的登载日期时间表示的时间点登载的而进行引用。

在关于引用的电子外观设计信息在所表示的登载日期时间按照其内容被登载有疑义的情况下，要调查是否可以进行引用。

引用的电子外观设计信息在所表示的登载日期时间按照其内容登载的疑义消除可能性小的主页，所登载的信息不予引用。

（3）引用的电子外观设计信息在所表示的登载日期时间按照其内容登载的疑义极其低的主页的示例。

以下主页所登载的电子外观设计信息，通常情况下咨询及联系方式明确，可以认为该疑义极其低。

①长年对出版物等进行出版的出版社的主页（报纸、杂志等登载电子信息的主页）；

②学术机构的主页（学会、大学等的主页）；

③国际机构的主页（标准化机构等团体的主页）；

④公共机构的主页（省厅的主页）。

但是，即使是这样的主页，在没有登载日期时间的表示的情况下，原则上也不予引用，但是关于所登载的电子外观设计信息，如果通过对其登载、保全等有权限和责任的人能得到关于主页的登载日期时间和内容的证明，则能引用。

（4）在引用的电子外观设计信息在所表示的登载日期时间按照其内容登载有疑义的情况下的应对。

审查员在判断引用的电子外观设计信息有疑义的情况下，通过所标出的联系方式与联系人确认内容是否改变，对该疑义进行讨论。

关于讨论的结果是疑义未消除的，不引用。

（5）关于要引用的电子外观设计信息在所表示的登载日期时间按照其内容登载的疑义的消除可能性小的主页的处理。

咨询及联系方式不清楚且未示出登载日期表示的主页因为消除该疑义的可能性小，所以不引用。

22. 1. 2. 9　关于作为电子外观设计信息登载在互联网上的外观设计

与出版物记载的外观设计同样，作为电子外观设计信息登载在互联网上的外观设计，在进行关于外观设计专利申请的外观设计是否属于该外观设计，或者是否属于与该外观设计相似的外观设计的判断时，如果充分显示出能对比的程度，则能作为新颖性判断的基础资料。（参照前述 22. 1. 2. 6 “关于出版物记载的外观设计”）

22. 1. 3　外观设计法第 3 条第 1 款第 3 项

与前两项记载的外观设计相似的外观设计。

22. 1. 3. 1　外观设计是否相似的判断

所谓外观设计相似与否的判断是指外观设计是否相似的判断，是关于从需求人（包含交易人）（关于判断主体参照 22. 1. 3. 1. 1）的立场看到的美感是否相似的判断。

以下说明的是否相似判断的手法示出为了保证外观设计审查中的客观的是否相似判断所需的外观设计的特征，即示出形成外观设计的美感要素的提取方法以及关于该对比方法的基本考虑方法。

22. 1. 3. 1. 1　判断主体

在外观设计是否相似的判断中，判断主体是需求人（包含交易人）（外观设计法第 24 条第 2 款。该规定中所称的“需求人”包含交易人的概念，所以在此设为“需求人

（包含交易人）”），是与产品的交易、流通的实际状况相应的适当的人。

关于新颖性判断时外观设计是否相似的判断主体，条文上没有明确规定，但是在规定授权外观设计的范围的外观设计法第 24 条第 2 款中规定了“授权外观设计和其以外的外观设计是否相似的判断基于通过需求人的视觉引起的美感来进行”，所以新颖性判断中的外观设计是否相似的判断主体也同样是需求人（包含交易人）。

外观设计是否相似的判断，本来依靠人类感觉部分的地方较大，但是在进行该判断时，要排除创作外观设计的设计人的主观观点，根据需求人（包含交易人）观察时的客观印象进行判断。

22.1.3.1.2 外观设计是否相似的判断手法

（1）外观设计是否相似的判断的观点。

在外观设计审查中，是否相似判断通过下面的（ア）~（オ）的观点进行。

（ア）对比的两项外观设计的外观设计产品的认定和是否相似判断；

（イ）对比的两项外观设计的形态的认定；

（ウ）形态的共同点和差异点的认定；

（エ）形态的共同点和差异点的个别评价；

（オ）作为外观设计整体是否相似的判断。

（2）对比的两项外观设计的外观设计产品的认定和是否相似判断。

基于外观设计产品的使用目的、使用状态等，对两项外观设计的外观设计产品的用途和功能进行认定。

所谓外观设计是产品形态，因此外观设计的相似是以对比的外观设计彼此的外观设计产品的用途以及功能相同或者相似为前提，但是本情况下所称的“外观设计产品的用途和功能相同或者相似”，不必在比较产品的详细用途和功能后决定其是否相似，在对具体产品所表示的形态的价值进行评价的范围内，如果是用途（使用目的、使用状态等）和功能有共性的产品，则足以判断为产品的用途和功能有相似性。

在外观设计产品的用途（使用目的、使用状态等）以及功能没有共性的情况下，外观设计不相似。

此外，由经济产业省令规定的外观设计法实施规则第一附表（下栏）所表示的“产品分类”只不过示出应记载于请求书中的产品的分类的具体例，并没有直接规定产品是否相似。

（3）对比的两项外观设计的形态的认定和形态中的共同点、差异点的认定。

（i）通过肉眼观察。

观察以通过肉眼的视觉观察为基本（但是，对在即使通过肉眼不能识别，在交易时通常进行放大观察的情况下，与通过肉眼能识别的作同样处理）。这是因为，产品通常通过肉眼可观察，由通过肉眼能识别的形态整体构成的美感左右该外观设计产品的选择与购入。此外，在外观设计产品整体的形态通过肉眼能识别，但是一部分形态由于微细而通过肉眼不能识别的情况下，仅将通过肉眼能识别的形态认定为外观设计的形态，进行是否相似的判断。

（ii）观察方法。

外观设计的是否相似判断通过在观察外观设计产品时通常使用的观察方法进行。

例如，在购入与使用时都能实际拿在手里进行视觉观察的笔记工具的外观设计的情况下，用相同的比重观察外观设计整体；但是在通常的设置状态下不会观看背面和底面的电视接收机的外观设计的情况下，侧重于对其正面、侧面、平面方向进行观察。

（iii）形态的认定。

认定外观设计产品整体的形态（也称为扼要地捕捉外观设计时的骨架形态、基本构成形态）以及各部分的形态。

（iv）形态中的共同点和差异点的认定。

认定两项外观设计的外观设计产品整体的形态（基本构成形态）以及各部分的形态中的共同点和差异点。

（4）形态的共同点和差异点的个别评价。

关于各共同点和差异点的形态，进行以下的（i）在对比观察该形态的情况下是否引起注意的部分的认定和引用该注意的程度的评价；以及（ii）基于与在先外观设计群的对比引起注意的程度的评价。

对从（i）和（ii）的观点来看各共同点和差异点中的形态引起何种程度的注意进行讨论，从而判断各共同点和差异点给予外观设计整体美感影响的大小。

（i）在对比观察的情况下是否为引起注意的部分的认定和评价。

各共同点和差异点的形态在对比观察的情况下是否为引起注意的部分以及引起该注意的程度通过：

- 该部分在外观设计整体中所占比例的大小；
- 从外观设计产品的特性来看，该部分是否为对视觉印象带来较大影响的部分进行认定和评价。

此外，具体的评价方法和评价结果随各外观设计的不同而有所差异，但是一般可以总结如下。

（a）关于占外观设计整体比例的评价。

关于申请的外观设计和引用外观设计的共同点或者差异点所涉及的部分，在其大小占外观设计产品整体比例较大的情况下，与较小的情况比较，该部分引起注意的程度较大。

外观设计产品整体的形态（基本构成形态）也可以说是外观设计的骨架，给予视觉印象的影响通常最大。

（b）关于产品大小不同的评价。

即使两项外观设计的外观设计产品自身的大小（包含在没有说明的记载的情况下认定的通常大小的范围）不同，只有其不涉及产品的用途和功能的认定，该不同就不会引起强烈的注意。

（c）是否为基于产品特性容易观察到的部分的评价。

外观设计存在进行视觉观察的情况下容易观察的部分和难以观察的部分。如果共同点和差异点的形态是容易观察到的部分的形态，可以说容易引起注意。

对于容易观察到的部分，通过基于外观设计产品的用途（使用目的、使用状态等）以及功能、大小等，对（1）是否为在选择或购入外观设计产品时容易看到的部位、（2）是否为需求人（包含交易人）感兴趣观察的部位的认定而进行提取。

但是，即使是这样提取出的部分，在其形态仅基于功能的必然性的情况下，也不考虑将其作为外观设计的特征。

（d）产品内部形态的评价。

外观设计应以观察外观设计产品时容易引人注目部位的形态为中心进行比较，所以是否相似判断是对外观设计产品的外观进行判断，在使用时不会看到的内部形态不考虑将其作为外观设计的特征。

能观察内部形态的产品，在使用时容易引人注目的形态是容易引起注意的部分。

例如，在冰箱的外观设计的情况下，打开门的状态也是使用时的形态，另外，冰箱的用途和功能是在关闭门的状态下在内部冷却保管食品等，所以可以说通常在关闭门的状态进行视觉观察。因此，在这样的情况下，关闭状态的外观引起注意的程度比内部形态的外观大。另外，在以人类进入内部使用为主体的浴室的外观设计等的情况下，内部形态是引起注意的部分。

（e）仅在产品流通时可视觉观察的形态的评价。

在使用或设置时其一部分不能看见的产品（例如，一部分埋入土中的栅栏、壁，一部分埋入顶棚中的照明器具等）的情况下，仅在产品流通时可视觉观察的部位引起注意的程度原则上比其他的部位小。

但是，其他部位的形态给予常规形态等外观设计整体美感的影响小的情况下，相对地，仅在产品流通时可视觉观察的部位在外观设计整体中的重要度提高，在进行外观设计整体的最终判断时有时也会左右是否相似的判断。

（ii）基于与在先外观设计群的对比的评价。

在申请的外观设计和引用外观设计的各共同点和差异点的形态与在先外观设计群进行对比的情况下，对是否为容易引起注意的形态进行评价。形态是否容易引起注意根据具有相同形态的公知外观设计的数量、与其他的一般能看见的形态相差何种程度，或者该形态的创作价值的高度而改变。

（a）以在先外观设计检索为前提的共同点的评价。

在申请的外观设计和引用外观设计的各共同点中的形态是在其他的在先外观设计中极其常见的常规样式的情况下，不可以说该形态是特征形态。因此，与虽然是其他的在先外观设计中能看见的形态，但是不能说是极其常见的常规样式的情况相比，该形态引起注意的程度较小。

在任何情况下，都不能将常规形态、公知形态单纯地排除在外。

（b）以在先外观设计检索为前提的差异点的评价。

在通过申请的外观设计和引用外观设计的对比所认定的各差异点的形态是在其他的在先外观设计中不能看见的新颖形态，被认定为创作价值高的情况下，该形态给予与过去的形态不同的强烈印象，强烈引起注意。在各差异点的形态是在其他的在先外观设计中极其常见的常规样式的情况下，该形态不能成为强烈引起注意的形态。但是，通过常规形态、公知形态的组合，该组合的形态有时也会引起注意。

（iii）具有功能性意义的形态和来源于材质的形态的处理。

关于具有功能性意义的形态和来源于材质的形态，一般作如下处理。

（a）功能性形状的评价。

对于功能要求的实现有造型上的自由度，但并非必须是该形状的形状而言，要考虑该造型上的特征。但是，对于仅由为了确保产品功能而必不可少的形状构成的外观设计而言，由于会对外观设计法本来不预定保护的技术思想的创作赋予排他独占权，所以不予保护（外观设计法第 5 条第 3 项）。

另外，关于对视觉没有较大影响的略微形状差异，即使该差异与功能有很大关系，也不会特别重视。

（b）参考来自产品功能方面的要求而构成的图案的评价。

除了仅以装饰为目的的图案（例如，餐桌用皿表面的图案）之外，近年来，片状键盘、触摸面板等产品表面的输入、操作部的状态为没有凹凸立体形状的平面图形等的例子变多。关于在与这样的外观设计产品的关系中具有一定功能的图案的外观设计的特征的评价，是在理解该图案具有的意义，即是期望什么的图案、是在与产品的用途、功能的关系中担负什么样的功能的图案等的基础上进行的，与形状的情况同样地进行评价。

（c）由材质产生的图案、色彩的评价。

作为外观设计的构成要素真正应考虑的图案、色彩是基于外观设计设计人的创作行为而表现的图案、色彩，但是在附于请求书的图片等所表现的外观设计被认定为用在制造外观设计产品时通常使用的材质原样的图案、色彩表现的情况下，该图案、色彩是在该产品领域中常见的，所以该图案、色彩给予外观设计整体的美感的影响极小。

（5）作为外观设计整体是否相似的判断。

在基于关于两项外观设计形态中的各共同点和差异点的个别评价作为外观设计整体综合地观察两项外观设计所有的共同点和差异点的情况下，针对需求人（包含交易人）是否引起不同的美感进行判断。

外观设计是整体具有有机的联系而结合的，所以若仅仅个别地评价各共同点和差异点，不能判断是否相似，在也注意各形态的组合并且综合地讨论共同点和差异点的情况下，必须评价那些共同点和差异点相对于外观设计整体美感的是否相似给予什么样的影响。

基本考虑方法如下。

（i）关于共同点和差异点的综合判断。

在进行某共同点或者差异点是否相似判断上是否成为最重要的要素，由与其他的共同点以及差异点的相对关系决定。在考虑某共同点或者差异点给予是否相似判断的影响的大小时，如果其他的共同点和差异点给予外观设计整体的美感的影响小，则该共同点或者差异点给予是否相似判断的影响相对变大。另外，在已有其他给予外观设计整体的美感的影响同等程度或者更大的共同点或者差异点的情况下，该共同点或者差异点给予是否相似判断的影响的大小相对变小。

（ii）外观设计产品整体的形态（基本构成形态）。

外观设计产品整体的形态（基本构成形态）也可以说是外观设计的骨架，对通过视觉引起的美感的影响最大，所以为了使外观设计相似，原则上需要外观设计产品整体的形态（基本构成形态）相同。

但是，在即使外观设计申请和引用外观设计的外观设计产品整体的形态（基本构成形态）存在差异点，但均是常规形态，且各部分的形态的共同点显著的情况下，有时超出外观设计产品整体的形态（基本构成形态）的差异，也存在两项外观设计相似的情况。

例如，在带图案的长方体型包装用箱中有箱整体的长、宽、高的比例不同的两项外观设计的情况下，如果被认定为均是作为包装用箱的比例较常见未引起注意，且共同的图案在特征上强烈引起注意的话，则有时超出外观设计产品整体的形态（基本构成形态）中的差异（箱整体的长、宽、高的比例），两项外观设计相似。

关于各部分形态中的差异点，在给予是否相似判断的影响较小的情况下，有时即使共同的外观设计产品整体的形态（基本构成形态）是常见的，但是该差异点成为该外观设计中给予是否相似判断的影响最大的，两项外观设计也存在相似的情况。

另外，在即使是将公知或者周知的形态拼合而成的外观设计，但是该组合状态新颖，作为外观设计产品整体的形态（基本构成形态）新颖的情况下，该组合而成的外观设计产品整体的形态（基本构成形态）被评价为新颖的形态。

（iii）申请的外观设计中所使用的公知形态。

外观设计申请中使用的公知形态给予是否相似判断的影响的大小与新颖的形态相比一般较小，但是由于外观设计是整体根据有机结合成立的，所以即使共同点或者差异点的形态是公知形态，但是也不会将该共同点或者差异点单纯除外而仅对其他的共同点和差异点进行判断。

在公知形态的组合新颖的情况下，对该组合的状态进行评价。

（iv）外观设计的构成要素间的关系。

作为外观设计的构成要素的形状、图案、色彩中哪个构成要素对是否相似判断给予较大影响不能一概而论，可以说在与在先的公知外观设计组的关系中，特征最大且最能引起注意的要素给予是否相似判断的影响大。

但是，形状和图案多数情况下需要基于人的智慧的创作，与此相对，色彩本身只要不构成图案，将其形容为选择比形容为创作更适当，因为通常准备仅变更色彩的多个产品变形，所以可以说色彩比形状和图案更难以引起注意。因此，一般色彩与形状以及图案相比给予是否相似判断的影响较小。

（v）与相同产品领域中的既有的是否相似判断事例的关系。

一般，在关于对比的两项外观设计的共同点和差异点给予外观设计整体的美感的影响的大小的评价与相同产品领域的既有判断事例同样的情况下，结果与既有的是否相似判断事例一样。

但是，外观设计是否相似的判断是针对包含其他部分的外观设计整体进行的，所以即使对比的两项外观设计具有与既有的判断事例同样的共同点或者差异点，但是这些从产品特性等来看，关于是否为外观设计整体中引起注意的部分的共同点或者差异点的认定和引起该注意的程度的评价并不总是相同的。另外，因为在先公知外观设计日益累积，所以基于该与在先公知外观设计群的对比的评价并不总是相同的。

这样，即使具有同样的共同点和差异点，关于它们给予是否相似判断的影响的大小的评价也未必总是相同的，所以即使是相同产品领域中的既有的是否相似判断事例，也不可仅将该结论单纯地适用于别的事例。

第3章　设计非易性

23　相关条文

外观设计法

第三条

（第1款略）

2　在外观设计专利申请前，具有该外观设计所属领域的一般常识的人基于在日本国内或者外国公知的形状、图案或色彩或者它们的结合能容易地作出外观设计的创作时，尽管符合前款的规定，该外观设计（前款各项所列的外观设计除外）也不能获得外观设计专利授权。

23.1　关于外观设计专利申请前

所谓外观设计专利申请前，与外观设计法第3条第1款第1项或者第2项规定的外观设计专利申请前同样，考虑到申请的时刻，与以日为单位进行判断的外观设计专利申请日（外观设计法第9条、外观设计法第10条等）不同。另外，是否为具有该外观设计所属领域的一般常识的人能作出外观设计的创作的判断的基准时间也是外观设计专利申请前。

23.2　关于具有该外观设计所属领域的一般常识的人

具有该外观设计所属领域的一般常识的人（以下称为“本领域设计人员”）是判断设计非易性的主体。所谓本领域设计人员是指，在制造或者销售该外观设计产品的领域中，在该外观设计专利申请时对该业界的外观设计具有一般常识的人。

23.3　关于公知

所谓公知与外观设计法第3条第1款第1项规定的公知意思相同。即对不特定者不保密，实际上已知晓其内容。

并且，将公知中如果仅凭说出其名称就能想起而不必拿出证据的状态特别地称为周知。

此外，所谓在外国周知需要在该国周知，但是不必要在多个国家周知。另外，如果在该国周知，则不需要在日本国内周知。

23.4　作为设计非易性判断基础的资料

符合以下条件的均能作为设计非易性的判断基础的资料。

（1）公知的形状、图案或色彩或者它们的结合；（→23.4.1）

（2）周知的形状、图案或色彩或者它们的结合；（→23.4.2）

（3）公知外观设计或者周知外观设计。（→23.4.3）

23.4.1　公知的形状、图案或色彩或者它们的结合

符合以下条件的均符合公知的形状、图案或色彩或者它们的结合。

（1）在日本国内或者外国公知的形状、图案或色彩或者它们的结合。

（2）记载于在日本国内或者外国公开的出版物中的形状、图案或色彩或者它们的结合。

但是，出版物必须处于已发行且公知的状态。

另外，在记载于出版物的情况下，一般形状、图案或色彩或者它们的结合几乎不会以其自身单独地公知，大多数体现为记载于出版物中的公知外观设计产品一体不可分的状态。在这样的情况下，如果该产品的形状、图案或色彩或者它们的结合能够识别其作为自身的具体状态，则可以作为设计非易性判断基础的资料。

此外，在上述的情况下，与记载于出版物中的公知外观设计产品和已进行外观设计专利申请的外观设计产品的是否相似无关。

23.4.2　周知的形状、图案或色彩或者它们的结合

在日本国内或者外国周知的形状、图案或色彩或者它们的结合，且以其自身单独地周知的形状、图案或色彩或者它们的结合不必说，关于周知的外观设计所表示的形状、图案或色彩或者它们的结合作为周知的形状、图案或色彩或者它们的结合，能作为具有设计非易性的判断基础的资料。

23.4.3　公知外观设计或者周知外观设计

公知外观设计或者周知外观设计也能作为设计非易性判断基础的资料。

23.5　能认定为易于设计的外观设计的示例

23.5.1　替换的外观设计

所谓替换是指将外观设计的构成要素的一部分替换为其他的外观设计。

只不过是将公知外观设计（基于周知外观设计的情况也同样，以下相同）的特定的构成要素通过本领域设计人员的常规手段替换成其他的公知外观设计而构成的外观设计。

这样的外观设计被认定为本领域设计人员基于公知的形状、图案或色彩或者它们的结合能容易创作的外观设计。

【事例 1】

在该外观设计所属领域，将液化气瓶变更，一般根据燃料使用时间以一个机种准备多种液化气瓶进行，这种方式对于本领域设计人员来说是常规手法。

申请的外观设计

“煤气炉兼用炉灶”

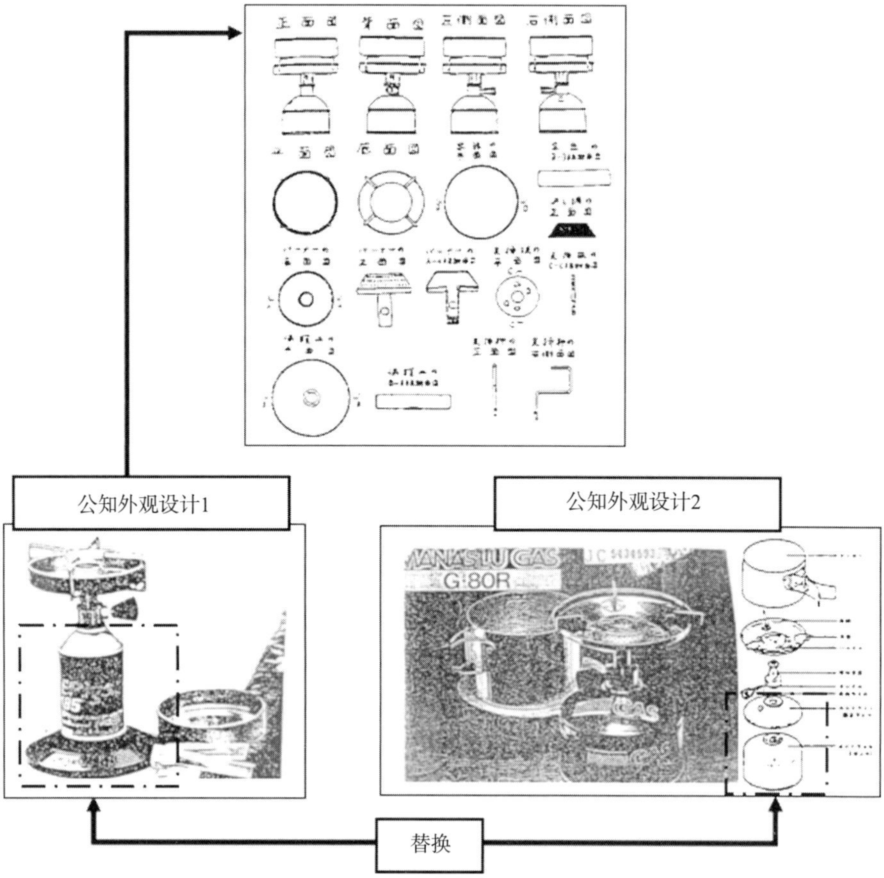

【事例 2】

在该外观设计所属领域中，仅将公知外观设计的装饰板部分替换成其他的装饰板而构成设计的情况对本领域设计人员来说是常规手法。

申请的外观设计

“道路用栅栏”

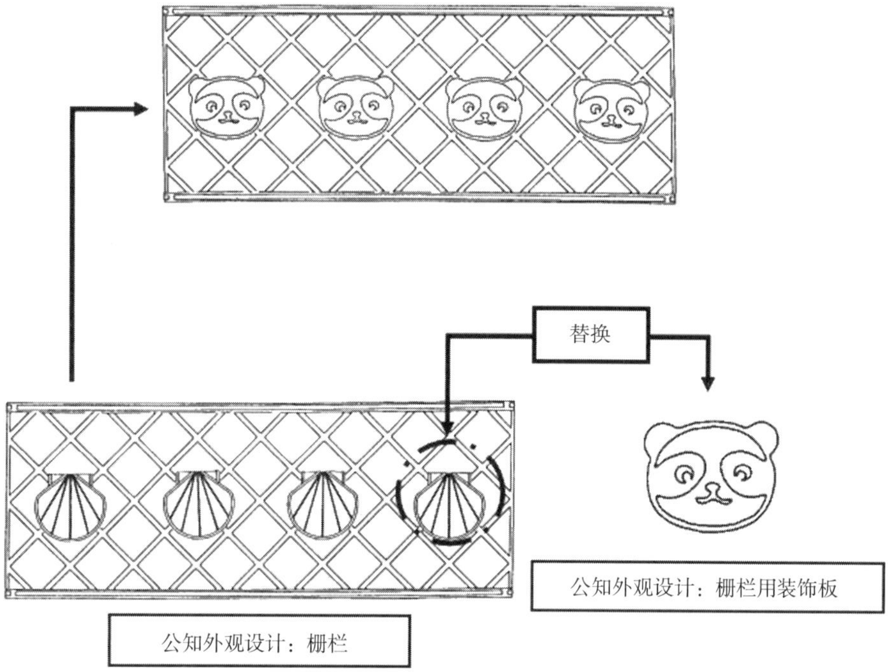

【事例3】

在其他的外观设计所属领域中，将能分离的部件（电视摄像机）的形状等替换成其他部件（电视摄像机）的形状等对本领域设计人员来说是常规手法。

申请的外观设计

“带电视磁带录音机的电视摄像机”

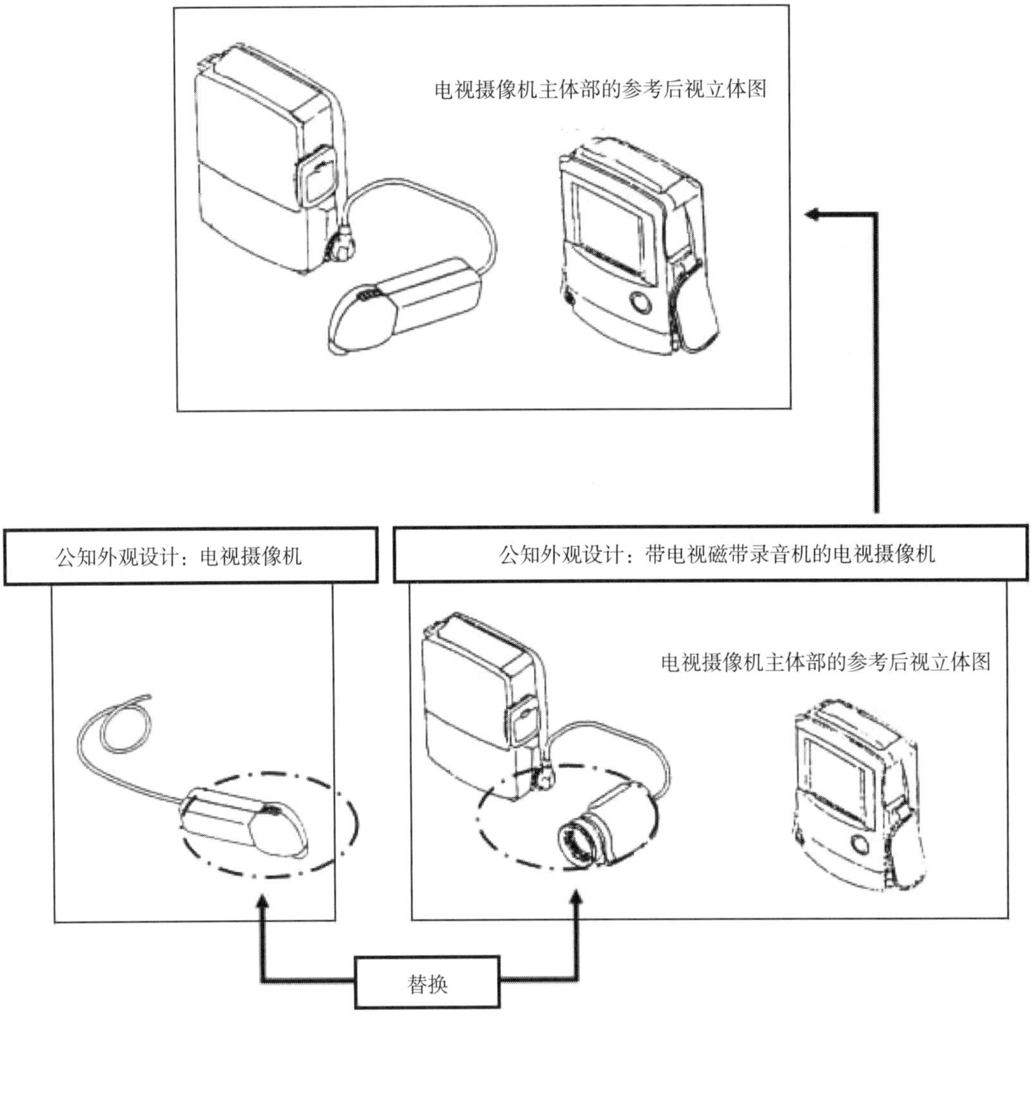

【事例 4】

在该外观设计所属领域中，按每种音域叠置各种扬声器设为一体的音箱对本领域设计人员来说是常规手法。

申请的外观设计

“音箱”

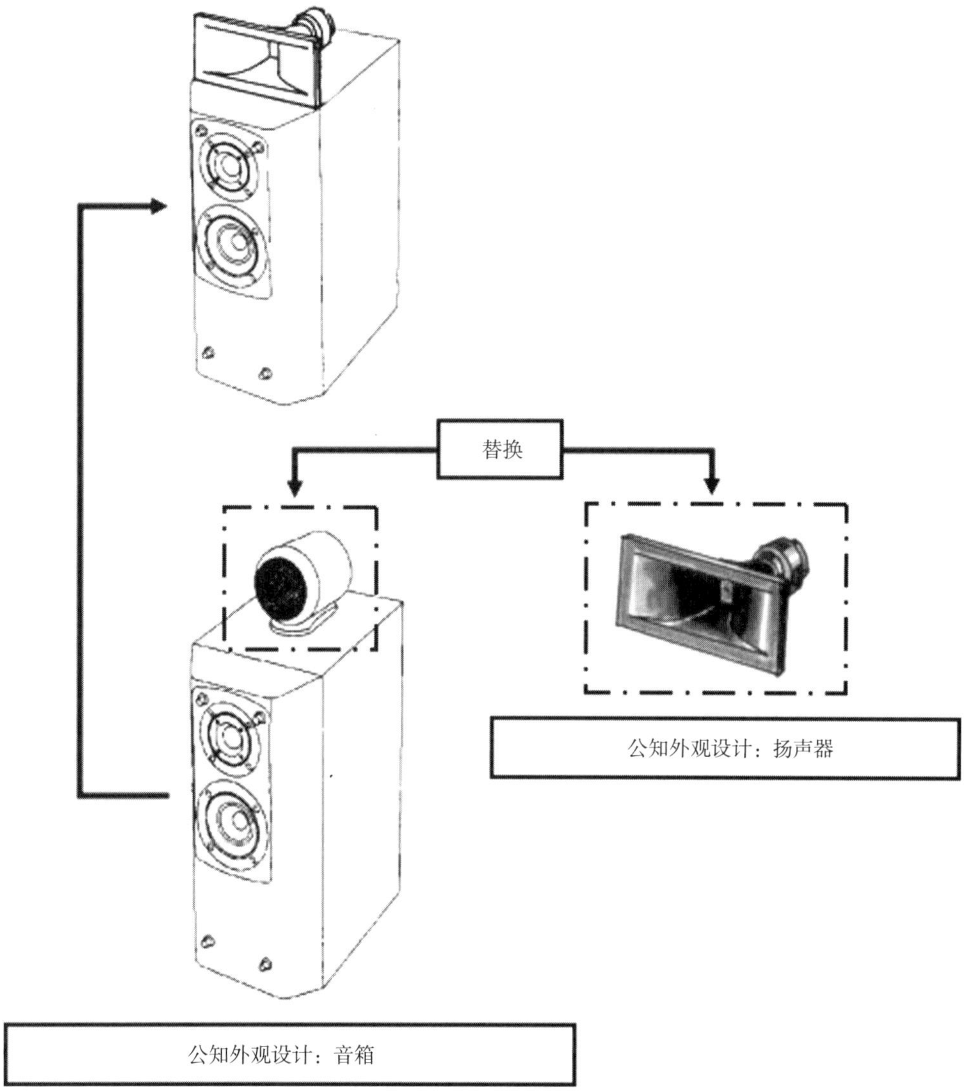

【事例 5】

在该外观设计所属领域中，在电子计算机的盖部上表面附加图案对本领域设计人员来说是常规手法。

申请的外观设计

"电子计算机"

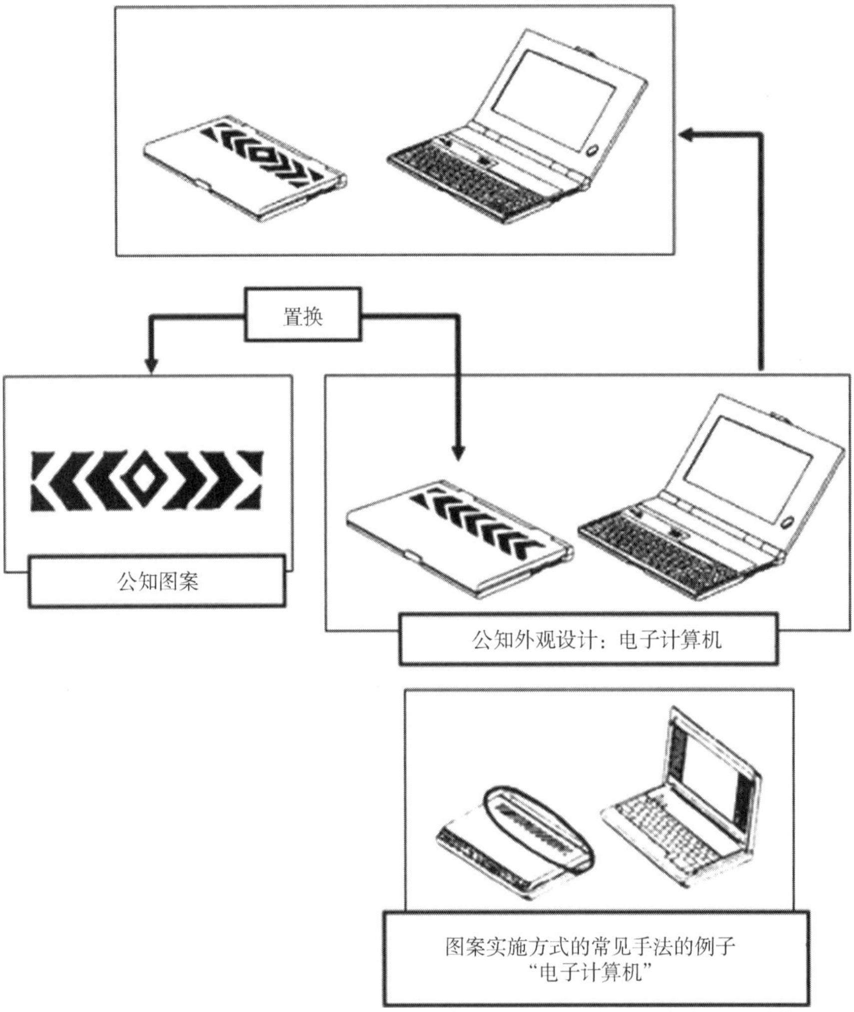

23.5.2 拼合的外观设计

所谓拼合是指将多项外观设计群合构成一项外观设计。

只不过是将多项公知外观设计通过本领域设计人员的常规手法拼合而成的外观设计。

这样的外观设计被认定为是本领域设计人员基于公知的形状、图案或色彩或者它们的结合能容易创作的外观设计。

【事例 1】

在该外观设计所属领域中，按每个音域将各种扬声器叠置设为一体的音箱对本领域设计人员来说是常规手法。

申请的外观设计

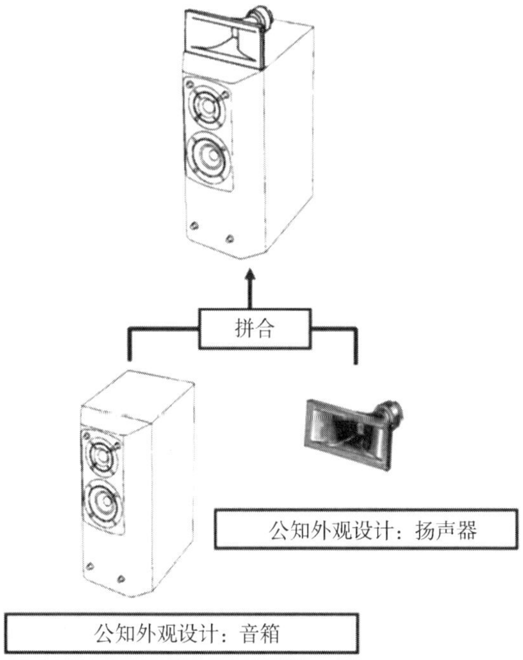

【不被认定为是将左下的公知外观设计通过本领域设计人员的常规手法拼合而成的外观设计的事例】

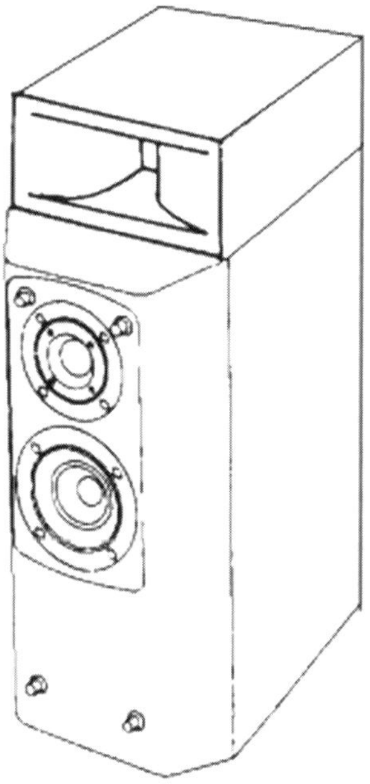

“音箱”

【事例 2】

在该外观设计所属领域中，在电子计算机的盖部上表面附加图案对本领域设计人员来说是常规手法。

申请的外观设计

“电子计算机”

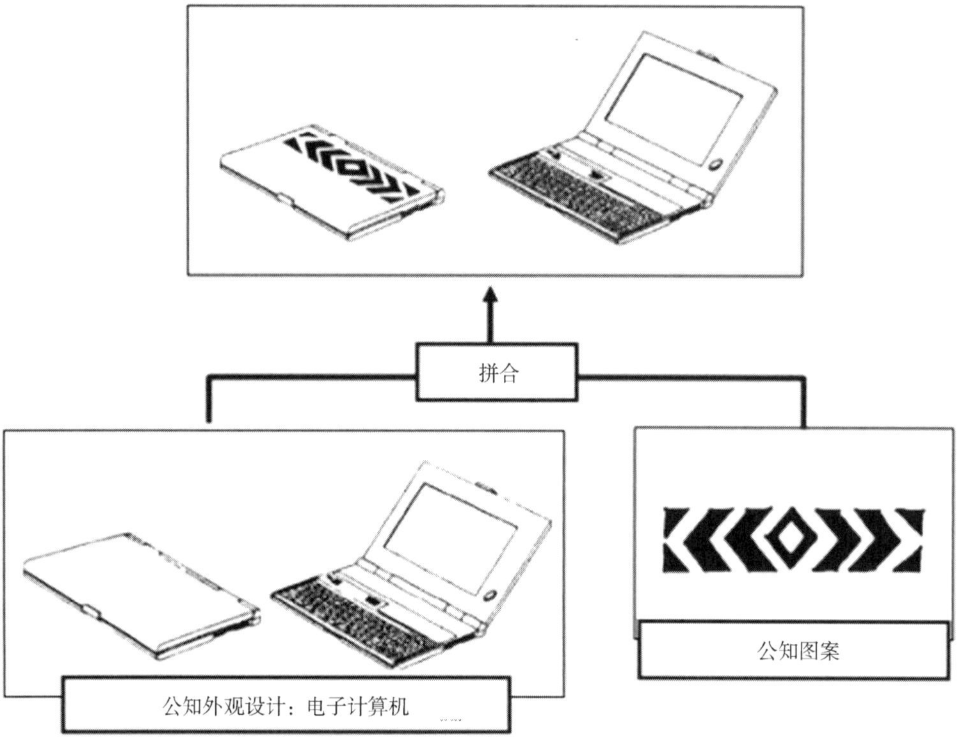

图案实施方式的常见手法的例子
“电子计算机”

【事例 3】

在该外观设计所属领域中，以各种各样的具体物等为基础，在其一部分上嵌入钟表以及在大致圆板状基体部分的中心嵌入钟表对本领域设计人员来说是常规手法。

申请的外观设计

“钟表”

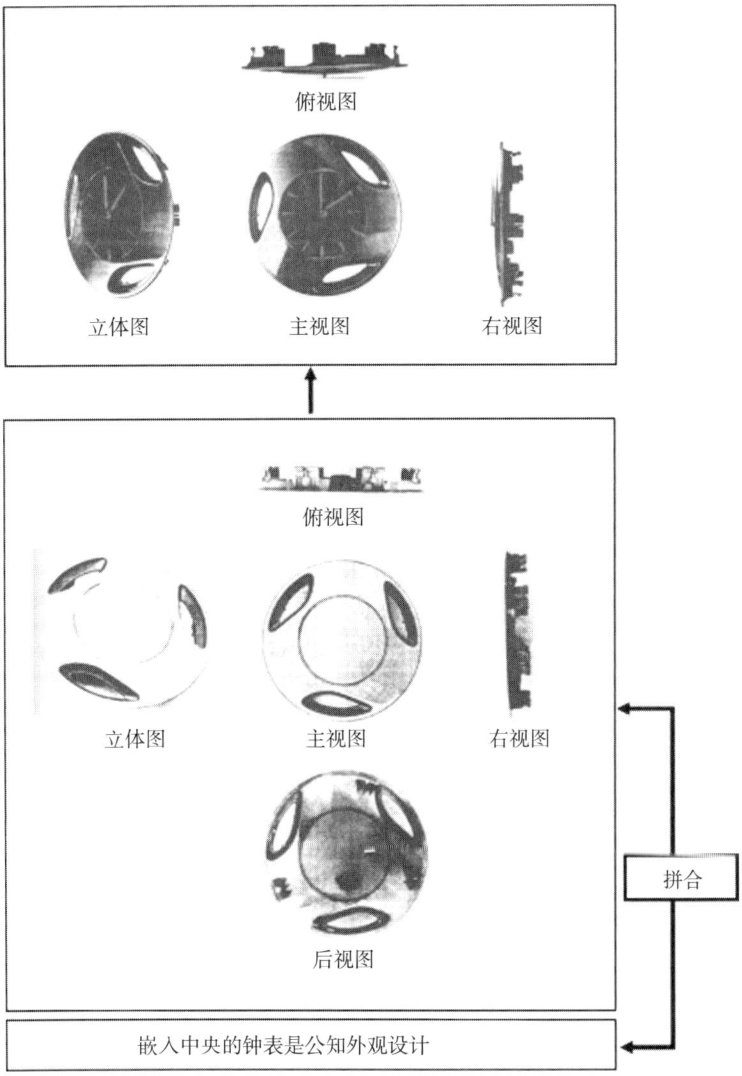

23.5.3 布局变更的外观设计

只不过是将公知外观设计构成要素的布局通过本领域设计人员的常规手法进行变更的外观设计。

这样的外观设计被认定为是本领域设计人员基于公知的形状、图案或色彩或者它们的结合能容易创作的外观设计。

【事例】

在该外观设计所属领域中，在公知外观设计的通常使用状态下，将平衡器用显示部和放大器用操作部的布局变更对本领域设计人员来说是常规手法。

申请的外观设计

“带平衡器的放大器”

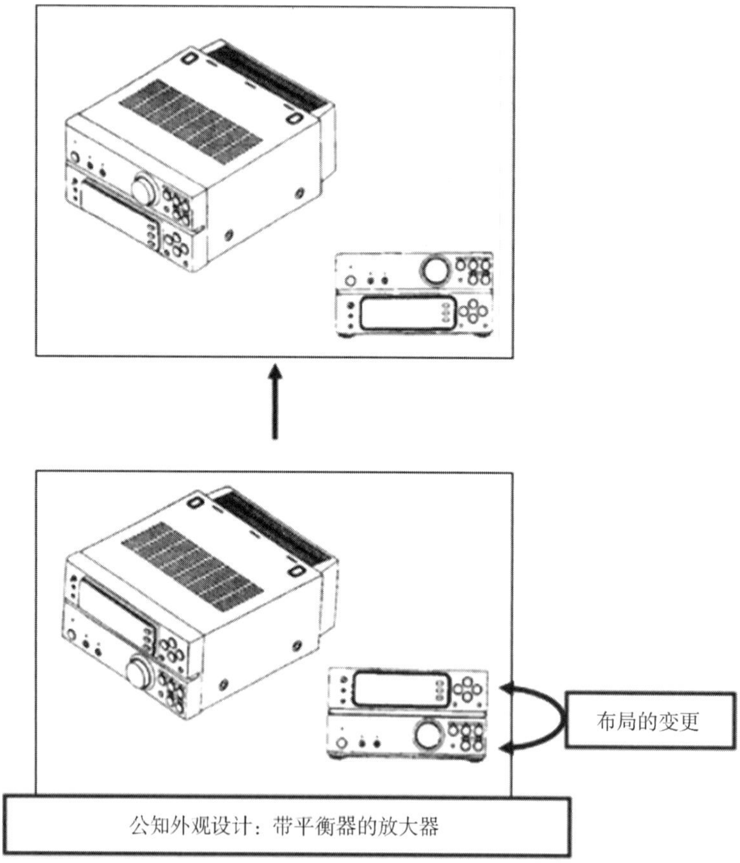

23.5.4　组成比例变更或者连续单元数量增减的外观设计

只不过是利用本领域设计人员的常规手法将公知外观设计的全部或者一部分组成比例或者公知外观设计的反复连续的构成要素的单元数量进行变更的外观设计。

这样的外观设计被认定为是本领域设计人员基于公知的形状、图案或色彩或者它们的结合能容易创作的外观设计。

【事例 1】

在具有相同截面形状的挤压成形件或具有反复连续的侧面形状的侧槽用块等的领域中，使公知外观设计的反复连续的构成要素的单元数量适当增减对本领域设计人员来说是常规手法。

申请的外观设计

“侧槽用块”

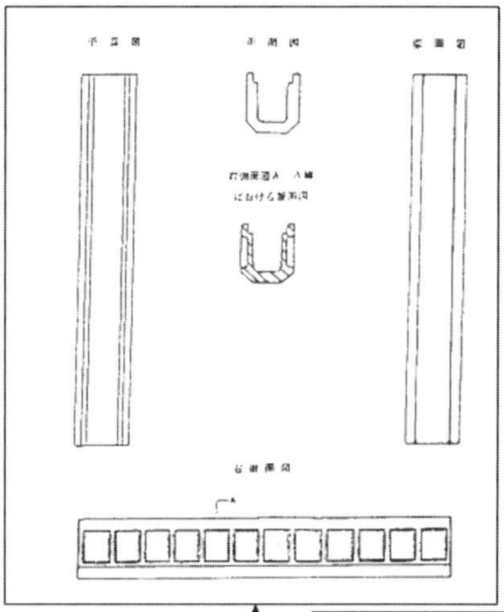

使反复连续的构成要素的单位数量增加

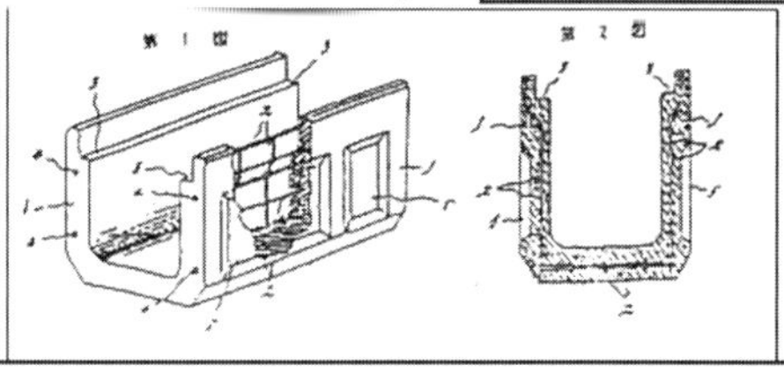

公知外观设计：混凝土制排水侧槽

【事例2】

在该外观设计所属领域中，使警告灯单元体的叠置数量适当增减对本领域设计人员来说是常规手法。

申请的外观设计

“旋转警告灯”的警告灯单元体的叠置数量为两层。

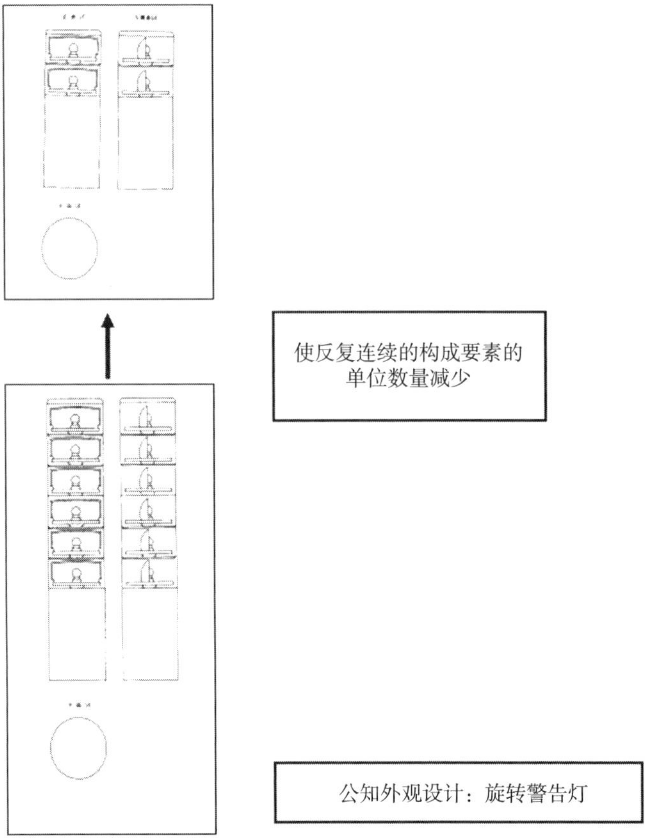

警告灯单位体的叠置数量是六层

23.5.5 仅是将公知的形状、图案或色彩或者它们的结合几乎原样表示的外观设计

利用将公知的形状、图案或色彩或者它们的结合（在基于周知的形状、图案或色彩或者它们的结合的情况下也同样，以下相同）几乎原样地表示为产品的形状、图案或色彩或者它们的结合这样的本领域设计人员的常规手法创作的外观设计。

这样的外观设计被认定为是本领域设计人员基于公知的形状、图案或色彩或者它们的结合能容易创作的外观设计。

23.5.5.1　基于公知形状、图案的外观设计

仅是将公知形状、图案几乎原样地表示为产品的外观设计。

【事例】

在该外观设计所属领域中，将其顶端设计成各种各样的几何形状是通常进行的手法。

申请的外观设计

“激光照射机用顶端部”（部分外观设计）

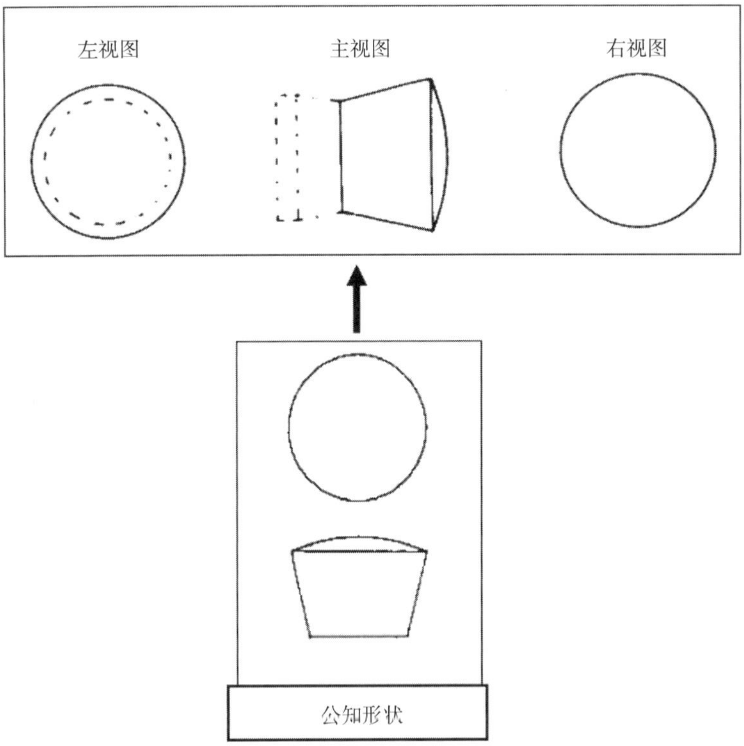

23.5.5.2　基于自然物、公知的作品以及建筑物等的外观设计

仅是将自然物（动物、植物或者矿物）、公知的作品以及建筑物等的全部或者一部分形状、图案等几乎原样地表示成产品的外观设计。

【事例】

在该外观设计所属领域中，使文镇等的形状模仿植物等的形状是通常使用的手法。

申请的外观设计

“镇纸尺”

【不能称为能容易创作的外观设计的事例】

以下的“培养土用容器”的外观设计不能称为将青椒的形状几乎原样地表示的外观设计，不能称为本领域设计人员能容易创作的外观设计。

申请的外观设计

“培养土用容器”

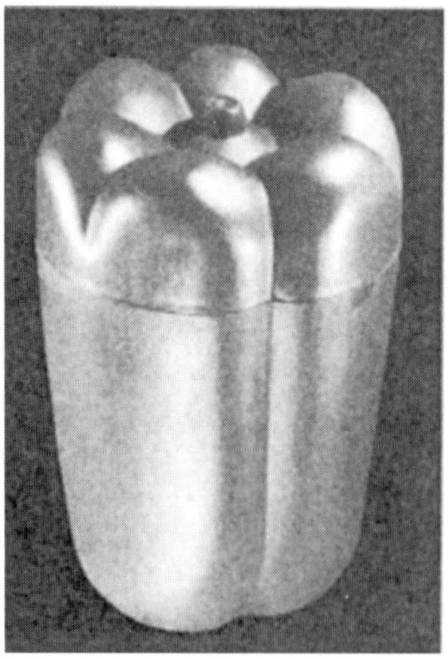

立体图

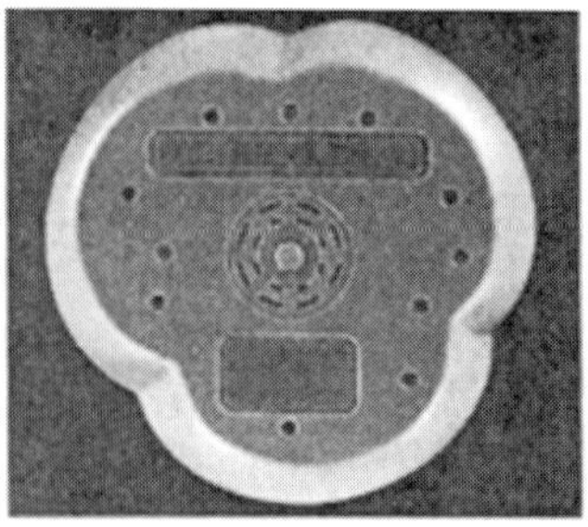

仰视图

23.5.6　基于商业习惯转用的外观设计

在不相似的产品之间有对本领域设计人员来说是基于商业习惯转用的常规手法的情况下转用的外观设计。

这样的外观设计被认定为是本领域设计人员基于成为该转用基础的公知形状、图案或色彩或者它们的结合能容易创作的外观设计。

所谓转用，不仅包含将某产品的形状、图案或色彩或者它们的结合表示为与其不相似的产品的形状、图案或色彩或者它们的结合，而且也包含在基于公知的形状、图案或色彩或者它们的结合创作外观设计的过程中，出于技术或者经济上的原因不得不进行的形状、图案或色彩或者它们的结合的变更，且只不过是本领域设计人员无论谁都能施加程度的变形，或者施加的变形属于该外观设计所属领域中常态化的变形。

【事例 1】

在该外观设计所属领域中，使制造食品的形状模仿器物或者动植物等的形状对本领域设计人员来说是商业上的惯行。

申请的外观设计

“巧克力”

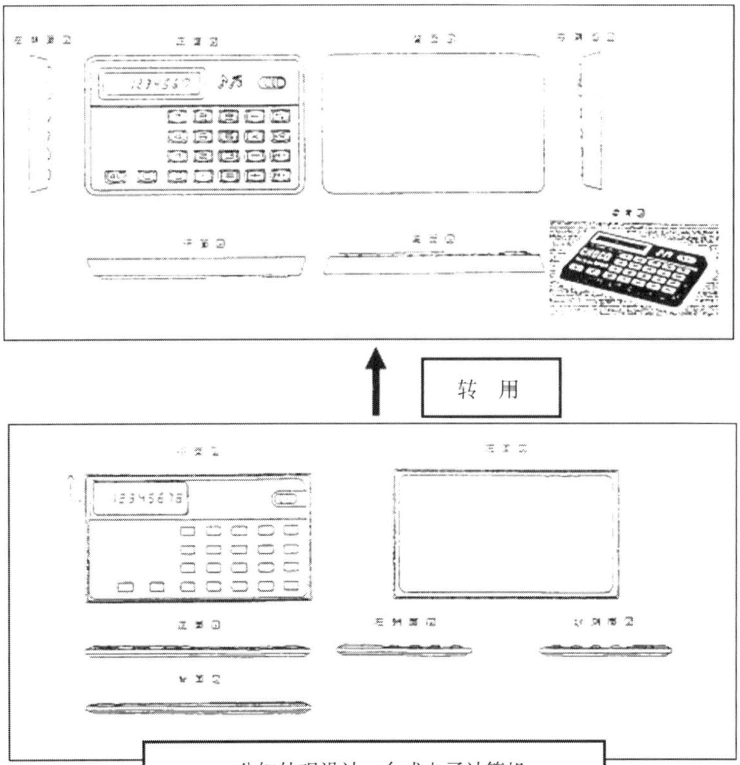

公知外观设计：台式电子计算机

【事例 2】

在该外观设计所属领域中，使玩具的形状模仿交通工具的形状对本领域设计人员来说是商业上的惯行。

申请的外观设计

“摩托车玩具”

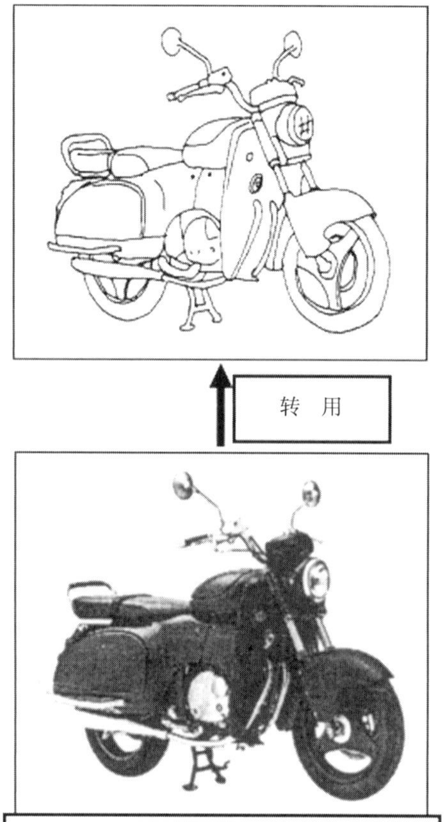

公知外观设计：自动二轮车

【不能称为易于设计的外观设计的事例】

下面的“汽车玩具”的外观设计对本领域设计人员来说超出了商业习惯上通常施行程度的变形，因此不能称为本领域设计人员易于设计的外观设计。

23.6　作为设计非易性判断基础资料的告知

在将公知的形状、图案或色彩或者它们的结合，或者公知外观设计作为设计非易性判断基础资料的情况下，例如，在将公开的出版物所记载的公知外观设计作为设计非易性判断基础资料的情况下，需要将记载有该公知外观设计的出版物的著录项目和该公知外观设计的登载页码等记载于驳回理由通知书中以向外观设计专利申请人告知该公知的外观设计。

另外，在将周知的形状、图案或色彩或者它们的结合，或者周知外观设计作为设计非易性判断基础资料的情况下，不需要证据的提示。

23.7　本领域设计人员常规手法的告知

所谓容易创作的外观设计，需要对本领域设计人员来说是利用常规手法可创作的事实。

因此，在根据外观设计法第 3 条第 2 款的规定通知驳回理由的情况下，原则上需要将表示对本领域设计人员来说是常规手法的具体事实告知申请人。

但是，在该手法对本领域设计人员来说是常规手法，这对审查员来说被认定为明显事实的情况下，例如，在玩具业界中，将真的汽车原封未动地转用到汽车玩具上的手法等的情况下，不需要该提示。

23.8　与外观设计法第 3 条第 1 款各项之间的适用关系

外观设计法第 3 条第 2 款规定为“(前款各项所列的除外)”，所以外观设计法第 3 条第 2 款的规定仅限在外观设计专利申请的外观设计相对于某个公知外观设计不符合外观设计法第 3 条第 1 款各项规定的外观设计的情况下适用。

第 4 章　与在先申请外观设计的一部分相同或者相似的在后申请外观设计的保护排除

24　相关条文

外观设计法

第三条之二　在外观设计专利申请的外观设计与该外观设计专利申请日前的其他外观设计专利申请，且在该外观设计专利申请后根据第二十条第三款或者第六十六条第三款的规定登载于外观设计专利公报上的外观设计专利申请（以下在本条中称为“在先的外观设计专利申请”）的请求书的记载以及附于请求书的图片、照片、模型或者样品所体现的外观设计的一部分相同或者相似时，尽管符合前条第一款的规定，该外观设计仍不能获得外观设计专利授权。但是，该外观设计专利申请的申请人与在先的外观设计专利申请的申请人是同一人，且根据第二十条第三款的规定登载有在先的外观设计专利申请的外观设计专利公报（根据同条第四款的规定登载有同条第三款第四项所列事项的外观设计专利公报除外）的发行日前已有该外观设计专利申请时，不受此限。

24.1　外观设计法第 3 条之 2 的规定

外观设计法第 3 条之 2 规定，把在先申请的外观设计的一部分几乎原样照搬为在后申请的外观设计，如果提交了外观设计专利申请，在后申请的外观设计不被认定为具有任何新意的情况下，不能获得外观设计专利授权。但是，与在先申请的申请人相同的申请人的外观设计专利申请在在先申请的外观设计专利授权的外观设计专利公报（已请求保密的外观设计的外观设计专利公报，且登载有请求书的记载以及附于请求书的图片等的内容的外观设计专利公报除外）的发行日前申请的情况下，不适用该规定的驳回理由。

24.1.1　关于作为外观设计法第 3 条之 2 正文规定适用基础的外观设计专利公报

作为外观设计法第 3 条之 2 正文规定适用基础的外观设计专利公报是针对在作为外观设计法第 3 条之 2 规定的适用对象的外观设计专利申请的申请日前进行了外观设计专利申请的外观设计，在成为该对象的外观设计专利申请的申请后发行的以下任何一种外观设计专利公报。

（1）基于外观设计法第 20 条第 3 款规定的外观设计专利公报（授权外观设计专利公报）。

（2）基于外观设计法第 66 条第 3 款规定的外观设计专利公报（对同日申请的协议不成立或者不能协议的情况下的确定驳回的申请进行公示的公报）。

24.1.2　关于请求书的记载以及附于请求书的图片、照片、模型或者样品体现的外观设计

在外观设计法第 3 条之 2 规定的外观设计专利公报上登载的外观设计请求书的记载以及附于请求书的图片、照片、模型或者样品所体现的外观设计具体是指，登载于外观设计专利公报的外观设计中，在先申请的外观设计专利申请人创作的外观设计，即由在先申请的外观设计专利申请人以属于请求书的“外观设计产品”栏中记载的分类产品的产品形态公开的外观设计（以下称为“作为在先申请的外观设计被公开的外观设计”）。

因此，为了帮助理解外观设计所附加的表示使用状态的图以及其他的参考图中所记载的作为在先申请的外观设计被公开的以外的外观设计，不属于作为外观设计法第 3 条之 2 规定的适用基础的资料。

这是因为为了帮助理解外观设计所附加的表示使用状态的图以及其他的参考图中，作为在先申请的外观设计被公开的以外的外观设计在不涉及要点变更的范围内进行了补正的情况下，作为在先申请的外观设计被公开的以外的外观设计的记载内容有可能在审查、审判或者再审的审理期间发生变动，基于这样的不稳定的外观设计而将在后申请排除在外，这对于在后申请的外观设计专利申请人并不公平，或者说仅仅为了帮助理解作为在先申请的外观设计被公开的外观设计而说明性附加的外观设计有创作价值而将在后申请排除，这违反了外观设计法第 3 条之 2 规定的宗旨，所以应按上述处理。

24.1.3　用于确定作为在先申请有关的外观设计被公开的外观设计的图

24.1.3.1　整体外观设计的外观设计专利申请的情况

在立体外观设计的情况下，通过正投影法以相同比例尺制作的主视图、后视图、左视图、右视图、俯视图以及仰视图或者能与它们替换的图（以下称为“一组图片”）成为用于确定作为在先申请的外观设计被公开的外观设计的图。

在平面外观设计的情况下，以相同比例尺制作的主视图以及后视图（以下与立体外观设计的情况同样称为“一组图片”）成为用于确定作为在先申请的外观设计被公开的外观设计的图。

另外，在仅以一组图片不能充分表现外观设计专利申请的外观设计时增加的展开图、剖视图、剖面图、放大图、立体图、图像图以及其他必要的图（以下称为“其他必要的图”）也成为用于确定作为在先申请的外观设计被公开的外观设计的图。

24.1.3.2　部分外观设计的外观设计专利申请的情况

在部分外观设计的外观设计专利申请的情况下，包含“期望获得外观设计专利授权的部分”和“其他部分”的，表示部分外观设计的外观设计产品整体的形态的一组图片和其他必要的图成为用于确定作为在先申请的外观设计被公开的外观设计的图。

24.1.3.3 成套产品的外观设计的外观设计专利申请的情况

在成套产品的外观设计的外观设计专利申请的情况下，关于构成成套产品的产品（以下称为“组成产品”）的外观设计的各自的一组图片，以及关于与组成产品同时使用且附于已确定的组成产品的范围内的产品的外观设计的各自的一组图片，或者将组成产品组合的状态的一组图片，以及其他必要的图也成为用于确定作为在先申请的外观设计被公开的外观设计的图。

24.1.4 关于外观设计的一部分

所谓外观设计的一部分是指作为在先申请的外观设计被公开的外观设计的外观中包含的一个封闭的区域，对于将作为外观设计的构成要素的形状、图案、色彩之一在概念上分离得到的，不按照符合外观设计的一部分进行处理。例如，在作为在先申请的外观设计被公开的外观设计是由产品的形状和图案的结合构成的外观设计的情况下，所指该结合状态的外观设计整体中的一部分，在除去图案后的仅其形状不按符合外观设计的一部分进行处理。

另外，在后申请的整体外观设计是包含在先申请的部分外观设计的“期望获得外观设计专利授权的部分”和“其他部分”的，表示部分外观设计的外观设计产品整体的形态的情况下，在后申请的外观设计不按照符合在先申请的外观设计的一部分进行处理。

24.1.5 作为在先申请有关的外观设计被公开的外观设计的一部分同在后申请的整体外观设计是否相似的判断

在适用外观设计法第3条之2的规定时，作为在先申请的外观设计被公开的外观设计中，原则上需要作为外观设计法第3条之2规定对象的在后申请的整体外观设计的整体形态被公开（在作为在先申请的外观设计被公开的外观设计中，作为外观设计法第3条之2规定对象的在后申请的整体外观设计的整体形态被公开的情况下，包含充分体现可能对比的程度的情况。参照第2部分“外观设计专利授权的要件”第2章“新颖性”22.1.2.6“关于出版物记载的外观设计”）。

作为在先申请的外观设计被公开的外观设计和在后申请的整体外观设计，不论①作为在先申请的外观设计被公开的外观设计是整体外观设计还是部分外观设计，②作为在先申请的外观设计被公开的外观设计的外观设计产品和在后申请的整体外观设计的外观设计产品是否属于相同、相似或者不相似的任意一种，在作为在先申请的外观设计被公开的外观设计中相当于在后申请的整体外观设计的一部分如果与在后申请的整体外观设计的外观设计产品的用途以及功能相同或者相似，且各自的形态相同或者相似，则在后申请的整体外观设计与作为在先申请的外观设计被公开的外观设计中相当于在后申请的整体外观设计的一部分相似。

24.1.6　外观设计法第 3 条之 2 但书规定的适用判断

即使是根据外观设计法第 3 条之 2 正文的规定不能获得外观设计专利授权的申请，在以下要件全部满足的情况下，根据同条但书的规定，不属于驳回理由。

24.1.6.1　外观设计专利申请的申请人与在先的外观设计专利申请的申请人相同

外观设计专利申请的申请人和在先的外观设计专利申请的申请人是否相同的判断，基于该适用判断时，即授权决定的副本或者驳回理由通知书送达时，各自的请求书的外观设计专利申请人的记载来进行。因此，对于除该适用判断情况以外的申请人的异同以及外观设计专利申请的申请人和在先的外观设计专利申请的外观设计专利权人的异同，在该适用判断中不予考虑。

此外，共同申请的情况下“相同的人”是指所有的申请人一致。

24.1.6.2　根据第 20 条第 3 款的规定登载有在先的外观设计专利申请的外观设计专利公报（根据同条第 4 款的规定，登载有同条第 3 款第 4 项所列事项的公报除外）的发行日前已有该外观设计专利申请

需要在在先的外观设计专利申请的外观设计专利授权的外观设计专利公报（已请求保密的外观设计的外观设计专利公报，且登载有请求书的记载和附于请求书的图片等的内容的公报除外）的发行日前进行该外观设计专利申请。

※ 需要注意的是，该外观设计专利公报不包含国际外观设计专利申请（注）情况下的国际公布（注）的国际外观设计专利公报，但是登载于该国际公布的国际外观设计专利公报上的外观设计符合外观设计法第 3 条第 1 款第 2 项规定的外观设计（记载于在日本国内或者外国公开的出版物上的外观设计或者通过电子通信回路能被公众利用的外观设计）除外。

（注）

关于“国际外观设计专利申请”和“国际公布”，要参照第 11 部分“国际外观设计专利申请”。以下相同。

24.1.7　适用外观设计法第 3 条之 2 规定的期限要求

外观设计法第 3 条之 2 的规定适用于从在先申请的外观设计专利申请的申请日后到该外观设计专利申请的外观设计专利公报（授权外观设计专利公报、对同日申请的协议不成立或者不能协议的情况下的确定驳回的申请进行公示的公报）的发行日（包含同日）之前申请的外观设计专利申请（适用但书规定的除外）。

此外，针对显然是在在先申请的外观设计专利申请的外观设计专利公报发行时以后进行了外观设计专利申请的外观设计专利申请，适用外观设计法第 3 条第 1 款第 2 项或者第 3 项的规定。

24.1.7.1 关于外观设计专利申请的分案、申请的变更以及补正后的外观设计的新申请的外观设计法第3条之2规定的判断基准日

在关于基于外观设计法第10条之2第1款的规定的外观设计专利申请的分案、基于外观设计法第13条第1款或者第2款规定的由发明专利申请或者实用新型专利申请向外观设计专利申请变更或者基于外观设计法第17条之3规定的有补正不予受理决定的补正后的外观设计的新的外观设计专利申请中，在手续合法的情况下，这些外观设计专利申请被视作在原申请提交时或者提交手续补正书时进行的申请。

但是，由于外观设计法第3条之2的规定是按外观设计专利申请的以日为单位进行判断的，所以关于基于分案的新的外观设计专利申请、基于变更的新外观设计专利申请以及由补正不予受理决定的补正后的外观设计的新的外观设计专利申请，将追溯被认定的原申请的申请日或者手续补正书的提交日作为判断基准日。

24.1.7.2 按照巴黎公约主张优先权等的外观设计专利申请的外观设计法第3条之2规定的判断基准日

当适用外观设计法第3条之2规定时，在该主张正确的情况下，将首次申请国的申请日作为判断基准日。

24.1.7.3 根据外观设计法第3条之2的规定通知驳回理由的时期

基于外观设计法第3条之2规定的驳回理由在在先申请的外观设计的外观设计专利公报（授权外观设计专利公报、对同日申请的协议不成立或者不能协议的情况下的确定驳回的申请进行公示的公报）的发行日后通知。

此外，在请求进行保密的该外观设计的外观设计专利公报的情况下，在所指定的请求保密期间经过后，在登载了对外观设计专利申请应登载的所有事项的外观设计专利公报的发行日后通知驳回理由，在此之前发出等待通知。

24.1.7.4 国际外观设计专利申请的外观设计法第3条之2规定的判断基准日

当适用关于国际外观设计专利申请的外观设计法第3条之2的规定时，将根据外观设计法第60条之6第1款的规定被视作进行了外观设计专利申请的国际注册日（注）作为判断基准日（但是，按照巴黎公约主张优先权等正当进行的情况除外）。

（注）

关于“国际注册”以及“国际注册日”，要参照第11部分“国际外观设计专利申请”。以下相同。

24.2 符合外观设计法第3条之2规定的整体外观设计的外观设计专利申请的示例

①在在先申请为整体外观设计的外观设计专利申请时，作为该在先申请的外观设计被公开的外观设计的一部分与在后申请的整体外观设计的形态、用途以及功能相同或者相似的情况。

【能适用的事例 1】

作为在先申请的外观设计被公开的外观设计

“洗脸化妆台”

整体外观设计的外观设计专利申请

“洗脸化妆架”

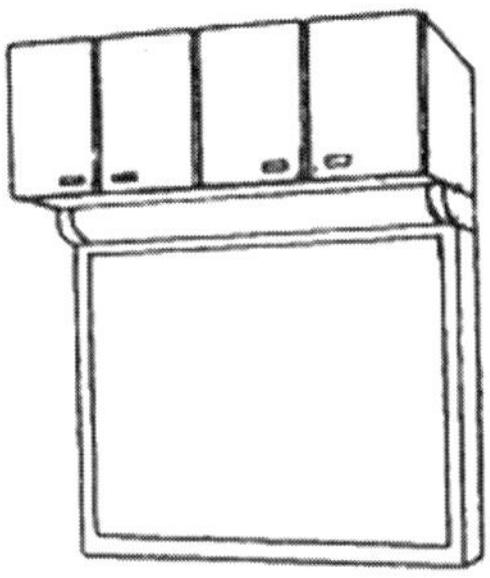

【能适用的事例 2】

作为在先申请的外观设计被公开的外观设计

“锯子”

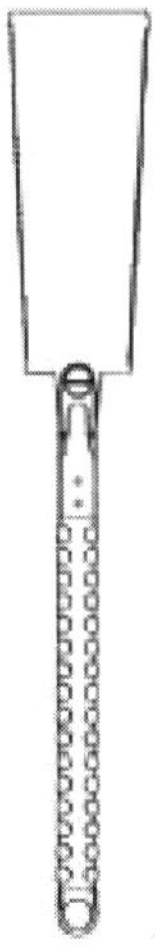

整体外观设计的外观设计专利申请

“锯子用柄”

②在在先申请为能分离的产品的外观设计专利申请时，作为该在先申请的外观设计被公开的外观设计的一部分即分离的一项外观设计与在后申请的整体外观设计的形态、用途以及功能相同或者相似的情况。

【能适用的事例】

作为在先申请的外观设计被公开的外观设计
“咖啡碗和托盘”

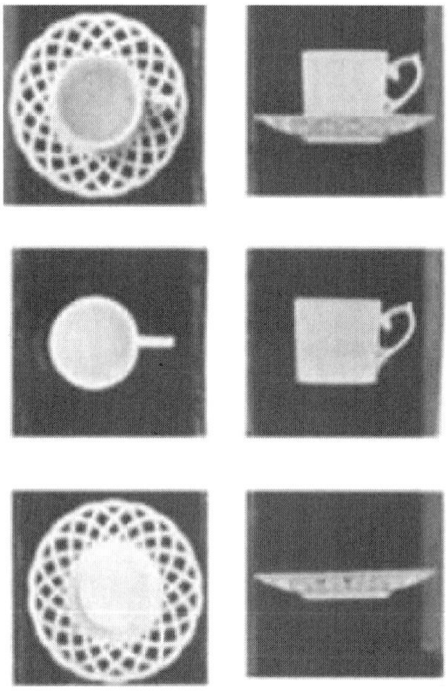

整体外观设计的外观设计专利申请
“咖啡碗”

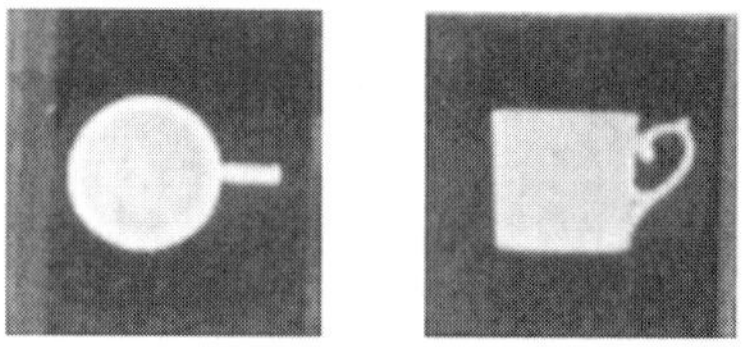

【不能适用的事例】

作为在先申请的外观设计被公开的外观设计
“喷雾器”

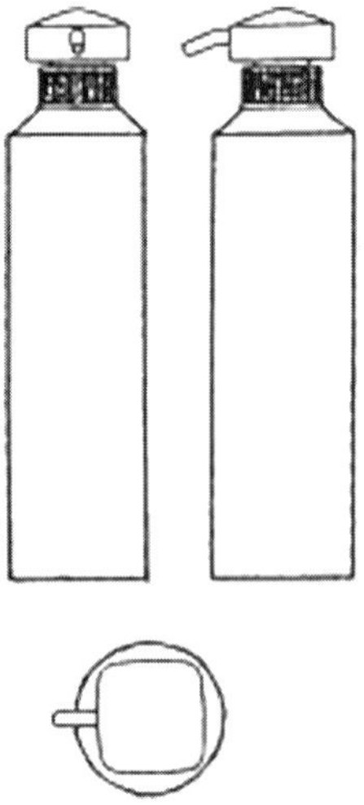

整体外观设计的外观设计专利申请
“喷雾器的按压泵”

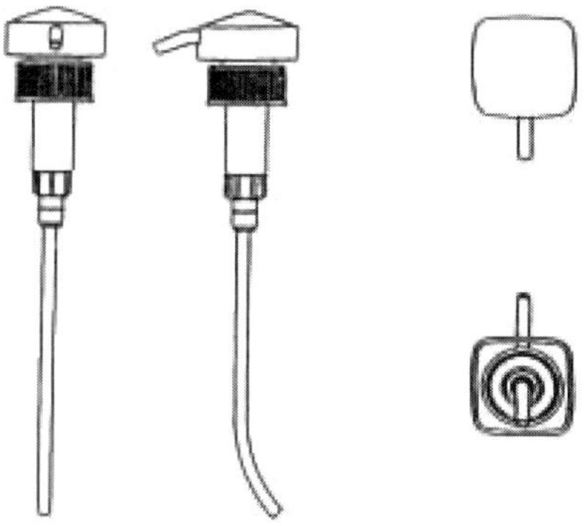

（补充说明）

在后申请的整体外观设计的整体形态在作为在先申请的外观设计被公开的外观设计中没有充分表现到能对比的程度。

③在在先申请为部分外观设计的外观设计专利申请时，作为该在先申请的外观设计被公开的外观设计的一部分与在后申请的整体外观设计的形态、用途以及功能相同或者相似的情况。

【能适用的事例 1】

作为在先申请的外观设计被公开的外观设计
“电吸尘器主体”

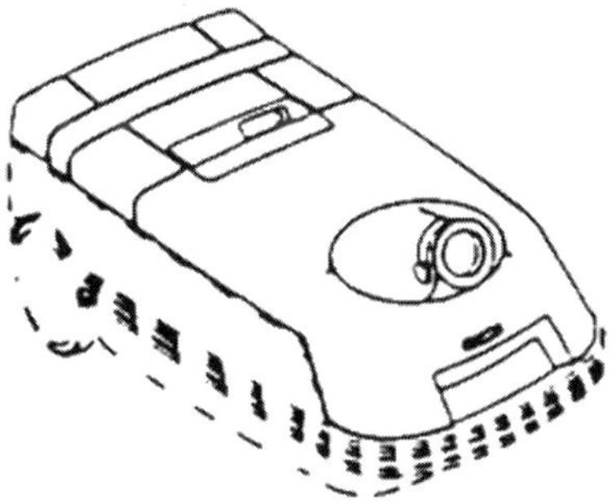

整体外观设计的外观设计专利申请
“电吸尘器用软管安装口”

【能适用的事例 2】

作为在先申请的外观设计被公开的外观设计
“锯子”

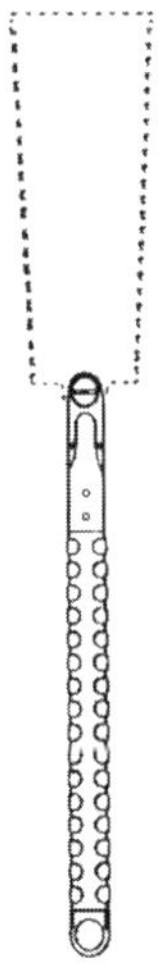

整体外观设计的外观设计专利申请
“锯子用柄”

④在在先申请为成套产品的外观设计的外观设计专利申请时，作为该在先申请的外观设计被公开的外观设计中的一个组成产品的外观设计与在后申请的整体外观设计的形态、用途以及功能相同或者相似的情况。

【能适用的事例】

作为在先申请的外观设计被公开的外观设计
“一组饮食用刀、叉以及勺”

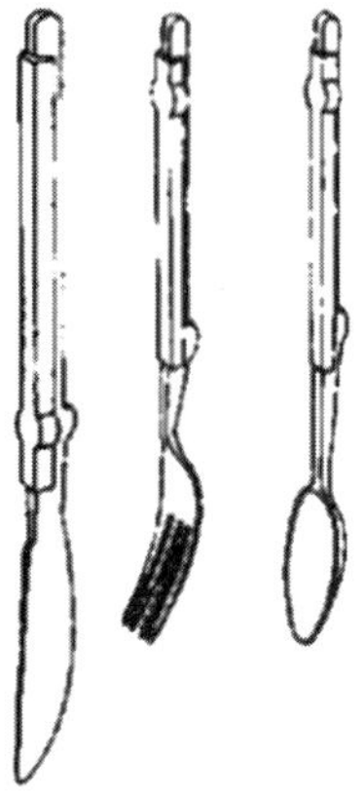

整体外观设计的外观设计专利申请
“饮食用勺”

〔过渡办法〕

修改法的附则

第二条 基于第一条规定的修改后的外观设计法（以下称为“新外观设计法”）第二条第二款、第三条之二、第十条、第十四条、第十七条、第二十一条、第四十二条以及第四十八条的规定对该法律实施后提交的外观设计专利申请适用，关于该法律实施前提交的外观设计专利申请仍然遵照以前的例子。

○ 修改法针对就与修改法实施前的外观设计专利申请的外观设计的一部分相同或者相似的外观设计进行的修改法实施后的外观设计专利申请的适用

针对就与修改法实施前的外观设计专利申请的外观设计的一部分相同或者相似的外观设计进行的修改法实施后的外观设计专利申请，适用修改法。

○ 修改法针对关于外观设计专利申请的分案、申请的变更以及补正后的外观设计的新申请所涉及的申请的适用

针对关于外观设计专利申请的分案、申请的变更以及补正后的外观设计的新申请所涉及的申请，基于外观设计法第 10 条之 2 第 2 款（包含在本法第 13 条第 5 款中适用的情况）或者本法第 17 条之 3 第 1 款的规定，被认定追溯的原申请的申请日或者手续补正书的提交日在修改法实施后的情况下，适用修改法。

○ 修改法针对按照巴黎公约主张优先权等的外观设计专利申请的适用

针对按照巴黎公约主张优先权等的外观设计专利申请，按照巴黎公约第 4 条 B 的规定，在日本的申请日在修改法实施后的情况下，适用修改法。

第 3 部分　新颖性丧失的例外

31　相关条文

外观设计法

第四条　违反享有获得外观设计专利授权权利人的意愿而使外观设计成为第三条第一款第一项或者第二项规定的外观设计的，自成为该外观设计之日起一年内，关于该人提出的外观设计专利申请的外观设计所涉及的同条第一款第一项或者第二项规定的适用，视作不符合同条第一款第一项或者第二项。

2　因享有获得外观设计专利授权权利人的行为而使外观设计成为第三条第一款第一项或者第二项规定的外观设计（通过登载于与发明、实用新型、外观设计或者商标相关的公报而符合同条第一款第一项或者第二项的除外）的，也自成为该外观设计之日起一年内，关于该人提出的外观设计专利申请的外观设计所涉及的同条第一款和第二款的规定的适用，与前款同样处理。

3　要获得前款规定适用的人，必须与外观设计专利申请同时向日本特许厅长官提交记载有该请求的文件，并于外观设计专利申请之日起三十日内向日本特许厅长官提交符合第三条第一款第一项或者第二项的外观设计是能获得前款规定适用的外观设计的证明文件（在下款中称为“证明文件”）。

4　提交证明文件的人由于不能归责于自身的理由而不能在前款规定期间内提交证明文件时，尽管有同款的规定，也可以从该理由消失之日起十四日（在国外的人为二个月）内且该期间经过后六个月内向日本特许厅长官提交该证明文件。

31.1　外观设计法第 4 条第 1 款和第 2 款的规定

设计的外观设计在其公开时因违反享有获得外观设计专利授权权利人的意愿，或者因享有获得外观设计专利授权权利人的行为，而导致成为符合公知外观设计的外观设计（以下称为“公开外观设计”）时，在该公开外观设计首次公开之日起 1 年以内，对于该公开外观设计享有获得外观设计专利授权权利的人进行外观设计专利申请的，在满足规定要件的情况下，仅限于该外观设计专利申请，在新颖性（外观设计法第 3 条第 1 款各项）及设计非易性（外观设计法第 3 条第 2 款）的要件的判断中不将该公开外观设计视作公知外观设计。

在外观设计法第 4 条第 1 款和第 2 款的规定中，没有对公开外观设计和外观设计专利申请的外观设计的关系进行任何规定，因此不管两项外观设计是否相同、相似或者不相似等两项外观设计的关系如何，只要公开外观设计和该外观设计专利申请满足规定的要件，该公开外观设计都适用外观设计法第 4 条第 1 款或者第 2 款的规定。

31.1.1　外观设计法第 4 条第 2 款规定的适用要件

公开外观设计适用外观设计法第 4 条第 2 款的规定，必须满足以下要件（1） ~ （3）。

（1）因享有获得外观设计专利授权权利人（外观设计的设计人或其承继人）的行

为，导致该外观设计属于以下①或②所列之一的外观设计的。

①外观设计专利申请前在日本国内或者外国公知的外观设计。

②外观设计专利申请前在日本国内或者外国记载于公开出版物的外观设计或者通过电子通信回路能被公众利用的外观设计。

（2）对于上述（1）的外观设计享有获得外观设计专利授权权利的人进行了外观设计专利申请的。

（3）上述（1）的外观设计自首次公开之日起 1 年以内进行了外观设计专利申请的。

审查员在对外观设计法第 4 条第 2 款规定的适用作出判断时，根据外观设计法第 4 条第 3 款或者第 4 款的规定提交的“书面证明文件”（以下只称作“书面证明文件”），判断满足上述要件的证明是否成立。

31.1.1.1 书面证明文件记载的公开外观设计公开时享有获得外观设计专利授权权利的人

外观设计法第 4 条第 2 款规定的“享有获得外观设计专利授权权利的人”是指公开外观设计公开时享有获得外观设计专利授权权利的人。

一般而言，公开外观设计公开时享有获得外观设计专利授权权利的人就是公开外观设计的设计人，但如果在公开前，第三人自设计人处承继了获得该外观设计专利授权的权利，则为通过承继使其在公开时享有该权利的人。如果公开外观设计公开时享有获得外观设计专利授权权利的人并非设计人，则需要明示并证明承继关系的事实。

31.1.1.2 书面证明文件记载的公开外观设计公开时因享有获得外观设计专利授权权利人的行为而导致该公开外观设计被公开的事实

书面证明文件记载的外观设计公开时因享有获得外观设计专利授权权利人的行为而导致该公开外观设计成为公知外观设计的事实需要明示并予以证明。

31.1.2 获得外观设计法第 4 条第 2 款规定适用的具体手续

（1）在提交外观设计专利申请的同时，应向日本特许厅长官提交记载希望获得外观设计法第 4 条第 2 款规定适用的要求的书面文件（外观设计法第 4 条第 3 款）。但是，作为提交该书面文件的替代方式，可以在请求书中记载该要求内容而省略书面文件的提交（外观设计法实施规则第 19 条第 3 款中适用的特许法实施规则第 27 条之 4）。

另外，如果使用电子信息处理组织办理手续，作为提交该书面文件的替代方式，需要在该外观设计专利申请的请求书中记载该要求内容（关于与工业所有权有关的手续等的特例的法律实施规则第 12 条）。

（2）自该外观设计专利申请之日起 30 日内，应向日本特许厅长官提交证明公知外观设计是能够获得外观设计法第 4 条第 2 款规定适用的外观设计的书面证明文件（外观设计法第 4 条第 3 款）。

另外，关于书面证明文件的提交，根据外观设计法实施规则第 1 条规定以及该细则的格式第 1，应该在提交新颖性丧失的例外证明文件的同时提交相关证明材料。

31.1.3　基于“书面证明文件”的外观设计法第 4 条第 2 款规定适用的判断步骤

31.1.3.1　按照以下所示的书写格式制作的“书面证明文件”提交的情况

审查员原则上判断其已证明公开外观设计符合 31.1.1 记载的要件要求，认可外观设计法第 4 条第 2 款规定的适用。

但是，对于“公开外观设计”为可以获得外观设计法第 4 条第 2 款规定适用的外观设计的判断，如果发现有对其产生质疑的证据的，审查员可以不认可同条同款规定的适用。

“书面证明文件”的书写格式

获得外观设计的新颖性丧失的例外规定适用的证明书

1. 公开的事实

①公开日

②公开的场所

③公开人

④公开外观设计的内容（附上外观设计的照片等）

2. 获得外观设计专利授权权利的承继等事实

①公开外观设计的设计人

②成为外观设计公开原因的行为发生时享有获得外观设计专利授权权利的人（行为发生时的权利人）

③外观设计专利申请人（请求书上记载的人）

④公开人

⑤关于获取外观设计专利授权权利的承继（从①经过②将权利让渡给③的事实）

⑥行为发生时的权利人和公开人的关系等

（记载因②的行为导致④进行了公开的事实等）

上述记载事项与事实完全相符，特此证明。

年　月　日

申请人○○○（签章）

以下在本部分中，与上述“1. 公开的事实”和“2. 获取外观设计专利授权权利的承继等事实”栏的内容相同程度的事实，分别称为“公开的事实”和“获取外观设计专利授权权利的承继等事实”。

31.1.3.2 按照有别于31.1.3.1中所示的书写格式出具的“书面证明文件”提交的情况

如果在提交的“书面证明文件”中记载的是与31.1.3.1所示书写格式相同程度的内容，则审查员原则上判断其已证明公开外观设计符合31.1.1记载的要件要求，认可外观设计法第4条第2款规定的适用。

但是，即使“书面证明文件”是以记载与31.1.3.1所示书写格式相同程度的内容提交的，对于“公开外观设计”为可以获得外观设计法第4条第2款规定适用的外观设计的判断，如果发现有对其产生质疑的证据的，审查员可以不认可同条同款规定的适用。

31.1.3.3 对外观设计法第4条第2款规定的适用不予认可发出驳回理由通知后的判断步骤

对于“书面证明文件”中已明确记载了“公开的事实”的“公开外观设计”，审查员在对外观设计法第4条第2款规定的适用不予认可发出驳回理由通知后，申请人有可能通过提交意见陈述书、申告书等主张应该使用该款规定。这种情况下，审查员可以结合“书面证明文件”考虑申请人的主张，再次对符合31.1.1所述要件的要求是否已被证明作出判断。

31.1.4 关于外观设计法第4条第2款规定适用的判断的相关注意事项

31.1.4.1 同一项外观设计被多次公开时，对于在先的基于外观设计法第4条第2款的“成为之日”和外观设计专利申请之间发生的公开行为的处理

(1) 因享有获得外观设计专利授权权利的人的行为而导致同一项外观设计被多次公开时，着眼于外观设计法第4条第2款规定的适用，原则上，应分别把各自的“公开的事实”记载于“书面证明文件”。

但是，享有获取外观设计专利授权权利的人把在外观设计专利申请前已判定属于公知外观设计的外观设计，根据在先公开多次进行事后公开时，对其在先公开的外观设计，如果获得外观设计法第4条第2款规定的适用，则即使通过基于在先公开的第2次以后的公开，该外观设计也不属于公开的外观设计。

例如，在下面的示例中，假定在先公开可以适用外观设计法第4条第2款规定的适用，则即使通过基于在先公开的第2次以后的公开，该外观设计也不属于公开的外观设计。

例1：享有获得外观设计专利授权权利的人向同一交易商多次供货交付同一商品，

经首次供货交付而公开的外观设计与经第 2 次以后供货交付而公开的外观设计。

例 2：享有获得外观设计专利授权权利的人，通过向交易商配发记载有外观设计的产品目录公开了外观设计之后，根据交易商的订单进行供货交付而导致的第 2 次以后公开的外观设计。

（2）在外观设计法第 4 条第 2 款的“成为之日”和外观设计专利申请之间，如果有第三人公开了与“成为该外观设计”相同的外观设计，原则上，该外观设计通过第三人的公开而成为公知外观设计。

但是，如果已明确第三人的公开是基于“成为该外观设计”的公开之上时，则即使通过该公开，该外观设计也不属于公开的外观设计。

（注）所谓“已明确第三人的公开是基于‘成为该外观设计’的公开之上”，是指以下示例所说情况。

例 1：享有获得外观设计专利授权权利的人通过销售商品而公开的外观设计和购买此商品的第三人通过将其发表在网站上而导致的公开外观设计。

例 2：享有获得外观设计专利授权权利的人通过在样品市场上提供样品而公开的外观设计和该样品发布的信息通过报纸刊载而公开的外观设计。

31.1.4.2　有别于已申请外观设计的外观设计在公开后关于外观设计法第 4 条第 2 款规定的适用的处理

外观设计法第 4 条第 2 款规定，不论在外观设计专利申请之前的公开外观设计与该外观设计专利申请的外观设计是否相同、相似或者不相似，只要“书面证明文件”记载的公开外观设计符合规定的要件，则仅就该公开外观设计，在对其新颖性（外观设计法第 3 条第 1 款各项）及设计非易性（外观设计法第 3 条第 2 款）的授权要件进行的判断中，将其视为不属于公知外观设计的规定。因此，对于“书面证明文件”并未记载的公开外观设计，不予认可适用外观设计法第 4 条第 2 款规定，按照公知外观设计进行处理。

对于外观设计专利申请之前的相互相似的多项外观设计被公开的情况，按以下规定处理。

31.1.4.2.1　相互相似的外观设计 A 和 A′在外观设计专利申请之前被公开，拟获得外观设计法第 4 条第 2 款规定的适用的外观设计专利 A 的“书面证明文件”中仅仅记载有公开外观设计 A 的情况的处理

对于这种情况，在该外观设计专利申请 A 中，只有公开外观设计 A 能够适用外观设计法第 4 条第 2 款之规定，将其视作不属于公知外观设计。

因此，与在其申请之前已经成为公知外观设计的公开外观设计 A′相似的外观设计专利申请 A 的外观设计，符合外观设计法第 3 条第 1 款第 3 项的规定不能授予外观设计专利权。

如果在外观设计专利申请 A 中，公开外观设计 A 和 A′都记载于“书面证明文件”，符合规定的要件，则对于公开外观设计 A 和 A′，就可以适用外观设计法第 4 条第 2 款

之规定，将其视作不属于公知外观设计。

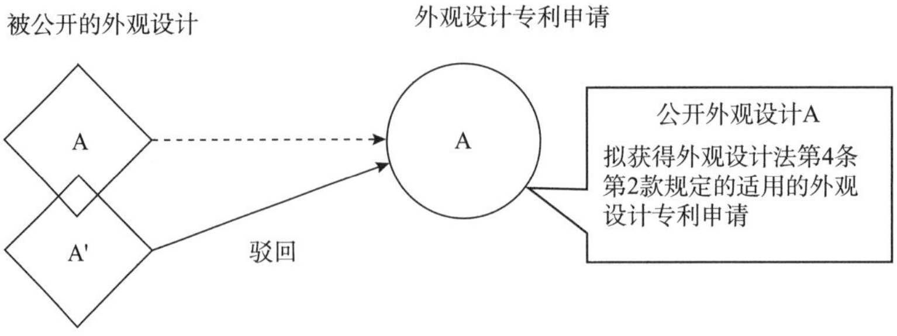

31.1.4.2.2　作为本外观设计的外观设计专利申请 A，拟获得外观设计法第 4 条第 2 款规定的适用，并在“书面证明文件”中记载了该外观设计专利申请之前公开的公开外观设计 A，而之后作为关联外观设计提交申请的外观设计专利申请 A′，在其并未办理获得外观设计法第 4 条第 2 款规定的适用所需要的手续时，对于外观设计专利申请 A′涉及的公开外观设计 A 的处理

对于关联外观设计的外观设计专利申请 A′，由于其并未办理获得外观设计法第 4 条第 2 款规定的适用所需要的手续，所以不能将公开外观设计 A 视作不属于公知外观设计。

因此，与在其申请之前已经成为公知外观设计的公开外观设计 A 相似的外观设计专利申请 A′的外观设计，符合外观设计法第 3 条第 1 款第 3 项的规定不能授予外观设计专利权。

如果在关联外观设计的外观设计专利申请 A′中，已经办理了获得外观设计法第 4 条第 2 款规定的适用所需要的手续，将公开外观设计 A 记载于“书面证明文件”符合规定的要件，则可以适用外观设计法第 4 条第 2 款规定，将公开外观设计 A 视作不属于公知外观设计。

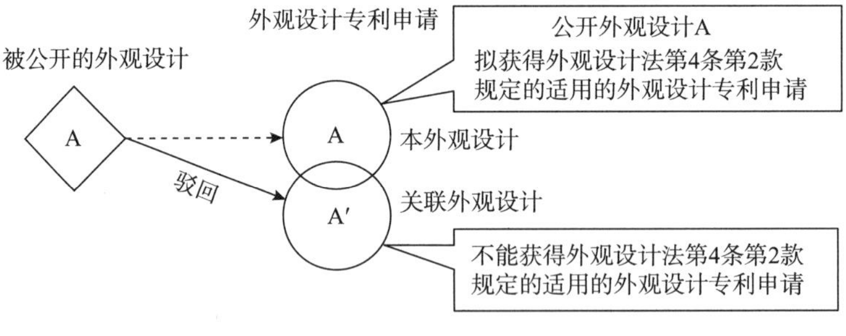

31.1.4.2.3　相互相似的外观设计 A 和 A′在外观设计专利申请之前被公开，拟获得外观设计法第 4 条第 2 款规定的适用，并已提交的外观设计专利申请 A 和 A′，分别在其“书面证明文件”中仅记载了与提交申请的外观设计相同的公开外观设计的处理

两件申请的外观设计不论与本外观设计是否存在关联外观设计的关系，对于外观设计专利申请 A，能够通过适用外观设计法第 4 条第 2 款规定而视作不属于公知外观设计的外观设计的，仅为在“书面证明材料”中记载的公开外观设计 A 中的情况，与此相同，对于外观设计专利申请 A′，能够通过适用外观设计法第 4 条第 2 款规定而视作不属于公知外观设计的外观设计的，仅为在“书面证明材料”中记载的公开外观设计 A′的情况。

因此，与在其申请之前已经成为公知外观设计的公开外观设计 A′相似的外观设计专利申请 A 的外观设计，以及与在其申请之前已经成为公知外观设计的公开外观设计 A 相似的外观设计专利申请 A′的外观设计，均符合外观设计法第 3 条第 1 款第 3 项的规定不能授予外观设计专利权。

如果在外观设计专利申请 A′和 A 中，分别将公开外观设计 A 和公开外观设计 A′记载于“书面证明文件”中符合规定的要件，则对于公开外观设计 A 和公开外观设计 A′均可以适用外观设计法第 4 条第 2 款规定，视作不属于公知外观设计。

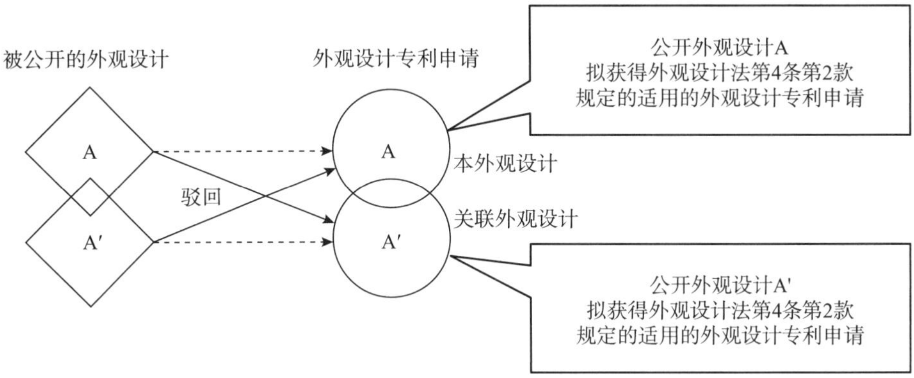

31.1.5　外观设计法第 4 条第 1 款规定的适用要件

公开外观设计适用外观设计法第 4 条第 1 款的规定，必须满足以下要件（1）～（3）。

（1）违反享有获得外观设计专利授权权利的人（外观设计的设计人或其承继人）的意愿，该外观设计属于以下①或②所列之一的外观设计的。

①外观设计专利申请前在日本国内或者外国公知的外观设计。

②外观设计专利申请前在日本国内或者外国记载于公开出版物的外观设计或者通过电子通信回路能被公众利用的外观设计。

（2）对于上述（1）的外观设计享有获得外观设计专利授权权利的人进行了外观设计专利申请的。

（3）上述（1）的外观设计自首次公开之日起 1 年以内进行了外观设计专利申请的。

31.1.5.1　关于公开外观设计的享有获得外观设计专利授权权利的人

外观设计法第 4 条第 1 款规定的“享有获得外观设计专利授权权利的人”是指公开外观设计公开时享有获得外观设计专利授权权利的人。

一般，公开外观设计公开时享有获得外观设计专利授权权利的人是公开外观设计的设计人，但是在公开之前，如果享有获得该外观设计专利授权的权利从设计人承继给了第三人，则为通过承继使其在公开时享有该权利的人。如果公开外观设计公开时享有获得外观设计专利授权权利的人并非设计人，则需要明示并证明承继关系的事实。

31.1.5.2 违反享有获得外观设计专利授权权利的人的意愿而被公开的事实

所谓违反享有获得外观设计专利授权权利的人的意愿而被公开的情况是指，例如，由于窃取盗用设计人设计的外观设计而被第三人公开的情况。

经历了怎样的过程，导致违反公开外观设计公开时享有获得外观设计专利授权权利的人的意愿而被公开的事实，需要明示并予以证明。

31.1.6 获得外观设计法第4条第1款规定适用的手续

获得外观设计法第4条第1款规定适用的手续（提交记载有希望获得外观设计法第4条第1款规定适用要求的书面材料，或者，在请求书上记载希望获得适用的要求内容，证明违反享有获得外观设计专利授权权利的人的意愿被公开事实的文件提交时限等），在外观设计法第4条第3款中没有规定。

因此，在判明公开外观设计是在违反享有获得外观设计专利授权权利的人的意愿被公开的事实之时，例如，在该外观设计专利申请根据外观设计法第3条第1款各项或第2款的规定发出驳回理由通知之时，外观设计专利申请人可以通过意见陈述书或者申告书等，明示符合上述31.1.5的要件的事实并予以证明。

另外，如果已判明在外观设计专利申请之前存在上述符合31.1.5规定的要件的公开外观设计，则外观设计专利申请的申请人也可以在提交外观设计专利申请时提交证明该事实的书面材料。

31.1.7 关于外观设计法第4条第1款规定适用的判断

作为能够获得外观设计法第4条第1款规定适用的公开外观设计，审查员根据申请人提交的意见陈述书、申告书等，对该公开外观设计符合上述31.1.5的要件是否得到了合理的解释说明作出判断。

第 4 部分　不能获得外观设计专利授权的外观设计

41　相关条文

外观设计法

第五条　尽管符合第三条的规定，下列外观设计仍不能获得外观设计专利授权。

一　可能有害公共秩序或者善良风俗的外观设计

二　可能与他人业务涉及的产品发生混同的外观设计

三　仅由为确保产品功能而必不可少的形状构成的外观设计

41.1　外观设计法第 5 条的规定

维持公共秩序或风俗等，或者将阻碍产业发展的要因排除，从公益的理由出发很重要，故不应用法律保护违反上述性质的情况。即使该外观设计符合具有新颖性和设计非易性且适于工业应用等外观设计专利授权的要件，在作出外观设计专利的授权决定的时间点符合下列之一情况的也不能获得外观设计专利授权。

（1）违反公序良俗的外观设计。　（→41.1.1、41.1.2）

（2）可能与他人业务涉及的产品发生混同的外观设计。　（→41.1.3）

（3）仅由为确保产品功能而必不可少的形状构成的外观设计。　（→41.1.4）

41.1.1　关于可能有害公共秩序的外观设计

表示日本或者外国元首肖像或者表示国旗的外观设计、表示日本皇室的菊花徽章或外国王室的徽章（包含相似的徽章）等的外观设计大多可能对国家、皇室或者王室的尊严造成损害，其被认定为可能有害公共秩序，所以这样的外观设计不能获得外观设计专利授权。

但是，如表示为图案的运动会情景中的万国旗等那样被认定为不可能有害公共秩序的情况除外。

41.1.2　关于可能有害善良风俗的外观设计

不当地刺激有健全身心的人的道德观使其感到耻辱、厌恶的外观设计，例如，表示色情物的外观设计等被认定为可能有害善良风俗，所以不能获得外观设计专利授权。

41.1.3　关于可能与他人业务涉及的产品发生混同的外观设计

表示他人的著名标志或与其混淆的标志的外观设计，其产品大多可能与那些人或者团体的关于业务制作或者销售的产品混同，该外观设计被认定为可能与他人业务涉及的产品发生混同，所以不能获得外观设计专利授权。

41.1.4　关于仅由为确保产品功能而必不可少的形状构成的外观设计

为确保产品功能而必不可少的形状是技术思想的创造，本应通过特许法或者实用新型法保护。那样的形状如果通过外观设计法保护的话，会导致与外观设计法对未打算保护的技术思想的创造赋予排他独占权同样的结果，因此仅由为确保产品功能而必不可少的形状构成的外观设计不能获得外观设计专利授权。

41.1.4.1 被认定为仅由为确保产品功能而必不可少的形状构成的外观设计的类型

符合下列之一的外观设计被认定为仅由为确保产品功能而必不可少的形状构成的外观设计。

（1）由为确保产品的技术功能而必然决定的形状（必然的形状）构成的外观设计。

外观设计专利申请的外观设计是否符合必然的形状，与作为外观设计的构成要素的图案、色彩的有无无关，仅着眼于体现产品的技术功能的形状来判断，但是此时应特别考虑以下事项。

①能确保其功能的替代的形状是否另外存在。

②是否包含必然的形状以外的外观设计评价上应考虑的形状。

（2）由为保证产品互换性等而标准化的规格决定的形状（准必然的形状）构成的外观设计。

为确保产品互换性等（包含确保技术功能），产品的形状和尺寸等各要素被规格化或者标准化的形状，且不得不根据规格化或者标准化的形状和尺寸等正确改制的形状，关于仅由这样的形状构成的外观设计，也按照（1）的必然的形状进行处理。

但是，外观设计法第5条第3项规定的适用限于主要使用目的在于基于形状发挥功能的产品。

因此，例如，办公纸张（纸张的原稿尺寸 JIS P 0202）、每日用纸（信封 JIS S 5502）、记录介质（光盘音频系统 JIS S 8605）即使具有根据规范性标准规格或者事实上的标准规格决定的形状，也不适用外观设计法第5条第3项的规定。

41.1.4.1.1 符合标准化规格的例子

符合以下情形的属于为保证产品互换性等而标准化的规格。

（1）规范性标准。

一般财团法人日本规格协会策划规定的 JIS 规格（日本工业规格）、ISO（国际标准化机构）策划规定的 ISO 规格等由规范性标准化机构策划规定的标准规格。

（2）事实上的标准。

虽然没有成为规范性规格，但是该规格在该产品领域中作为行业标准被认知，基于该标准规格的产品在事实上支配该产品的市场，通过规格的名称、编号等能确定成为其标准的形状、尺寸等详情。

第 5 部分　一设计一申请

51　相关条文

外观设计法

第七条　外观设计专利申请必须根据经济产业省令规定的产品分类，就每项外观设计提出。

外观设计法实施规则

第七条　外观设计法第七条的经济产业省令规定的产品分类按照第一附表的产品分类栏所列的进行。

第一附表　备注

一　对属于该表下栏所列的产品分类的产品提出外观设计专利申请时，必须将该产品所属的产品分类记载于请求书的“外观设计产品”栏。

二　对不属于该表下栏所列的产品任何一种分类的产品提出外观设计专利申请时，必须将基于与该下栏所列的产品分类相同程度的产品分类记载于请求书的“外观设计产品”栏。

格式第 2［备注］

39　对不属于第一附表的下栏所列的产品任何一种分类的产品提出外观设计专利申请时，在“外观设计产品说明”栏中记载如该产品的使用目的、使用状态等能帮助理解产品的说明。

51.1　外观设计法第 7 条的规定

外观设计法第 7 条规定，外观设计专利申请必须按每一项外观设计提出。

外观设计法第 7 条是从设定的权利内容明确化的观点制定的，通过对一项外观设计产生一个作为排他独占权的外观设计专利权，从而确保权利的稳定性，并考虑到防止无用纠纷采取的手续上的便利和权利设定后的处理侵权纠纷等的便利。

另外，任由外观设计专利申请人对外观设计法第 6 条规定要求记入请求书的“外观设计产品”栏自由地记载，例如，如果“陶器”的记载得以认定，则与记载为“花瓶”的情况相比，在其用途和功能上就会产生与外观设计认定非常广的外观设计专利申请相同的结果。因此，关于产品的分类，另由经济产业省令决定。

51.1.1　经济产业省令规定的产品分类

所谓经济产业省令规定的产品分类是指外观设计法实施规则第 7 条规定的第一附表所示的产品分类。

根据外观设计法第 7 条中经济产业省规定的产品分类规定获得的第一附表示例了产品的分类。但是，若仅仅将 2400 多种产品的分类按 50 音图的顺序列记，不容易检索适当的分类，所以就此大体分为 65 个产品群，进一步按每个在其中适当共用的群归纳。第一附表的上段和中段所示的仅仅是作为找出下段的产品分类而做的定位。

下段所记载的产品分类被认定为表示识别该外观设计所需的产品名称的大小、可清楚地理解该产品用途的通常使用的产品名称。

51.1.2 不满足外观设计法第7条规定要件的外观设计的例子

51.1.2.1 不受产品分类限制的请求书的“外观设计产品”栏记载的例子

符合下列请求书的“外观设计产品”栏的记载不依据产品分类或者基于与其同等程度的产品分类。

（1）标注商标名、某某式等固有名词的；

（2）使用概括名称的（例如，将记载为护窗板的产品记载为建筑用品的情况等）；

（3）标注结构或者作用效果的（例如，某某装置、某某方法）；

（4）被省略的产品分类（例如，8毫）；

（5）使用外国文字的；

（6）使用没有日语化的外语的；

（7）没有明确表现用途的（例如，块）；

（8）使用组（不依据外观设计法实施规则第二附表（以下称为“第二附表”）的产品）、套、一套、单元（牙科用单元除外）、一对、一双等词汇的；

（9）表示与形状、图案以及色彩有关的名称的；

（10）标注材质名称的（例如，某某制）。

但是，已约定俗成的通常命名的情况除外。

51.1.2.2 没有就每项外观设计申请的外观设计的例子

在根据请求书的记载和附于请求书的图片等进行综合判断的情况下，以下情况包含两项以上的外观设计，不被认定为就每项外观设计提出的外观设计专利申请。

（1）将两个以上产品分类并列记载于请求书的“外观设计产品”栏中的情况；

（2）表示两个以上产品图片的情况（包含将多个产品排列的产品的情况）。

但是，成套产品的外观设计的外观设计专利申请的情况除外。

51.1.2.3 关于部分外观设计的处理

关于不满足部分外观设计的外观设计法第7条规定的要件的例子，请参照第7部分“个别的外观设计专利申请”第1章“部分外观设计”71.7.1“不满足外观设计法第7条规定要件的外观设计的例子”。

第 6 部分　在先申请

61　相关条文

外观设计法

第九条　就相同或者相似的外观设计在不同日期提出两件以上外观设计专利申请时，仅最先的外观设计专利申请人能对该外观设计获得外观设计专利授权。

2　就相同或者相似的外观设计同日提出两件以上外观设计专利申请时，仅通过外观设计专利申请人协商确定的一个外观设计专利申请人能就该外观设计获得外观设计专利授权。在协商不一致或者不能协商时，外观设计申请人均不能获得外观设计专利授权。

3　在外观设计专利申请被放弃、撤回或者不予受理时，或者在对外观设计专利申请确定了应驳回的审查决定或者审判决定时，该外观设计专利申请在适用前两款的规定时不视为首次。但是，由于该外观设计专利申请符合前款后段的规定而确定了应驳回的审查决定或者审判决定时，不受此限。

4　在第二款的情况下，日本特许厅长官必须指定一定的期限，通知外观设计专利申请人进行同款的协商并申报协商结果。

5　在前款规定指定的期限内没有按该款规定申报时，日本特许厅长官能视作第二款的协商未能达成一致。

61.1　外观设计法第 9 条的规定

外观设计专利授权制度是对新的外观设计的设计在一定期间赋予独占权。因此，不应就一项设计承认两个以上的权利。

外观设计法第 9 条从将那样的重复权利排除的宗旨出发，规定在就相同或者相似的外观设计有两件以上外观设计专利申请时，仅一个外观设计专利申请人能获得外观设计专利授权。

61.1.1　作为外观设计法第 9 条第 1 款或者第 2 款规定的适用对象的外观设计专利申请

外观设计法第 9 条第 1 款或者第 2 款的规定应根据整体外观设计的外观设计专利申请之间或者部分外观设计的外观设计专利申请之间，即期望获得外观设计专利授权的方法以及对象相同的外观设计专利申请之间对其适用进行判断。

因此，例如，在先提出部分外观设计的外观设计专利申请，之后提出整体外观设计的外观设计专利申请时，或者在同日提出整体外观设计的外观设计专利申请和部分外观设计的外观设计专利申请时，即使各件外观设计专利申请的请求书的“外观设计产品”栏中记载的产品分类相同，在任何情况下都不对整体外观设计的外观设计专利申请和部分外观设计的外观设计专利申请适用外观设计法第 9 条第 1 款或者第 2 款的规定进行判断。

61.1.2 作为在先申请处理的外观设计专利申请的类型

关于外观设计法第9条第1款规定的适用，符合下列之一的外观设计专利申请处理为在先申请的外观设计专利申请。

（1）进行了授权登记的外观设计专利申请；

（2）关于同日申请的相同或者相似的外观设计，基于外观设计法第9条第2款规定的协商不一致或者不能协商，确定了应驳回审查决定或者审判决定的外观设计专利申请。

61.1.3 不作为在先申请或同日申请处理的外观设计专利申请的类型

符合以下（1）~（4）中任何一项的外观设计专利申请在适用外观设计法第9条第1款和第2款的规定时不视作首次。

（1）被放弃的外观设计专利申请；

（2）被撤回的外观设计专利申请（注）；

（3）不予受理的外观设计专利申请；

（4）应驳回的审查决定或者审判决定的外观设计专利申请。

（注）

包含根据外观设计法第60条之14第1款的规定视作被撤回的外观设计专利申请，即国际外观设计专利申请，且由于根据工业品外观设计国际注册海牙协定日内瓦修改协定第16条（1）（iv）规定的与国际注册有关的放弃或者根据同条（1）（v）的规定进行了限定的情况，或者没有进行基于该协定第17条（2）规定的国际注册的更新的情况（限于关于该国际外观设计专利申请没有进行授权登记的情况），作为其基础的国际注册消亡的外观设计专利申请。

61.1.4 整体外观设计和整体外观设计是否相似的判断

外观设计法第9条第1款或者第2款的规定中的整体外观设计彼此是否相似判断可使用公知外观设计和整体外观设计的是否相似进行判断，因此请参照第2部分“外观设计专利授权的要件”第2章“新颖性”22.1.3.1“外观设计是否相似的判断”。

此外，在整体外观设计的外观设计专利申请中适用外观设计法第9条第1款或者第2款的规定时，对各自的请求书的记载和附于请求书的图片等记载的外观设计判断是否相同或者相似。

因此，即使在其他外观设计中能具体识别出某外观设计的情况下，如外观设计法第3条第1款第2项的出版物记载的外观设计［参照第2部分“外观设计专利授权的要件”第2章“新颖性”22.1.2.6“关于出版物记载的外观设计”（1）“被认定为新颖性判断的基础资料的例子”②］中被认定的、某外观设计和其他外观设计的一部分之间也不判断为相同或者相似。

61.1.5 不同日对相同的外观设计提出的外观设计专利申请

不同日对相同的外观设计有两件以上外观设计专利申请的情况下，根据外观设计法第9条第1款的规定，不管该两件以上外观设计专利申请是同一人的外观设计专利申请还是他人的外观设计专利申请，在任何情况下都是仅最先的外观设计专利申请人能对该外观设计获得外观设计专利授权。

61.1.6　不同日对相似的外观设计提出的外观设计专利申请

（1）不同人提出外观设计专利申请的情况。

不同日对相似的外观设计由不同的申请人提出两件以上外观设计专利申请的情况下，根据外观设计法第 9 条第 1 款的规定，仅最先的外观设计专利申请人能对该外观设计获得外观设计专利授权。

（2）同一人提出外观设计专利申请的情况。

不同日对相似的外观设计由同一人提出两件以上外观设计专利申请的情况下，限于符合外观设计法第 10 条第 1 款的规定时，从作为自己的外观设计专利申请的外观设计或者自己的授权外观设计专利中选择的一项外观设计（以下称为“本外观设计”）以及与其相关的关联外观设计能获得外观设计专利授权。但是，即使是将最初的外观设计专利申请的外观设计作为本外观设计的关联外观设计，除该本外观设计和将其作为本外观设计的关联外观设计之外，有相似的在先外观设计专利申请所涉及的授权外观设计专利的情况下（针对基于此的外观设计法第 9 条第 1 款的规定的所有驳回理由，不得同时受到外观设计法第 10 条第 1 款规定的救济），根据外观设计法第 9 条第 1 款的规定不能获得外观设计专利授权。

61.1.7　同日对相同的外观设计提出的外观设计专利申请

同日对相同的外观设计有两件以上外观设计专利申请的情况下，不管是同一人的外观设计专利申请还是不同人提出的外观设计专利申请，该两件以上外观设计专利申请都符合外观设计法第 9 条第 2 款前段的规定，作为外观设计法第 9 条第 4 款规定的协商指令的对象，仅通过协商确定的一个外观设计专利申请人能对该外观设计获得外观设计专利授权。

61.1.8　同日对相似的外观设计提出的外观设计专利申请

（1）不同人的外观设计专利申请的情况。

同日对相似的外观设计由不同人提出两件以上外观设计专利申请的情况下，该两件以上外观设计专利申请符合外观设计法第 9 条第 2 款前段的规定，根据外观设计法第 9 条第 4 款的规定成为协商指令的对象，仅通过协商确定的一个外观设计专利申请人能对该外观设计获得外观设计专利授权。

（2）同一人的外观设计专利申请的情况。

同日对相似的外观设计由同一人提出两件以上外观设计专利申请的情况下，该两件以上外观设计专利申请符合外观设计法第 9 条第 2 款前段的规定，根据外观设计法第 9 条第 4 款的规定成为协商指令的对象，除了通过协商确定的一个外观设计专利申请人之外，原则上不能获得外观设计专利授权，但是在是同一人的外观设计专利申请的情况下，限于在符合外观设计法第 10 条第 1 款的规定时，作为本外观设计和与其相关的关联外观设计能获得外观设计专利授权。

61.1.9 不同日对相同的外观设计提出的外观设计专利申请的处理

不同日对相同的外观设计有两件以上外观设计专利申请的情况下，不管是同一人提出的外观设计专利申请还是不同人提出的外观设计专利申请，都将最初的外观设计专利申请涉及的一项外观设计登记，在后外观设计专利申请的外观设计以此为由，根据外观设计法第 9 条第 1 款的规定驳回。另外，在先外观设计专利申请是基于外观设计法第 9 条第 2 款的规定协商不一致或者不能协商、确定了应驳回的审查决定或者审判决定的外观设计专利申请的情况下，在后的外观设计专利申请的外观设计以此为由，根据外观设计法第 9 条第 1 款的规定驳回。

61.1.10 不同日对相似的外观设计提出的外观设计专利申请的处理

（1）不同人提出外观设计专利申请的情况。

不同日对相似的外观设计由不同人提出两件以上外观设计专利申请的情况下，将没有驳回理由的最初的外观设计专利申请的外观设计登记，在后外观设计专利申请的外观设计以此为由，根据外观设计法第 9 条第 1 款的规定驳回。另外，在先外观设计专利申请是基于外观设计法第 9 条第 2 款的规定协商不一致或者不能协商、确定了应驳回的审查决定或者审判决定的外观设计专利申请的情况下，在后外观设计专利申请的外观设计以此为由，根据外观设计法第 9 条第 1 款的规定驳回。

（2）同一人提出外观设计专利申请的情况。

不同日对相似的外观设计由同一人提出两件以上外观设计专利申请的情况下，将没有驳回理由的最初的外观设计专利申请的外观设计登记。关于在后外观设计专利申请的外观设计，在该申请在最初的外观设计专利申请的外观设计专利公报（已请求保密的外观设计的外观设计专利公报不披露请求书记载的内容和附于请求书的图片等内容）的发行日前被申请，且是将最初的外观设计专利申请的外观设计作为本外观设计的关联外观设计的申请的情况下登记。但是，在后外观设计专利申请的外观设计与在先外观设计专利申请涉及的两项以上授权外观设计相似，其中包含除一项本外观设计和其关联外观设计以外的授权外观设计专利的情况下，针对后面的外观设计专利申请，作为外观设计法第 9 条第 1 款规定的驳回理由通知驳回上述多件外观设计专利申请。

在后外观设计专利申请在最初的外观设计专利申请的外观设计专利公报（已请求保密的外观设计的外观设计专利公报不披露请求书记载的内容和附于请求书的图片等内容）的发行日前被申请，但是不是关联外观设计的外观设计专利申请的情况下，作为外观设计法第 9 条第 1 款规定的驳回理由，通知最初的外观设计专利申请，如果补正为将该外观设计专利申请的外观设计作为本外观设计的关联外观设计则可登记。

在与最初的外观设计专利申请的外观设计专利公报（已请求保密的外观设计的外观设计专利公报不披露请求书记载的内容和附于请求书的图片等内容）的发行日相同的日

期申请的外观设计专利申请，根据外观设计法第 9 条第 1 款的规定驳回。（但是，在即使是同日，但是公报发行显然在申请前的情况下，根据外观设计法第 3 条第 1 款的规定驳回。）

在先外观设计专利申请是根据外观设计法第 9 条第 2 款的规定协商不一致或者不能协商、确定了应驳回的审查决定或者审判决定的外观设计专利申请的情况下，在后外观设计专利申请的外观设计以此为由，根据外观设计法第 9 条第 1 款的规定驳回。

61.1.11 同日就相同或者相似的外观设计提出的外观设计专利申请的处理

（1）不同人提出外观设计专利申请的情况。

①根据外观设计法第 9 条第 4 款的规定，以长官名义指令各外观设计专利申请人进行协商。

②在指定期限内有协议的结果的申报的情况下，作出仅通过协商确定的一个外观设计专利申请人的外观设计专利申请应作出外观设计专利授权的决定。但是，即使有申报，但是在针对通过协商确定的一个外观设计专利申请人的外观设计专利申请以外的外观设计专利申请未办理撤回申请或者放弃申请的手续的情况，或者针对多个协商指令的协商结果的申报内容相互矛盾的情况下，认为协商不一致，根据外观设计法第 9 条第 2 款后段的规定通知各外观设计专利申请人驳回理由。

③在指定期限内没有协议结果的申报的情况下，根据外观设计法第 9 条第 5 款的规定视作协商不一致，根据外观设计法第 9 条第 2 款后段的规定通知各外观设计专利申请人驳回理由。

（2）同一人提出外观设计专利申请的情况。

①根据外观设计法第 9 条第 4 款的规定以长官名义指令外观设计专利申请人进行协商。但是，与该长官名义的协商指令同时，基于外观设计法第 9 条第 2 款后段的规定通知驳回理由。这是因为，在同一人的情况下，认为不需要用于协商的试剂，所以这样处理。

②在指定期限内没有协商结果的申报的情况下，根据外观设计法第 9 条第 5 款的规定视作协议不一致，在指定期限内有协商结果的申报，但是在通过协商确定的一个外观设计专利申请人的外观设计专利申请以外的外观设计专利申请没有撤回申请或者放弃申请的情况，或者针对多个协商指令的申报内容相互矛盾的情况下，视作协商不一致，根据事先通知的外观设计法第 9 条第 2 款后段规定的驳回理由，对各外观设计专利申请作出应驳回的决定。

61.1.11.1 认为针对多个协商指令申报内容相互矛盾的例子

（1）在确定协商对象的任何一个外观设计专利申请人的申报的情况，认为协商不一致。

①双方确定自身的申报；

②双方确定协商对方的申报。

（2）将协商对象的一件外观设计专利申请的外观设计作为本外观设计，将其他作为其关联外观设计的申报的情况下，视作协商不一致。

①将不存在的外观设计选择为本外观设计的申报；

②将不相似的外观设计、申请日不同的外观设计专利申请的外观设计、外观设计专利申请人不同的外观设计专利申请的外观设计中的任何一个外观设计选择为本外观设计的申报；

③将关联外观设计的外观设计专利申请的外观设计选择为本外观设计的申报；

④将多个外观设计选择为本外观设计的申报。

61.1.11.2 不伴有针对协商指令的申报，仅对其中的一部分外观设计专利申请办理了撤回申请或者放弃申请或者补正的手续的情况的处理

同一人同日对相同或者相似的外观设计提出的外观设计专利申请，按每件各外观设计专利申请通知协商指令，原则上需要对各件外观设计专利申请申报协商结果。

即使仅对成为协商对象的一部分外观设计专利申请办理了撤回申请或者放弃申请或者补正的手续，也不能据此直接视作协商一致，在指定期限届满为止都没有协商结果的申报，必须等待对成为协商对象的所有外观设计专利申请办理符合协商指令的宗旨的手续。

在即使经过指定期限也没有协商结果申报的情况下，能根据外观设计法第 9 条第 5 款的规定视作协商不一致，但是在指定期限内对协商对象的外观设计专利申请的外观设计进行了作为本外观设计或者其关联外观设计的补正，或者协商对象的外观设计专利申请中的一方已经被撤回，或者被放弃的，因为通过该补正或者撤回申请或者放弃申请的手续消除了协商理由，所以不视作协商不一致。

61.1.12 关于外观设计专利申请的分案、申请的变更以及补正后的外观设计的新申请的外观设计法第 9 条第 1 款或者第 2 款规定的判断基准日

关于基于外观设计法第 10 条之 2 第 1 款规定的外观设计专利申请的分案、基于外观设计法第 13 条第 1 款或者第 2 款规定的从发明专利申请或者实用新型专利申请向外观设计专利申请变更或者有基于外观设计法第 17 条之 3 规定的补正不予受理决定的补正后的外观设计的新的外观设计专利申请中，在手续合法进行的情况下，这些外观设计专利申请视作在原申请时或者提交手续补正书时提交。

但是，外观设计法第 9 条第 1 款或者第 2 款的规定按外观设计专利申请日为单位进行判断，所以关于基于分案的新的外观设计专利申请、基于变更的新外观设计专利申请以及有补正不予受理决定的补正后的外观设计的新的外观设计专利申请，将被认定追溯的原申请的申请日或者手续补正书的提交日作为判断基准日。

61.1.13 按照巴黎公约主张优先权等的外观设计专利申请的外观设计法第 9 条第 1 款或者第 2 款规定的判断基准日

当适用外观设计法第 9 条第 1 款或者第 2 款的规定时，在该主张适当时，将首次申

请国的申请日作为判断基准日。

61.1.14　国际外观设计专利申请的外观设计法第 9 条第 1 款或者第 2 款规定的判断基准日

当适用外观设计法第 9 条第 1 款或者第 2 款的规定时，将根据外观设计法第 60 条之 6 第 1 款的规定视作进行了外观设计专利申请的国际注册日作为判断基准日（但是，按照巴黎公约主张优先权等适当进行的情况除外）。

第7部分　个别的外观设计专利申请

第1章　部分外观设计

71　相关条文

外观设计法

第二条　本法律中，“外观设计”是指可通过视觉引起美感的产品（包括产品的一部分。除了第八条以外，以下相同）的形状、图案或色彩或者它们的结合。

2　前款中所规定的产品的部分的形状、图案或色彩或者它们的结合，包括用于产品操作（仅限于为了使该产品发挥其功能所进行的操作），并显示在该产品或者与其一体使用的产品上的图像。

（第3款以及第4款略）

外观设计法实施规则

格式第2［备注］

8　期望关于产品的一部分获得外观设计专利授权时，在“【外观设计产品】”栏设置“【部分外观设计】”栏。

39　（参照第1部分“请求书及图片”第1章“外观设计专利申请”11“相关条文”）

格式第6［备注］

8　（参照第2部分“外观设计专利授权的要件”第1章“适于工业应用的外观设计”21“相关条文”）

9　（参照第2部分“外观设计专利授权的要件”第1章“适于工业应用的外观设计”21“相关条文”）

10　（参照第2部分“外观设计专利授权的要件”第1章“适于工业应用的外观设计”21“相关条文”）

11　在期望关于产品的一部分获得外观设计专利授权的情况下，在8～10以及14中规定的图像图（是指表示在外观设计法第2条第2款中规定的与产品作为一体使用的产品中显示的图像的图，以下相同）中，在外观设计产品中，用实线描绘期望获得外观设计专利授权的部分，用虚线描绘其他部分等，从而确定期望获得外观设计专利授权的部分，并且，在请求书的“【外观设计说明】”栏中，记载确定期望获得外观设计专利授权的部分的方法。

格式第7［备注］

4　其他与格式第6备注2、3、6、8～12、14以及18～23相同。

格式第8［备注］

3　在期望关于产品的一部分获得外观设计专利授权的情况下，在外观设计产品中，用黑色涂覆期望获得外观设计专利授权的部分以外的部分等，从而确定期望获得外观设计专利授权的部分，并且，在请求书的“【外观设计说明】”栏中，记载确定期望获得外观设计专利授权的部分的方法。

71.1 所谓部分外观设计

根据外观设计法第 2 条第 1 款的规定，部分外观设计被定义为是产品的一部分的形状、图案或色彩或者它们的结合。具体而言，如以下所述。

（1）部分外观设计的外观设计产品必须被认定为是作为外观设计法的对象的产品。（参照第 2 部分“外观设计专利授权的要件”第 1 章“适于工业应用的外观设计”21.1.1.1“被认定为产品”）

（2）在该产品整体的形态中占据一定范围的部分。

（3）该产品中与其他外观设计对比时能够成为对比对象的部分。

71.2 部分外观设计的外观设计专利申请的请求书及图片

71.2.1 部分外观设计的外观设计专利申请的请求书的记载事项

（1）“部分外观设计”栏。

在部分外观设计的外观设计专利申请和整体外观设计的外观设计专利申请中，期望获得外观设计专利授权的方法以及对象不同，所以根据外观设计法实施规则格式第 2 备注 8 的规定，在进行部分外观设计的外观设计专利申请的情况下，为了明示该意思，必须在请求书中记载于“部分外观设计”栏。

（2）“外观设计产品”栏的记载。

在进行部分外观设计的外观设计专利申请的情况下，与进行整体外观设计的外观设计专利申请的情况相同，在请求书的“外观设计产品”栏中，必须记载根据外观设计法第 7 条的规定在第一附表下栏中揭示的产品分类或者基于与其相同程度的分类的产品的分类。（参照第 5 部分“一设计一申请”）

例如，设计照相机的外观设计时，即使“期望获得外观设计专利授权的部分”是把手部分，由于成为权利客体的外观设计产品是包括该把手部分的“照相机”，所以必须在请求书的“外观设计产品”栏中，记载为“照相机”。

（3）“外观设计说明”栏的记载。

外观设计法实施规则格式第 6 备注 11 规定了在期望关于产品的一部分获得外观设计专利授权的情况下，在一组图片中，在外观设计产品中用实线描绘“期望获得外观设计专利授权的部分”，用虚线描绘“其他部分”等，从而确定期望获得外观设计专利授权的部分以及在请求书的“外观设计说明”栏中，记载该确定的方法。

因此，部分外观设计的外观设计专利申请中，必须在请求书的“外观设计说明”栏中记载在一组图片中如何确定“期望获得外观设计专利授权的部分”的方法。

（4）“外观设计产品的说明”栏的记载。

外观设计法实施规则格式第 2 备注 39 的规定也适用于部分外观设计的外观设计专利申请。

因此，在部分外观设计的外观设计产品不属于经济产业省令中规定的产品分类中的任何一个的情况下，必须将有助于理解该产品的使用目的、使用状态等的说明记载于请求书的“外观设计产品说明”栏。

71.2.2 部分外观设计的外观设计专利申请中的图片等的记载

进行部分外观设计的外观设计专利申请时，根据外观设计法实施规则格式第6备注11的规定制作图片等。

（1）一组图片。

包括“期望获得外观设计专利授权的部分”和“其他部分”的、部分外观设计的外观设计产品整体的形态必须有一组图片。

（2）图的省略。

在以下情况下，认可图的省略。

①在外观设计法实施规则格式第6备注8中规定的相同或者对称的情况的一方的图的省略；

②根据外观设计法实施规则格式第6备注9的规定认可的图的省略；

③在外观设计法实施规则格式第6备注10中规定的主视图和后视图是相同或者对称的情况下或者背面是无图案的情况下，后视图的省略；

④主视图、后视图、左视图以及右视图相同的情况下，后视图、左视图以及右视图的省略；

⑤期望仅就外观设计法第2条第2款中规定的与产品一体使用的产品中显示的图像获得外观设计专利授权的部分外观设计的申请的情况下，表示图像图以外的外观设计产品的一组图片或者一部分的图的省略；

⑥期望关于产品的一部分获得外观设计专利授权的情况下，仅表示期望获得外观设计专利授权的部分以外的部分的图中的属于以下a至c中的任意一个的图的省略。

a 主视图或者后视图中的任意一方；

b 左视图或者右视图中的任意一方；

c 俯视图或者仰视图中的任意一方。

（3）“期望获得外观设计专利授权的部分”的确定。

关于立体的产品进行部分外观设计的外观设计专利申请的情况下，根据外观设计法实施规则格式第6备注11的规定，在外观设计法实施规则格式第6备注8中规定的一组图片中，必须用实线描绘“期望获得外观设计专利授权的部分”，用虚线描绘“其他部分”等，从而确定“期望获得外观设计专利授权的部分”。

因此，不认可在诸如剖视图、立体图、表示使用状态的参考图等中确定“期望获得外观设计专利授权的部分”。

但是，在部分外观设计的外观设计专利申请中确定“期望获得外观设计专利授权的部分”的情况下，如果除了一组图片以外未加上剖视图，则还有作图上无法确定该部分的情形，在该情况下，能够对一组图片加上剖视图来确定该部分。

此外，在该情况下，该剖视图被认定为不是用于确定“期望获得外观设计专利授权的部分”的图，而在无法充分表现该外观设计时加上的一般的剖视图，作为结果，还有判断为“期望获得外观设计专利授权的部分”不确定的情况，所以奖励外观设计专利申请人在外观设计专利申请时，在请求书的“外观设计说明”栏中，记载诸如“包含剖视图来确定‘期望获得外观设计专利授权的部分’”的意思。

(4) 部分外观设计的公开的程度。

关于部分外观设计的外观设计专利申请，必须在包含“期望获得外观设计专利授权的部分”和“其他部分”的、部分外观设计的外观设计产品整体的形态中，必须至少明确地表示为了识别属于在请求书的“外观设计产品”栏中记载的产品分类的产品而所需的最低限的构成要素。[参照下述 71.4.1.2“外观设计是具体的”(2)“外观设计不被认定为是具体时的例子”⑤]

71.3　部分外观设计的外观设计专利申请有关的外观设计的认定

基于以下几点，综合性地判断请求书的记载以及附于请求书的图片等进行与部分外观设计的外观设计专利申请相关的外观设计的认定。

因此，不属于请求书或者附于请求书的图片等的文件，例如特征说明书、优先权证明文件、获得外观设计法第 4 条第 2 款规定适用的证明文件等在与部分外观设计的外观设计专利申请相关的外观设计的认定时，不作为其基础资料。(参照第 1 部分“请求书及图片”第 2 章“外观设计专利申请中有关的外观设计的认定”)

(1) 部分外观设计的外观设计产品。

根据该部分外观设计的外观设计产品的使用目的、使用状态等，认定用途以及功能。

(2)“期望获得外观设计专利授权的部分”的用途以及功能。

“期望获得外观设计专利授权的部分”的用途以及功能根据上述认定的部分外观设计的外观设计产品所具有的用途以及功能认定。

(3)“期望获得外观设计专利授权的部分”的位置、大小、范围。

位置是指部分外观设计相对于外观设计产品整体的形态，该“期望获得外观设计专利授权的部分”的相对位置关系。

大小主要是指“期望获得外观设计专利授权的部分”的绝对大小。此外，关于大小，不是认定绝对的一个大小（尺寸），而是认定该外观设计所属领域中的常识性的大小的范围。(参照第 1 部分“请求书及图片”第 1 章“外观设计专利申请”11.1“外观设计法第 6 条的规定”)

另外，范围主要是指部分外观设计相对于外观设计产品整体的形态，该“期望获得外观设计专利授权的部分”的相对大小（面积比）。

(4)“期望获得外观设计专利授权的部分”的形态。

①“期望获得外观设计专利授权的部分”的认定。

在认定“期望获得外观设计专利授权的部分”时，外观设计专利申请人根据在请求书的“外观设计说明”栏中记载的确定方法进行。

另外，成为“期望获得外观设计专利授权的部分”的认定基础的图片原则上是一组图片，但在请求书的“外观设计说明”栏中，记载了例如“包含剖视图来确定‘期望获得外观设计专利授权的部分’”意思时，还包含剖视图来认定“期望获得外观设计专利授权的部分”。

②“期望获得外观设计专利授权的部分”的形态的认定。

“期望获得外观设计专利授权的部分”的形态与整体外观设计一样，根据一组图片以及剖视图、立体图等其他必要的图以及表示使用状态的图等其他参考图认定。

71.4 部分外观设计相关的外观设计专利授权要件

作为部分外观设计进行了外观设计专利申请的部分（注）为了获得外观设计专利授权，与整体外观设计的外观设计专利申请一样，必须满足以下的所有要件。

（注）

作为部分外观设计进行了外观设计专利申请的部分是指审查员尚未进行是否属于外观设计法第 2 条第 1 款中定义的外观设计的判断。

（1）适于工业应用的外观设计的；（→71.4.1）

（2）具有新颖性的；（→71.4.2）

（3）具有设计非易性的；（→71.4.3）

（4）不是与在先申请外观设计的一部分相同或者相似的在后申请外观设计。（→71.4.4）

71.4.1 适于工业应用的外观设计

作为部分外观设计提交的外观设计专利申请为了属于外观设计法第 3 条第 1 款总括部分中规定的适于工业应用的外观设计，必须满足以下所有要件。

因此，在未满足以下任意一个要件时，不属于外观设计法第 3 条第 1 款总括部分中规定的适于工业应用的外观设计，所以无法获得外观设计专利授权。

（1）能构成外观设计的；（→71.4.1.1）

（2）外观设计是具体的；（→71.4.1.2）

（3）适于工业应用的。（→71.4.1.3）

71.4.1.1 能构成外观设计的

作为部分外观设计进行了外观设计专利申请的部分为了构成在外观设计法第 2 条第 1 款中定义的外观设计，必须满足以下的所有要件。

（1）被认定为产品的；（→71.4.1.1.1）

（2）产品自身的形态的；（→71.4.1.1.2）

（3）能诉诸视觉的；（→71.4.1.1.3）

（4）通过视觉引起美感的；（→71.4.1.1.4）

（5）占据一定范围的部分的；（→71.4.1.1.5）

（6）在与其他外观设计对比时能够成为对比对象的部分的。　　　　（→71.4.1.1.6）

71.4.1.1.1　被认定为产品的

部分外观设计的外观设计产品必须是被认定为外观设计法的对象的产品。

（1）被认定为产品的例子。

①部分外观设计的外观设计产品是被认定为外观设计法的对象的产品的“袜子”，“期望获得外观设计专利授权的部分”是不被认定为外观设计法的对象的产品的“袜子的脚后跟部分”。

②部分外观设计的外观设计产品是被认定为外观设计法的对象的产品的“包装用容器”，“期望获得外观设计专利授权的部分”是被认定为外观设计法的对象的产品的“包装用容器的盖子”的部分。

（2）不被认定为产品的例子。

①作为“期望获得外观设计专利授权的部分”，在图片中仅表示图案，将部分外观设计的外观设计产品作为“在纤维制品中表示的图案”。

71.4.1.1.2　产品自身的形态的

部分外观设计的外观设计产品的整体形态必须是产品自身的形态。

（1）不被认定为产品自身的形态的例子。

①以销售展示效果为目的将手绢联结而成的花的形状的一部分作为“期望获得外观设计专利授权的部分”。

71.4.1.1.3　能诉诸视觉的

“期望获得外观设计专利授权的部分”的整体形态必须是能诉诸视觉的形态。

（1）不被认定为能诉诸视觉的形态的例子。

①“期望获得外观设计专利授权的部分”的整体形态在部分外观设计的外观设计产品的通常交易状态下，无法从外部视觉辨认。

②“期望获得外观设计专利授权的部分”的整体形态微细，所以无法通过肉眼识别其形态。

71.4.1.1.4　通过视觉引起美感的

“期望获得外观设计专利授权的部分”必须是通过视觉引起美感的部分。

71.4.1.1.5　占据一定范围的部分的

“期望获得外观设计专利授权的部分”必须是在部分外观设计的外观设计产品整体形态中占据一定范围的部分，即该外观设计中必须包含一个封闭的区域。

（1）不被认定为属于占据一定范围的部分的例子。

①“期望获得外观设计专利授权的部分”仅为棱线的部分。

棱线不具有面积，所以不属于占据一定范围的部分。

【事例】“建筑混凝土砌块”

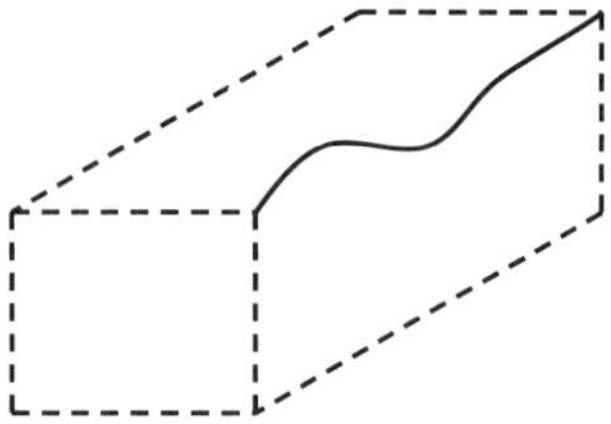

②仅表示部分外观设计的外观设计产品整体形态的影像的例子。

不被认定为该外观设计中所包含的一个封闭的区域，所以不属于占据一定范围的部分。

【事例】

仅表示乘用汽车的侧面的投影影像的例子

71.4.1.1.6　在与其他外观设计对比时能够成为对比对象的部分的

即使“期望获得外观设计专利授权的部分”是在该产品整体形态中占据一定范围的部分，也必须表示出在与其他外观设计对比时能够成为对比对象的外观设计的设计的单位。

（1）被认定为属于在与其他外观设计对比时能够成为对比对象的部分的例子。

在以下的事例中，“期望获得外观设计专利授权的部分”都是包装用容器这样的在产品整体形态中占据一定范围的部分，表示出与其他外观设计对比时能够成为对比对象的外观设计的设计的单位。

【事例1】“包装用容器”

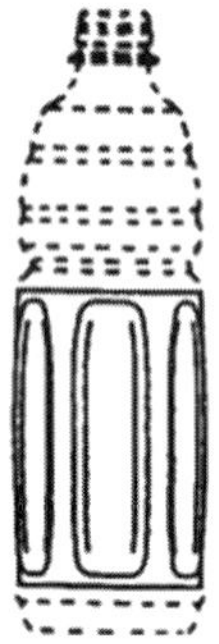

【事例2】“包装用容器”

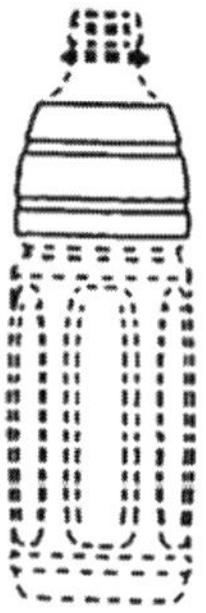

（2）在“期望获得外观设计专利授权的部分”中不包括任何外观设计的设计的单位的例子。

在以下的事例中，虽然“期望获得外观设计专利授权的部分”是包装用容器这样的在产品整体的形态中占据一定范围的部分，但没有表示出在与其他外观设计对比时能够成为对比的对象的外观设计的设计的单位。

【事例】“包装用容器”

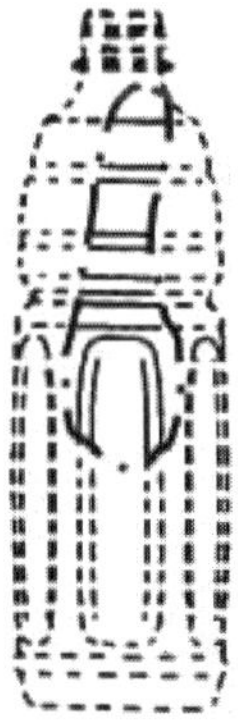

71.4.1.2　外观设计是具体的

第一，基于该外观设计所属领域中的一般常识，必然能从申请当初的请求书的记载以及附于请求书的图片等，直接地导出外观设计专利申请的方法以及对象是部分外观设计的外观设计专利申请。

第二，为了能认定为与部分外观设计的外观设计专利申请相关的外观设计是具体的，与整体外观设计一样，根据该外观设计所属领域中的一般常识，必须能从申请当初的请求书的记载以及附于请求书的图片等直接地导出具体的一个外观设计的内容，即关于以下的①至④的具体的内容。

①部分外观设计的外观设计产品；

②“期望获得外观设计专利授权的部分”的用途以及功能；

③“期望获得外观设计专利授权的部分”的位置、大小、范围；

④“期望获得外观设计专利授权的部分”的形态。

另外，必须在包含“期望获得外观设计专利授权的部分”和“其他部分”的部分外观设计的外观设计产品的整体形态中，至少具体地表示出为了识别属于在请求书的“外观设计产品”栏中记载的产品分类的产品所需的最低限度的构成要素。

此外，关于请求书的记载或者附于请求书的图片等的记载的正确性，适用与整体外观设计有关的处理，所以请参照第2部分“外观设计专利授权的要件”第1章“适于工业应用的外观设计”21.1.2“外观设计是具体的”。

（1）外观设计被认定为是具体时的例子。

即使在请求书或附于请求书的图片中存在有以下所示的记载缺陷，但如果根据请求书的记载和附于请求书的图片等进行综合判断后，能够推导出具体的一个外观设计的内容，则外观设计可被认定是具体的。

①即使在申请当初的请求书中“部分外观设计”栏显示空白，但根据请求书的“外观设计说明”栏的记载以及附于请求书的图片等的具体的表现，能够明确知晓该外观设计专利申请是与部分外观设计有关的情况。

【事例】“法兰盘”

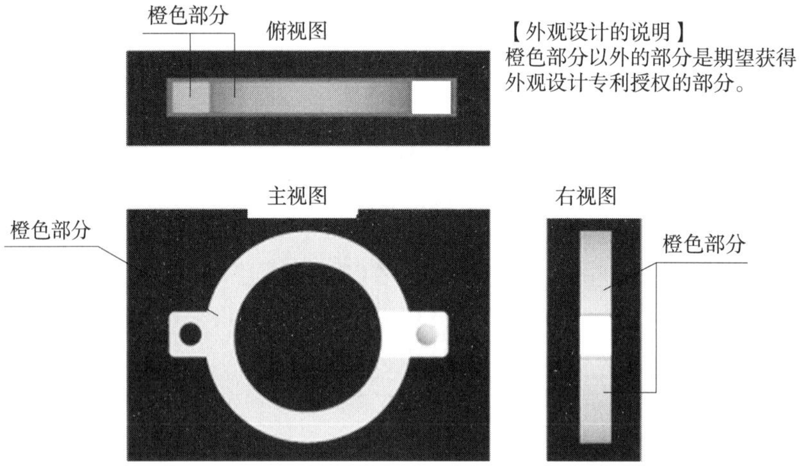

②即使在申请当初的请求书中“部分外观设计”栏显示空白以及在“外观设计说明”栏中也没有对期望获得外观设计专利授权的部分进行确定的方法的记载，但根据附于请求书的图片等的具体表现，能够明确知晓涉及部分外观设计的外观设计专利申请以及“期望获得外观设计专利授权的部分”的情况。

【事例】“数码相机”

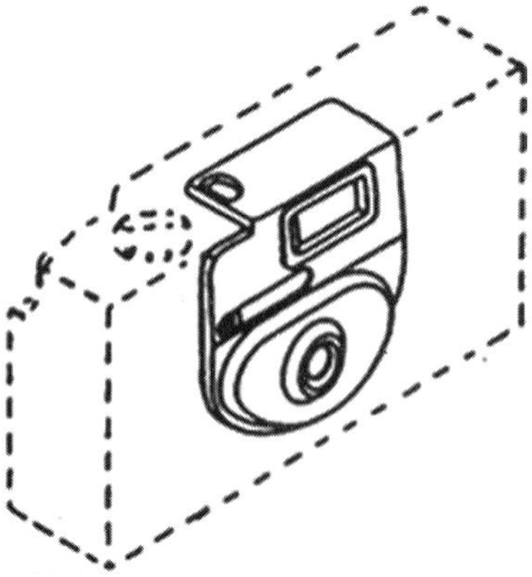

附于请求书的图片的各图通过实线和虚线明确地被分开描绘，即使没有部分外观设计栏和对期望获得外观设计专利授权的部分进行确定的方法的外观设计的说明，但能够理所当然推导出实线部分就是期望获得外观设计专利授权的部分外观设计的外观设计专利申请。

③无边界线的显示被认定为作图上的误记，如果综合性地判断请求书的记载以及附于请求书的图片等，则能够当然推导出“期望获得外观设计专利授权的部分”的边界的情况。

“期望获得外观设计专利授权的部分”必须是在部分外观设计的外观设计产品整体的形态中占据一定范围的部分，即该外观设计的外观中必须包含一个封闭的区域。（参照上述 71. 4. 1. 1. 5 “占据一定范围的部分的”）

但是，例如下述“栅栏用支柱”那样是线材、棒状时，根据各图的记载、该产品的特质等的综合性进行了判断的情况下，将表示“期望获得外观设计专利授权的部分”的外形的实线的端部用直线连接的位置认定为边界没有问题时，“期望获得外观设计专利授权的部分”被作为占据一定的范围的部分来处理。

【事例】“栅栏用支柱”

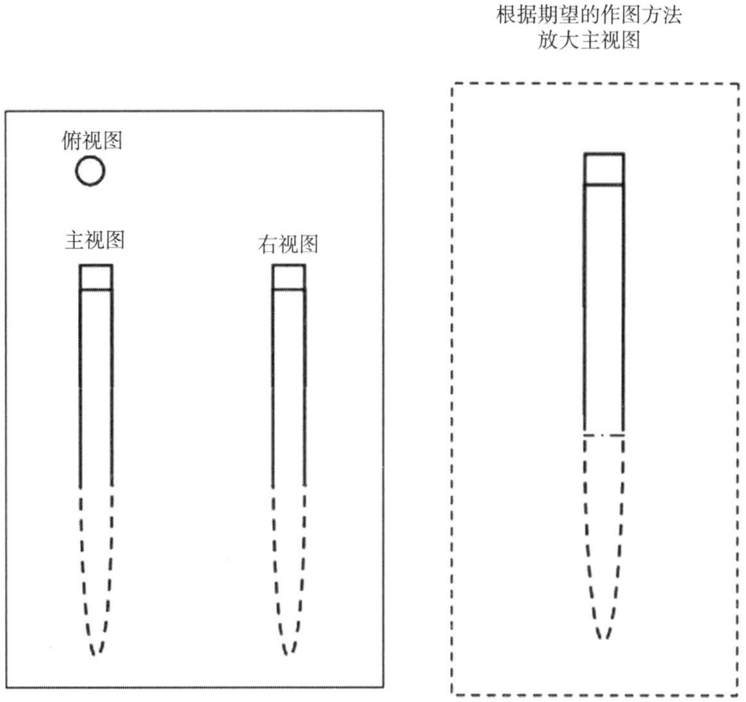

（2）外观设计不被认定为是具体时的例子。

在请求书或者附于请求书的图片等中，具有以下那样的记载缺陷，即使综合性地判断请求书的记载以及附于请求书的图片等，仍无法直接推导出具体的一个外观设计的内容时，无法认定为外观设计是具体的。

①在申请当初的请求书中的“外观设计说明”栏中没有关于确定“期望获得外观设计专利授权的部分”的方法的记载，即使对请求书和附于请求书的图片的记载进行综合性判断，也无法明确是部分外观设计的外观设计专利申请还是整体外观设计的外观设计专利申请，或者无法明确图片中分开描绘的任何一部分为“期望获得外观设计专利授权的部分”的情况。

【事例1】“手帕”

在“部分外观设计”栏和“外观设计的说明”栏中无关于确定“期望获得外观设计专利授权的部分”的方法的记载，无法明确是通过实线和虚线分开描绘的部分外观设计的外观设计专利申请，还是为在中央部位施以压线后的整体外观设计的外观设计专利申请的情形。

【事例2】“法兰盘”　【部分外观设计】

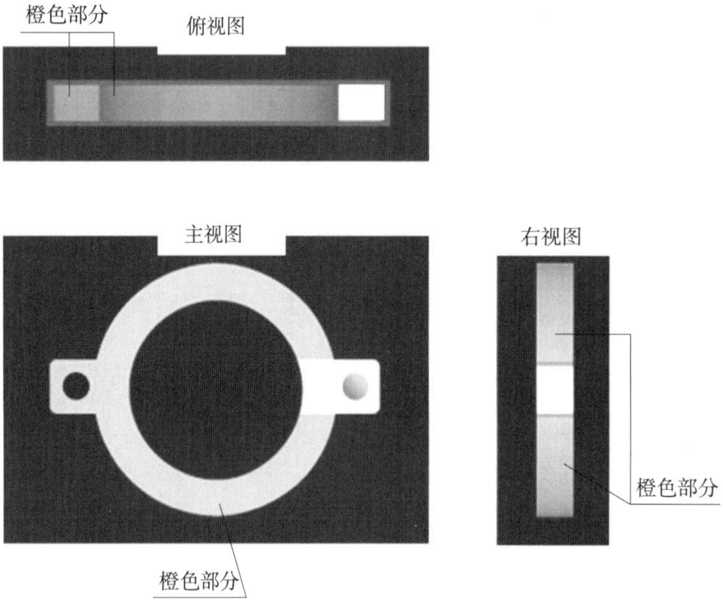

虽然有“部分外观设计”栏，但如果不在“外观设计的说明”栏中记载确定“期望获得外观设计专利授权的部分”的方法，则无法明确“期望获得外观设计专利授权的部分”是橙色、白色等中的哪一种色彩的部分。

②部分外观设计的外观设计产品或者“期望获得外观设计专利授权的部分”的具体的用途以及功能不明确的情况。

③未表示“期望获得外观设计专利授权的部分”的整体形态的情况。

④未表示“其他部分”的整体形态的情况。

⑤在包括“期望获得外观设计专利授权的部分”和“其他部分”的、部分外观设计的外观设计产品的整体形态中，未明确地表示为了识别属于在请求书的“外观设计产品”栏中记载的产品的分类的产品所必须包含的最低限度的构成要素的情况。

⑥“期望获得外观设计专利授权的部分”的形态不明确的情况。

(i)“期望获得外观设计专利授权的部分”的形态在各图中不一致的情况；

(ii)“期望获得外观设计专利授权的部分”不是一个封闭区域的情况；

（iii）仅根据一组图片以外的图片确定“期望获得外观设计专利授权的部分”的情况（如仅用立体图确定的情况）；

（iv）在一组图片中，不分开描绘“期望获得外观设计专利授权的部分”和“其他部分”，在请求书的“外观设计说明”栏中用文章确定“期望获得外观设计专利授权的部分”的情况。

⑦“其他部分”的形态不明确的情况。

在用虚线等表示的“其他部分”的形态由于如各图不一致而不是具体的时，“期望获得外观设计专利授权的部分”在该产品整体形态中的位置、大小、范围不是具体的，所以外观设计不是具体的。

71.4.1.3　适于工业应用的

部分外观设计的外观设计产品必须是适于工业应用的产品。

此外，关于“期望获得外观设计专利授权的部分”，不对其是否适于工业应用进行判断。

71.4.2　新颖性

关于外观设计法第 3 条第 1 款各项规定的适用，通过判断该部分外观设计是否属于公知外观设计中的某一件外观设计，或者是否属于与公知外观设计相似的外观设计来进行。

71.4.2.1　外观设计法第 3 条第 1 款第 1 项以及第 2 项

为了能够判断部分外观设计是否属于公知外观设计，在公知外观设计中，原则上，必须公开部分外观设计的外观设计专利申请的“期望获得外观设计专利授权的部分”的整体形态。

关于其他判断基准，适用关于整体外观设计的判断基准，参照第 2 部分“外观设计专利授权的要件”第 2 章“新颖性”22.1.1“外观设计法第 3 条第 1 款第 1 项”以及 22.1.2“外观设计法第 3 条第 1 款第 2 项”。

71.4.2.2　外观设计法第 3 条第 1 款第 3 项

71.4.2.2.1　公知外观设计和部分外观设计是否相似的判断

由于外观设计的产品和形态一体不可分，所以如果部分外观设计的外观设计产品和公知外观设计的外观设计产品不是相同或者相似的，则不构成外观设计相似。

例如，在照相机的外观设计的设计中将其把手部分作为部分外观设计进行了外观设计专利申请的情况下，成为权利的客体的外观设计产品由于是包含该把手部分的“照相机”，所以成为新颖性的判断基础的资料是与“照相机”以及与其相似的产品相关的外观设计。

在该要件下，部分外观设计和公知外观设计符合以下全部情况时，两项外观设计相似。

①部分外观设计的外观设计产品和公知外观设计的外观设计产品相同或者相似。

②部分外观设计的外观设计专利申请的“期望获得外观设计专利授权的部分”和公知外观设计中的与“期望获得外观设计专利授权的部分”相当的部位的用途以及功能相同或者相似。

③部分外观设计的外观设计专利申请的“期望获得外观设计专利授权的部分”和公知外观设计中的与“期望获得外观设计专利授权的部分”相当的部位的形态相同或者相似。

④部分外观设计的外观设计专利申请的“期望获得外观设计专利授权的部分”在该产品整体形态中的位置、大小、范围和公知外观设计中的与“期望获得外观设计专利授权的部分”相当的部位的在该产品整体形态中的位置、大小、范围相同或者在该外观设计所属领域中是常规范围内的。

此外，关于上述①至④，在全部相同的情况下，两项外观设计相同。

（1）外观设计产品的共同点以及差异点的认定。

关于部分外观设计的外观设计产品和公知外观设计的外观设计产品各自的用途以及功能，认定共同点以及差异点。

（2）该部分中的用途以及功能的共同点以及差异点的认定。

关于“期望获得外观设计专利授权的部分”和公知外观设计中的与“期望获得外观设计专利授权的部分”相当的部位各自的用途以及功能，认定共同点以及差异点。

（3）该部分形态的共同点以及差异点的认定。

关于“期望获得外观设计专利授权的部分”和公知外观设计中的与“期望获得外观设计专利授权的部分”相当的部位各自的整体形态以及各部的形态，认定共同点以及差异点。

但是，关于“其他部分”的形态，不直接认定共同点以及差异点。

（4）该部分的位置、大小、范围的共同点以及差异点的认定。

关于“期望获得外观设计专利授权的部分”在该产品整体形态中的位置、大小、范围和公知外观设计中的与“期望获得外观设计专利授权的部分”相当的部位在该产品整体形态中的位置、大小、范围，认定共同点以及差异点。

（5）公知外观设计和部分外观设计是否相似的判断。

公知外观设计和部分外观设计是否相似的判断是指关于两个外观设计所产生的美感是否相似的判断。具体而言，通过将关于上述（1）至（4）的共同点以及差异点作为外观设计整体而综合性地观察，评价它们对两个外观设计是否相似的判断造成的影响来进行。此外，它们的共同点以及差异点对外观设计是否相似的判断造成的影响会因每项个别的外观设计而变化，但一般而言可归纳如下。

①易于观察的部分影响相对大。

②常规形态的部分影响相对小。

③大小的差异如果在该外观设计所属领域中是常识范围内，则几乎不造成影响。

④材质的差异如果不作为外观的特征表现，则几乎不造成影响。

⑤仅色彩的差异与形状或者图案的差异相比几乎不造成影响。

⑥位置、大小、范围如果在该外观设计所属领域中是常规范围内，则几乎不造成影响。

此外，仅“其他部分”的形态不作为对比对象。

71.4.2.2.2　属于外观设计法第 3 条第 1 款第 3 项规定的部分外观设计的外观设计专利申请的例子

【事例 1】

公知外观设计
“吸尘器本体”

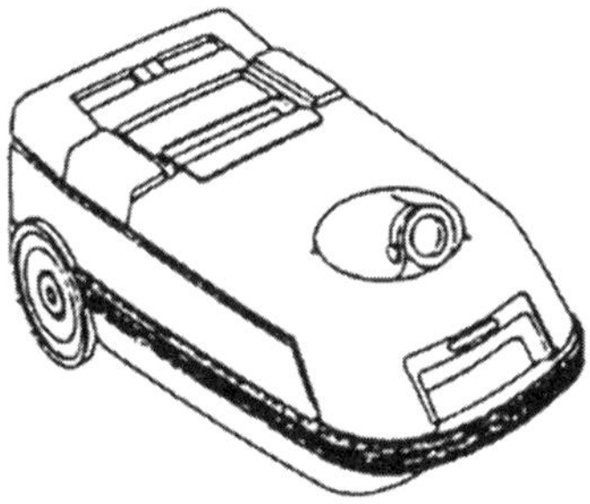

部分外观设计的外观设计专利申请
“吸尘器本体”

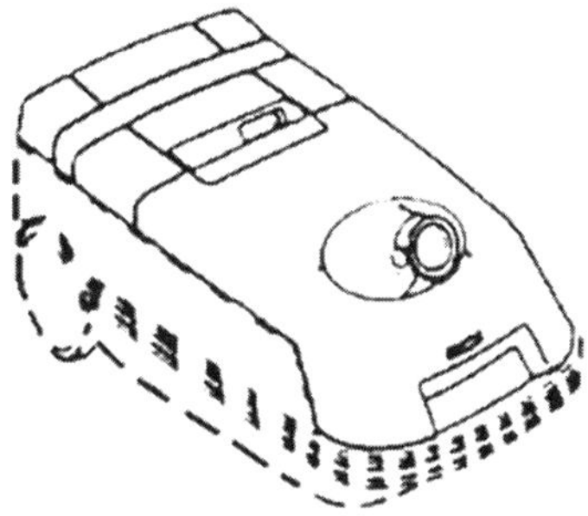

【事例 2】

公知外观设计
“照相机”
（外观设计专利公报刊登的部分外观设计）

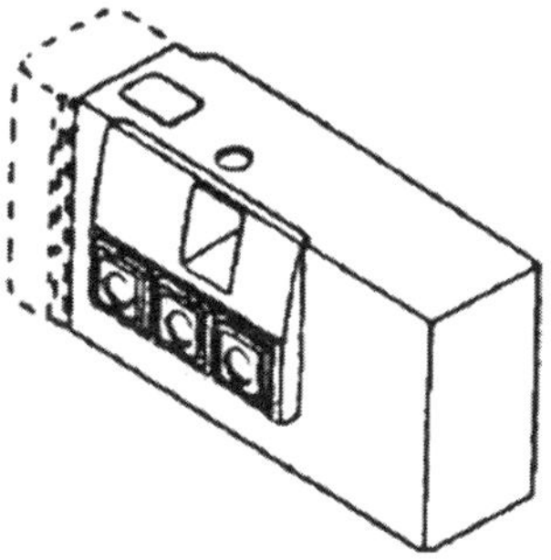

部分外观设计的外观设计专利申请
“照相机”

【事例3】

公知外观设计
“照相机”
（外观设计专利公报刊登的部分外观设计）

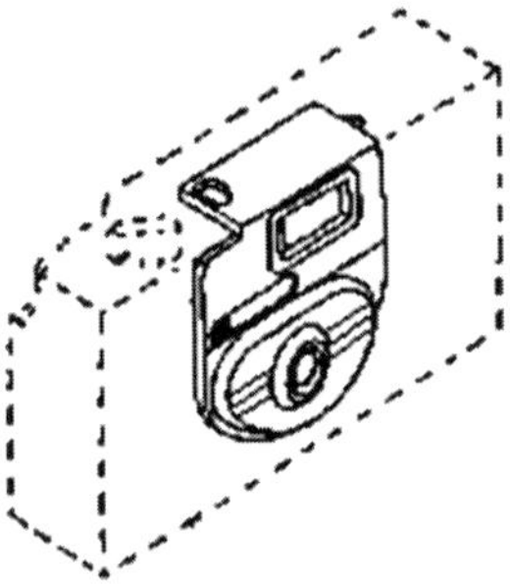

部分外观设计的外观设计专利申请
“带取景器的照相机用镜头”

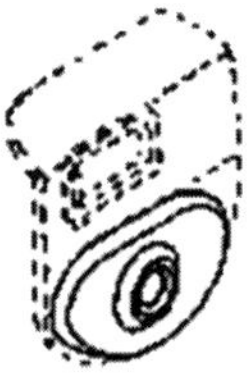

（注）

注意“带取景器的照相机用镜头”这样的产品分类是用于说明事例的例子，不是表示被认定为与在第一附表中记载了的产品分类相同的程度的具体的产品分类的事例。

【事例4】

公知外观设计
“包装用瓶”
（外观设计专利公报刊登的部分外观设计）

部分外观设计的外观设计专利申请
“包装用瓶”

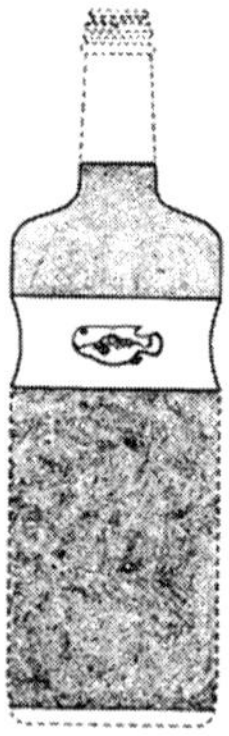

【事例 5】

公知外观设计
“照相机”
（外观设计专利公报刊登的部分外观设计）

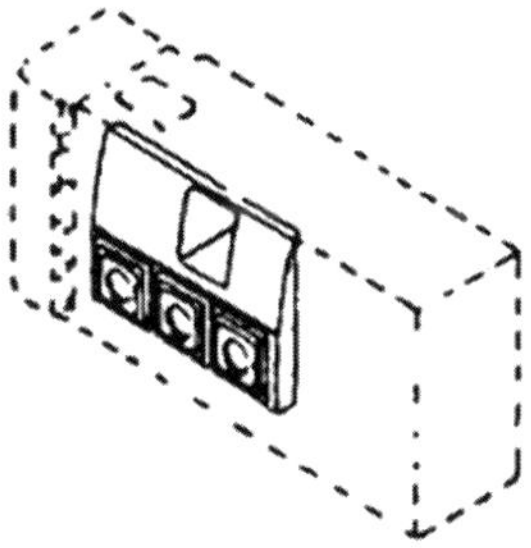

部分外观设计的外观设计专利申请
“照相机”

【事例 6】

公知外观设计
“数字照相机”
（外观设计专利公报刊登的部分外观设计）

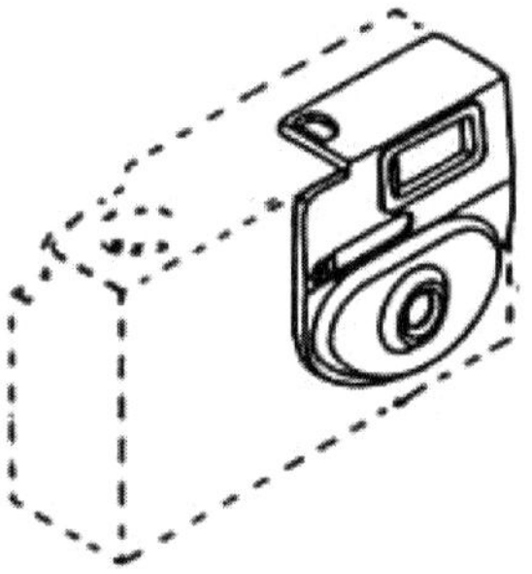

部分外观设计的外观设计专利申请
“数字照相机”

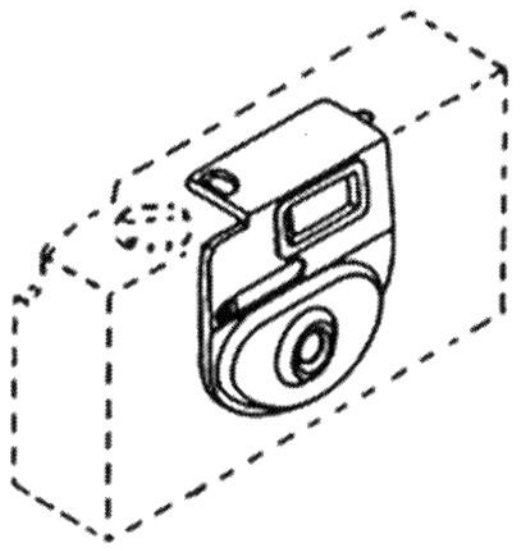

71.4.3　设计非易性

通过判断“期望获得外观设计专利授权的部分”的整体形态是否为本领域设计人员能够根据在该外观设计专利申请前公知的形状、图案或色彩或者它们的结合容易设计的形态，并且判断考虑该部分的用途以及功能使“期望获得外观设计专利授权的部分”在该产品整体形态中的位置、大小、范围对于本领域设计人员来说是否是常规手法，进行关于外观设计法第 3 条第 2 款规定的适用的判断。

此外，其他判断基准适用关于整体外观设计的判断基准，参照第 2 部分“外观设计专利授权的要件”第 3 章“设计非易性”。

71.4.4　与在先申请的外观设计的一部分相同或者相似的在后申请的外观设计

外观设计法第 3 条之 2 规定，如将在先申请外观设计的一部分几乎原样作为在后申请外观设计的“期望获得外观设计专利授权的部分”进行了外观设计专利申请时，在后申请部分外观设计丝毫不被认定为新外观设计的情况。

此外，其他判断基准适用关于整体外观设计的判断基准，参照第2部分“外观设计专利授权的要件”第4章“与在先申请外观设计的一部分相同或者相似的在后申请外观设计的保护排除”。

71.4.4.1 作为在先申请外观设计公开的外观设计的一部分与在后申请部分外观设计是否相似的判断

在适用外观设计法第3条之2的规定时，作为在先申请外观设计公开的外观设计中，原则上，需要公开作为外观设计法第3条之2规定的对象的在后申请部分外观设计的“期望获得外观设计专利授权的部分”的整体形态（作为在先申请外观设计公开的外观设计中，包含即使是未公开外观设计法第3条之2规定的对象的在后申请部分外观设计的“期望获得外观设计专利授权的部分”的整体形态，但仍充分表示到可对比的程度的情况。参照第2部分“外观设计专利授权的要件”第2章“新颖性”22.1.2.6“关于出版物记载的外观设计”）。

作为在先申请外观设计公开的外观设计与在后申请部分外观设计，①不论作为在先申请外观设计公开的外观设计是整体外观设计还是部分外观设计；②不论作为在先申请外观设计公开的外观设计的外观设计产品与在后申请的部分外观设计的外观设计产品是相同、相似或者不相似中的哪一个，作为在先申请外观设计公开的外观设计中的与在后申请部分外观设计的“期望获得外观设计专利授权的部分”相当的一部分与在后申请部分外观设计的“期望获得外观设计专利授权的部分”的用途以及功能相同或者相似，并且各个形态相同或者相似的情况下，作为在先申请外观设计公开的外观设计中的与在后申请部分外观设计的“期望获得外观设计专利授权的部分”相当的一部分与在后申请部分外观设计相似。

71.4.4.2 属于外观设计法第3条之2规定的部分外观设计的外观设计专利申请的例子

关于属于外观设计法第3条之2规定的部分外观设计的外观设计专利申请的事例，在上述71.4.2.2.2“属于外观设计法第3条第1款第3项规定的部分外观设计的外观设计专利申请的例子”事例1至事例6中，将公知外观设计替代为作为在先申请外观设计公开的外观设计进行参照。

71.5 部分外观设计的外观设计专利申请相关的新颖性丧失的例外

关于部分外观设计的外观设计专利申请，也能够获得外观设计法第4条第1款或者第2款规定的适用。

此外，获得外观设计法第4条第1款或者第2款规定适用的要件等其他判断基准适用整体外观设计的判断基准，参照第3部分“新颖性丧失的例外”。

71.6　部分外观设计的外观设计专利申请相关的外观设计法第 5 条的规定

关于外观设计法第 5 条第 1 项以及第 2 项规定的适用，将包括“期望获得外观设计专利授权的部分”和“其他部分”的、部分外观设计的外观设计产品的整体形态作为判断的对象。但是，关于外观设计法第 5 条第 3 项规定的适用，仅将“期望获得外观设计专利授权的部分”的形状作为判断的对象。

此外，其他判断基准适用整体外观设计的判断基准，参照第 4 部分“不能获得外观设计专利授权的外观设计”。

71.7　部分外观设计的外观设计专利申请相关的一设计一申请

部分外观设计的外观设计专利申请也必须满足外观设计法第 7 条中规定的要件。

此外，其他判断基准适用整体外观设计的判断基准，参照第 5 部分“一设计一申请”。

71.7.1　不满足外观设计法第 7 条规定要件的外观设计的例子

71.7.1.1　不依赖于产品分类的请求书的“外观设计产品”栏的记载的例子

部分外观设计的外观设计专利申请中，在请求书的“外观设计产品”栏中，在产品的分类之后带有“的部分”“的部分外观设计”等词（例如“袜子的脚后跟部分”“袜子的脚后跟的部分外观设计”）的记载时，不认定为第一附表中记载的产品分类或者基于与其相同程度的分类的产品分类。

71.7.1.2　未针对每项外观设计进行申请的例子

在一个部分外观设计的外观设计产品中，包含物理上分离的两个以上的“期望获得外观设计专利授权的部分”的不被认定为针对每项外观设计进行外观设计专利申请。

71.7.1.2.1　虽然包含物理上分离的两个以上的“期望获得外观设计专利授权的部分”，但仍作为一项外观设计来处理的类型

在属于以下任意一个的情况下，虽然是包含物理上分离的两个以上的“期望获得外观设计专利授权的部分”的例子，但仍作为一项外观设计来处理。

（1）认定形态上的一体性的情况。

虽然是物理上分离的两个以上的“期望获得外观设计专利授权的部分”，但是成为对称的形态、成为一组的形态等有关联性而创作的形态被认定形态上的一体性。

【事例 1】“手表用壳”

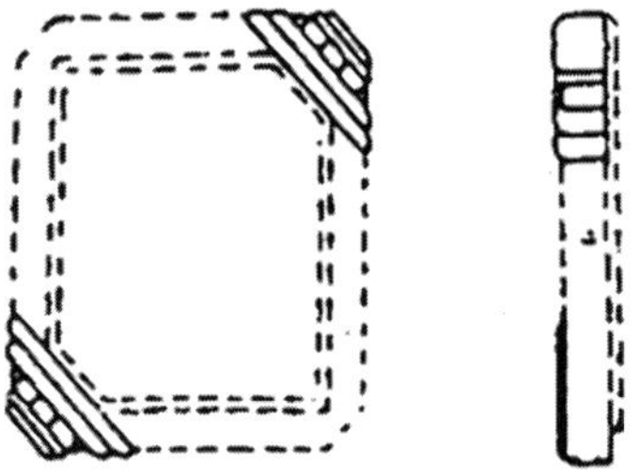

【事例 2】“T 恤”

（2）认定功能上的一体性的情况。

虽然是物理上分离的两个以上的“期望获得外观设计专利授权的部分”，但由于作为整体发挥一个功能，所以处于一体地设计关系而被认定功能上的一体性。

【事例 1】“理发用剪刀”

【事例 2】“手机”

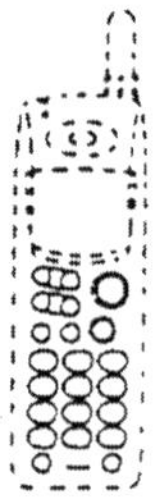

71.8 成套产品的外观设计有关的部分外观设计

外观设计法第 8 条的成套产品的外观设计有关的部分外观设计不能获得外观设计专利授权。（参照第 7 部分“个别的外观设计专利申请”第 2 章“成套产品的外观设计” 72.1.2“成套产品的外观设计有关的部分外观设计”）

71.9 部分外观设计的外观设计专利申请相关的外观设计法第 9 条以及第 10 条的规定

部分外观设计的外观设计专利申请之间，判断外观设计法第 9 条以及第 10 条规定的适用。

此外，其他判断基准适用关于整体外观设计的判断基准，参照第 6 部分“在先申请”以及第 7 部分“个别的外观设计专利申请”第 3 章“关联外观设计”。

71.9.1 部分外观设计和部分外观设计是否相似的判断

部分外观设计均符合以下全部情况时，两项外观设计相似。

①部分外观设计的外观设计产品的用途以及功能相同或者相似；

②“期望获得外观设计专利授权的部分”的用途以及功能相同或者相似；

③“期望获得外观设计专利授权的部分”的形态相同或者相似；

④“期望获得外观设计专利授权的部分”在该产品整体形态中的位置、大小、范围相同或者在该外观设计所属领域中在常规范围内。

此外，在上述①至④全部相同的情况下，两项外观设计相同。

（1）外观设计产品的共同点以及差异点的认定。

关于部分外观设计的外观设计产品各自的用途以及功能，认定共同点以及差异点。

（2）该部分中的用途以及功能的共同点以及差异点的认定。

关于“期望获得外观设计专利授权的部分”各自的用途以及功能，认定共同点以及差异点。

（3）该部分的形态的共同点以及差异点的认定。

关于“期望获得外观设计专利授权的部分”各自的整体的形态以及各部的形态，认定共同点以及差异点。

（4）该部分的位置、大小、范围的共同点以及差异点的认定。

关于“期望获得外观设计专利授权的部分”的该产品整体的形态中的各自的位置、大小、范围，认定共同点以及差异点。

（5）部分外观设计和部分外观设计是否相似的判断。

关于部分外观设计和部分外观设计是否相似的判断，依照上述 71. 4. 2. 2. 1“公知外观设计和部分外观设计是否相似的判断”（5）“公知外观设计和部分外观设计是否相似的判断”进行。

71. 9. 1. 1　外观设计法第 9 条第 1 款中被认定为相似的部分外观设计的外观设计专利申请的例子

【事例 1】

与在先申请有关的部分外观设计的外观设计专利申请

“照相机”

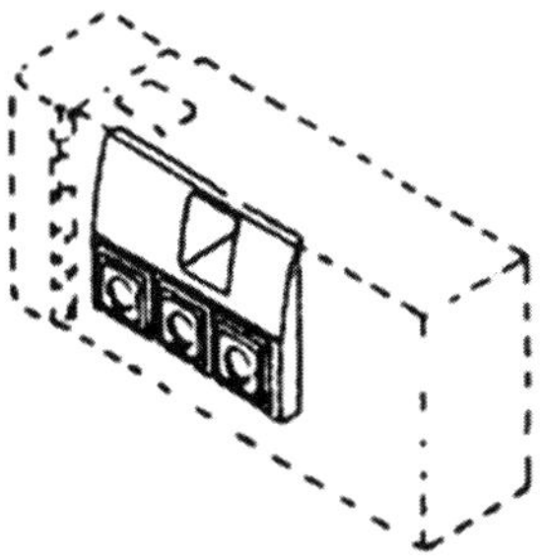

部分外观设计的外观设计专利申请

“照相机”

【事例 2】

与在先申请有关的部分外观设计的外观设计专利申请
“数字照相机”

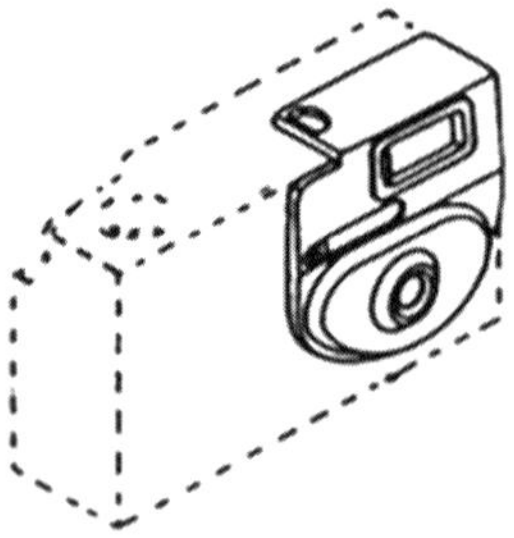

部分外观设计的外观设计专利申请
“数字照相机”

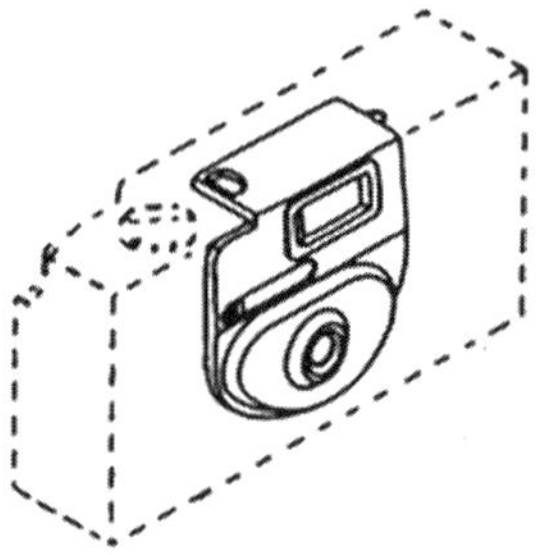

此外，上述事例中右侧的部分外观设计的外观设计专利申请是在从与左侧的在先申请有关的部分外观设计的外观设计专利申请的申请日之后到与该外观设计专利申请相关的外观设计专利公报（授权外观设计专利公报、公示与同日申请相关的协议不成立或者协商不能的情况下的确定驳回申请的公报）的发行日（包括同日）之前申请的情况下，也符合外观设计法第 3 条之 2 的规定，所以在审查实务上，适用外观设计法第 3 条之 2 的规定。

71.9.1.2 外观设计法第 9 条第 2 款或者第 10 条中被认定为相似的部分外观设计的外观设计专利申请的例子

关于该事例，在上述 71.9.1.1“外观设计法第 9 条第 1 款中被认定为相似的部分外观设计的外观设计专利申请的例子”事例 1 以及事例 2 中，用与左侧的在先申请相关的部分外观设计的外观设计专利申请代替在同日申请的部分外观设计的外观设计专利申请进行参照。

71.10 部分外观设计的外观设计专利申请相关的要点变更

71.10.1 部分外观设计的外观设计的要点

部分外观设计的外观设计的要点是指，根据该外观设计所属领域中的一般常识，从用于认定在请求书的记载以及附于请求书的图片等中表示的部分外观设计的各要素（①部分外观设计的外观设计产品；②“期望获得外观设计专利授权的部分”的用途以及功能；③“期望获得外观设计专利授权的部分”的位置、大小、范围；④“期望获得外观设计专利授权的部分”的形态）可直接地导出的具体的外观设计的内容。

71.10.2 变更要点的补正的类型

对请求书的记载或者附于请求书的图片等中实施的补正属于以下任意一个的情况

下，是变更申请当初的请求书的记载或者附于请求书的图片等的要点的补正。

此外，其他判断基准适用关于整体外观设计的判断基准，参照第 8 部分“请求书、图片等的记载的补正”第 2 章“补正不予受理”。

（1）被认定为超出可根据该外观设计所属领域中的一般常识当然导出的同一范围而变更的情况。

（2）被认定为使申请当初不明确的外观设计的要点成为明确的要点的情况。

71.10.3　对请求书的记载实施的补正的具体处理

（1）追加请求书的“部分外观设计”栏的补正。

在综合性地判断申请当初的请求书的记载以及附于请求书的图片等，能够当然地导出该外观设计专利申请是整体外观设计的外观设计专利申请时，或者即使综合性地判断但该外观设计专利申请是部分外观设计的外观设计专利申请还是整体外观设计的外观设计专利申请仍不清楚而无法当然地导出某一方时，根据增加请求书的“部分外观设计”栏，将该外观设计专利申请作为部分外观设计的外观设计专利申请的补正是变更要点。

即使在申请当初的请求书中没有“部分外观设计”栏的情况下，在综合性地判断请求书的记载以及附于请求书的图片等，能够当然地导出该外观设计专利申请是部分外观设计的外观设计专利申请时，在请求书中增加“部分外观设计”栏的补正不是变更要点。

（2）删除请求书的“部分外观设计”栏的补正。

在综合性地判断申请当初的请求书的记载以及附于请求书的图片等，能够当然地导出该外观设计专利申请是部分外观设计的外观设计专利申请时，或者，即使综合性地判断，但该外观设计专利申请是部分外观设计的外观设计专利申请还是整体外观设计的外观设计专利申请不清楚而无法当然地导出某一方时，删除请求书的“部分外观设计”栏，将该外观设计专利申请作为整体外观设计的外观设计专利申请的补正是变更要点。

即使在申请当初的请求书中有“部分外观设计”栏的情况下，在综合性地判断请求书的记载以及附于请求书的图片等，能够当然地导出该外观设计专利申请是整体外观设计的外观设计专利申请时，删除请求书的“部分外观设计”栏的补正不是变更要点。

（3）关于部分外观设计的外观设计专利申请，补充与确定“期望获得外观设计专利授权的部分”的方法有关的记载的补正。

在申请当初的请求书的“外观设计说明”栏中没有与确定“期望获得外观设计专利授权的部分”的方法有关的记载，并且即使综合性地判断请求书的记载以及附于请求书的图片等，但“期望获得外观设计专利授权的部分”仍不清楚而无法当然地导出具体的外观设计时，在请求书的“外观设计说明”栏中补充与确定“期望获得外观设计专利授权的部分”的方法有关的记载的补正是变更要点。

即使在申请当初的请求书的“外观设计说明”栏中没有与确定“期望获得外观设计专利授权的部分”的方法有关的记载的情况下，综合性地判断请求书的记载以及附于请求书的图片等，使部分外观设计的外观设计专利申请明确且能够当然地导出“期望获得外观设计专利授权的部分”时，在请求书的“外观设计说明”栏中补充与确定“期望获得外观设计专利授权的部分”的方法有关的记载的补正不是变更要点。

（4）关于部分外观设计的外观设计专利申请，删除与确定“期望获得外观设计专利授权的部分”的方法有关的记载的补正。

虽然在申请当初的请求书中无“部分外观设计”栏，但综合性地判断请求书的记载以及附于请求书的图片等能够当然地导出该外观设计专利申请是部分外观设计的外观设计专利申请时，从请求书的“外观设计说明”栏删除与确定“期望获得外观设计专利授权的部分”的方法有关的记载的补正是变更要点。

在申请当初的请求书中无“部分外观设计”栏，但综合性地判断请求书的记载以及附于请求书的图片等能够当然地导出该外观设计专利申请是整体外观设计的外观设计专利申请时，从请求书的“外观设计说明”栏删除与确定“期望获得外观设计专利授权的部分”的方法有关的记载的补正不是变更要点。

71.10.4 对附于请求书的图片等实施的补正的具体处理

（1）使包含物理上分离的两个以上的“期望获得外观设计专利授权的部分”的外观设计专利申请成为一项部分外观设计的补正。

在包含物理上分离的两个以上的“期望获得外观设计专利授权的部分”而对无法作为一项外观设计处理的部分外观设计的外观设计专利申请进行分案时，将分案了的新部分外观设计的外观设计专利申请中的与“期望获得外观设计专利授权的部分”相当的、在附于原来的部分外观设计的外观设计专利申请的请求书的图片等中表示的该“期望获得外观设计专利授权的部分”更正为“其他部分”的补正不是变更要点。

在该情况下，不提分案而将在附于请求书的图片等中表示的一个“期望获得外观设计专利授权的部分”以外的所有“期望获得外观设计专利授权的部分”更正为“其他部分”的补正也不是变更要点。

（2）变更“期望获得外观设计专利授权的部分”的形态等的补正。

超出可根据该外观设计所属领域中的一般常识当然导出的同一范围而变更“期望获得外观设计专利授权的部分”的形态的补正，或者虽然该部分的形态自身未被变更，但超出同一范围而变更“期望获得外观设计专利授权的部分”在该产品整体的形态中的位置、大小、范围的补正是变更要点。

另外，在即使综合性地判断申请当初的请求书的记载以及附于请求书的图片等，“期望获得外观设计专利授权的部分”的形态或者“期望获得外观设计专利授权的部分”在该产品整体的形态中的位置、大小、范围仍不清楚时，使它们变得明确的补正是变更要点。

（3）变更“其他部分”的形态的补正。

通过将“其他部分”的一部分更正为实线而超出可根据该外观设计所属领域中的一般常识当然导出的同一范围来变更“期望获得外观设计专利授权的部分”的形态的补正，或者根据变更“其他部分”的轮廓形状而超出可根据该外观设计所属领域中的一般常识当然导出的同一范围而变更“期望获得外观设计专利授权的部分”在该产品整体的形态中的位置、大小、范围的补正是变更要点。

在综合性地判断申请当初的请求书的记载以及附于请求书的图片等，能够当然地导出该外观设计专利申请是部分外观设计的外观设计专利申请时，将“其他部分”全部更正为实线，关于请求书的记载实施必要的更正而将该部分外观设计的外观设计专利申请变更为整体外观设计的外观设计专利申请的更正是变更要点。

71.11　部分外观设计的外观设计专利申请相关的分案

71.11.1　未针对每项外观设计进行申请的部分外观设计的分案

在一个部分外观设计的外观设计产品中，包含形态或者功能上的一体性不被认定的物理上分离的两个以上的“期望获得外观设计专利授权的部分”的不被认定为针对每项外观设计进行了外观设计专利申请，按照不满足外观设计法第 7 条规定的要件来处理。(参照上述 71.7.1.2“未针对每项外观设计进行申请的例子”)

在该情况下，作为包含两项以上的部分外观设计的外观设计专利申请，认定为基于外观设计法第 10 条之 2 规定的分案，新部分外观设计的外观设计专利申请被视为在原来的部分外观设计的外观设计专利申请时提交的申请。

但是，将新外观设计专利申请作为整体外观设计的外观设计专利申请的情况（将如原来的部分外观设计的外观设计专利申请中的一个“期望获得外观设计专利授权的部分”作为零件的外观设计进行了新外观设计专利申请的情况）下，不被认定为基于外观设计法第 10 条之 2 的规定的合法的分案，新外观设计专利申请被作为在分案时提交的申请来处理。

71.11.2　将针对每项外观设计进行了申请的外观设计专利申请的一部分作为一项或者两项以上的部分外观设计的外观设计专利申请的分案

将被认定为一项外观设计的整体外观设计或者被作为一项外观设计处理的部分外观设计的外观设计专利申请分案为一件或者两件以上的新部分外观设计的外观设计专利申请的情况下，不被认定为基于外观设计法第 10 条之 2 规定的合法的分案，新外观设计专利申请被作为在提分案时提交的申请来处理。

此外，其他判断基准适用关于整体外观设计的判断基准，参照第 9 部分“特殊的外观设计专利申请”第 1 章“外观设计专利申请的分案”。

71.12　从发明专利申请或者实用新型专利申请向部分外观设计的外观设计专利申请的申请变更

在发明专利申请或者实用新型专利申请最初的说明书以及图片中，有基于变更的新外观设计专利申请的部分外观设计可明确地识别的具体记载，申请变更前后的内容被认定为相同的情况下，基于变更的新部分外观设计的外观设计专利申请被视为在原来的发明专利申请或者实用新型专利申请时提交的申请。

此外，其他判断基准适用关于整体外观设计的判断基准，参照第 9 部分“特殊的外观设计专利申请”第 2 章“申请的变更”。

71.13 按照巴黎公约主张优先权等的部分外观设计的外观设计专利申请

向日本提交的外观设计专利申请有关的部分外观设计与其对应的按照巴黎公约主张优先权等的基础的首次申请国的申请有关的部分外观设计相同的情况下，按照巴黎公约主张优先权等的效果被承认。

因此，在以下情况下，按照巴黎公约主张优先权等的效果不被认定。

（1）首次申请国申请是与整体外观设计相关的申请并且向日本提交的外观设计专利申请是与作为该整体外观设计的一部分的部分外观设计相关的申请的情况。

（2）首次申请国申请是与部分外观设计相关的申请，并且作为日本的外观设计专利申请中的部分外观设计“期望获得外观设计专利授权的部分”是附加了在首次申请国申请中没有的内容的申请的情况，或者是不包括首次申请国申请的内容的一部分的申请的情况。

（3）首次申请国申请是与部分外观设计有关的多个申请，并且向日本提交的外观设计专利申请是组合了这些的部分外观设计的外观设计专利申请的情况。

（4）首次申请国申请是与部分外观设计有关的申请，并且向日本提交的外观设计专利申请是将一般用虚线表示的“其他部分”变更为实线的整体外观设计的外观设计专利申请的情况。

此外，其他判断基准适用关于整体外观设计的判断基准，参照第 10 部分“按照巴黎公约主张优先权等的手续”。

第 2 章 成套产品的外观设计

72 相关条文

外观设计法

第二条 在本法律中，“外观设计”是指可通过视觉引起美感的产品（包括产品的一部分。除了第八条以外，以下相同）的形状、图案或色彩或者它们的结合。

（第 2 款至第 4 款略）

第八条 同时被使用的两个以上的产品且构成在经济产业省令中规定的产品（以下称为“成套产品”）的产品有关的外观设计作为成套产品整体有统一性时，能够作为一项外观设计进行申请，获得外观设计专利授权。

72.1 所谓成套产品的外观设计

将满足在请求书的“外观设计产品”栏中记载的产品是在外观设计法第 8 条规定的经济产业省令中规定的产品以及组成产品（注）适合于同时使用这两方要件的产品称为成套产品，在该成套产品的组成产品作为成套产品整体有统一性的情况下，能够作为成套产品的外观设计获得外观设计专利授权。

（注）

组成产品是指如在第 2 部分“外观设计专利授权的要件”第 4 章“与在先申请外观设计的一部分相同或者相似的在后申请外观设计的保护排除”24.1.3.3“成套产品的外观设计的外观设计专利申请的情况”中记载的那样，构成成套产品的产品。

72.1.1 被认定为成套产品的外观设计的要件

为了将外观设计专利申请作为成套产品的外观设计而获得外观设计专利授权，必须满足以下的所有要件。

（1）请求书的“外观设计产品”栏中记载的产品是经济产业省令规定的；（→72.1.1.1）

（2）组成产品适当；（→72.1.1.2）

（3）成套产品整体有统一性。（→72.1.1.3）

72.1.1.1 请求书的“外观设计产品”栏中记载的产品是经济产业省令规定的

在请求书的“外观设计产品”栏中记载的产品是在经济产业省令中规定的产品，即必须是属于在第二附表中登载的成套产品的产品。

请求书的“外观设计产品”栏中记载的产品不是经济产业省令规定的产品的情况下，不被认定为成套产品，根据外观设计法第 8 条的规定通知驳回理由。

72.1.1.2 组成产品适当

组成产品是在成套产品的组成产品表（参照第 13 部分“其他”）中针对每个成套

产品确定的产品。

即成套产品的组成产品除了在成套产品的组成产品表的“备注”栏中记载的情况以外，还包含在“组成产品”栏内作为同时使用的产品并列记载的至少各一样组成产品。

关于包含各组成产品以外的产品，在其添加了的产品是与各组成产品同时使用的产品，并且是对各组成产品附随的范围内的产品的情况下，按照组成产品适当来处理。

此外，关于在“备注”栏中附加了注意书的成套产品，不是该组成产品的全部而关于最低包括两种以上的组成产品组合而成的产品或者由该成套产品中的每个组成产品栏组合而成的产品，也按照组成产品适当来处理。

不被认定为由适当的组成产品构成的情况下，不被认定为成套产品，根据外观设计法第 8 条的规定通知驳回理由。

（1）组成产品适当的例子。

请求书的“外观设计产品”栏中记载了在第二附表中登载的成套产品中的一个，并且属于以下情况的被认定为组成产品适当。

①附于请求书的图片等中记载了至少各一样与成套产品的组成产品表中确定的组成产品（以下称为“确定的组成产品”）的所有产品有关的外观设计。

②附于请求书的图片等中记载了至少各一样与确定的组成产品的所有产品有关的外观设计并且记载了与其以外的其他产品有关的外观设计的情况下，被认定为该添加的产品是与确定的组成产品同时使用的产品，并且是确定的组成产品附随的范围内的产品的例子。

（2）不被认定为组成产品适当的例子。

虽然在请求书的“外观设计产品”栏中记载了在第二附表中登载的成套产品中的一个，但属于以下情况的不被认定为组成产品适当。

①附于请求书的图片等中仅记载了与确定的组成产品以外的其他产品有关的外观设计；

②附于请求书的图片等中未记载至少各一样与确定的组成产品的所有产品有关的外观设计；

③虽然附于请求书的图片等中记载了至少各一样与确定的组成产品的所有产品有关的外观设计，但还记载了与不适合的其他产品相关的外观设计；

④附于请求书的图片等中仅记载了与确定的组成产品有关的一个外观设计的情况，或者仅记载了与不适合的其他产品有关的一个外观设计。

72.1.1.3 成套产品整体有统一性

即使请求书的“外观设计产品”栏中记载的产品是经济产业省令规定的产品，并且被认定为由确定的组成产品构成的成套产品，组成产品的形状、图案或色彩或者它们的结合作为成套产品整体必须有统一性。

这样即使被认定为成套产品但组成产品作为成套产品整体无统一性的情况下，不被认定为成套产品的外观设计，根据外观设计法第 8 条的规定通知驳回理由。

72.1.1.3.1　能认定为成套产品整体有统一性的类型

在组成产品属于以下任意一个的情况下，被认定为成套产品整体有统一性的产品。

（1）通过用相同的造型处理表示组成产品的形状、图案或色彩或者它们的结合而被认定为成套产品整体有统一性的情况；（→72.1.1.3.1.1）

（2）通过将组成产品作为整体表示为一个统一的形状或者图案而被认定为成套产品整体有统一性的情况；（→72.1.1.3.1.2）

（3）通过各组成产品的形状、图案或色彩或者它们的结合提供叙述性等在观念上有关联的印象而被认定为成套产品整体有统一性的情况。（→72.1.1.3.1.3）

72.1.1.3.1.1　通过用相同的造型处理表示组成产品的形状、图案或色彩或者它们的结合而被认定为成套产品整体有统一性的情况的例子

（1）被认定为有形状统一性的情况。

①组成产品整体的形状由一定的秩序、基调构成。

【事例 1】“一组电视接收机组”

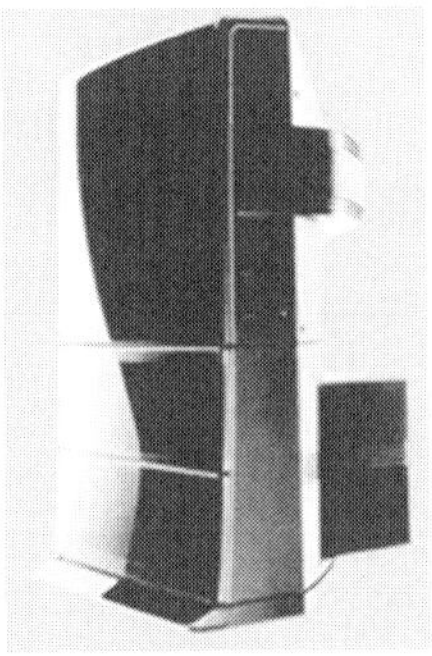

【事例 2】“一组佐料收纳组”

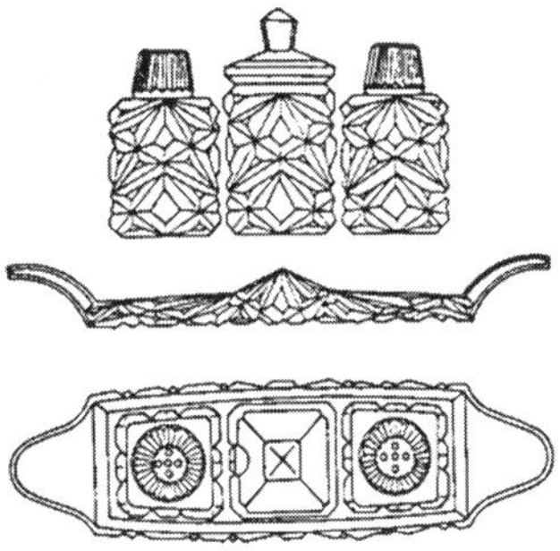

②在各个组成产品中表示具有相同特征的形状。

【事例 1】“一组餐刀、餐叉以及餐勺组”

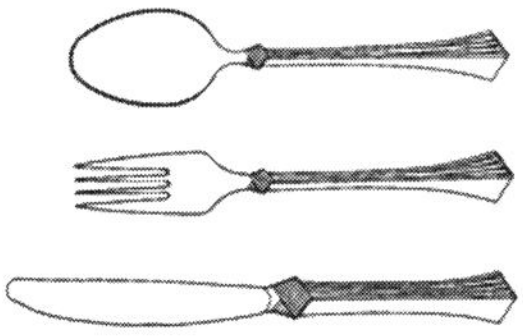

【事例 2】“一组音响设备组”

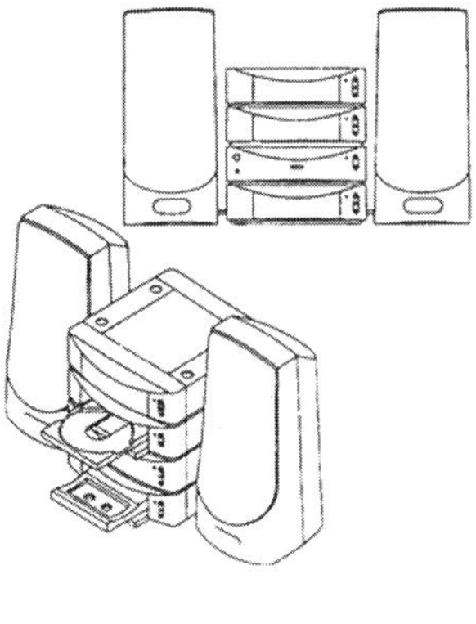

（2）被认定为有图案统一性的情况。

①基于相同主题的图案在各个组成产品中以相同的结构表示。

【事例】“一组收纳架组”

②基于相同的表现样式的图案在各个组成产品中以相同的结构表示。

【事例】“一组咖啡饮具”

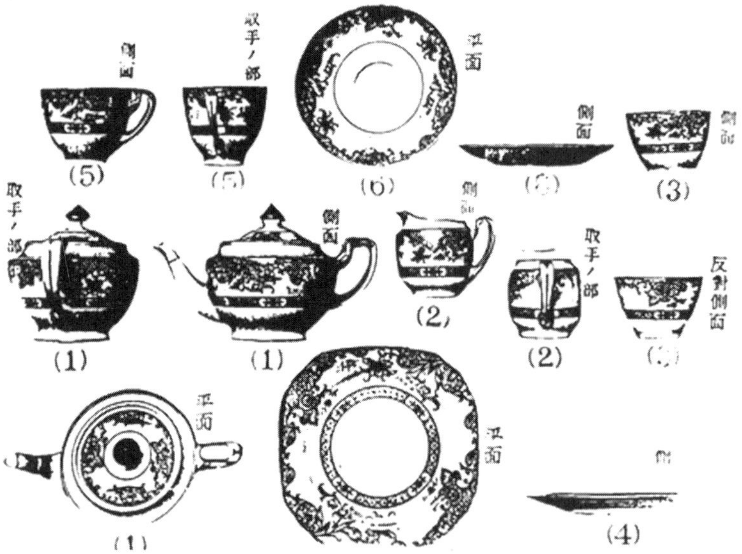

（3）被认定为有色彩统一性的情况。

关于色彩，仅从色彩自身的方面不被认定为实现作为成套产品整体的统一性，但与有统一性的形状、有统一性的图案结合的一定的色彩能够使整体的统一性成立。

72.1.1.3.1.2 通过将组成产品作为整体表示为一个统一的形状或者图案而被认定为成套产品整体有统一性的情况的例子

（1）被认定为有形状统一性的情况。

组成产品集合起来构成一个有统一性的某个形状。

【事例1】“一组椅子组”

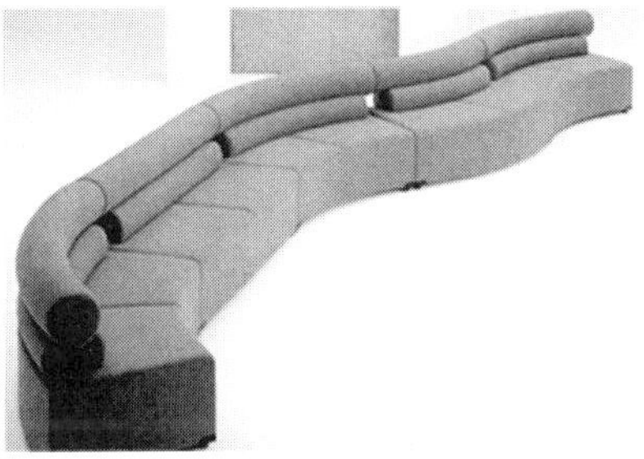

【事例2】“一组桌子组”

（2）被认定为有图案统一性的情况。

在组成产品中表示的图案集合起来而成为一个统一的图案。

【事例1】“一组橱柜组”

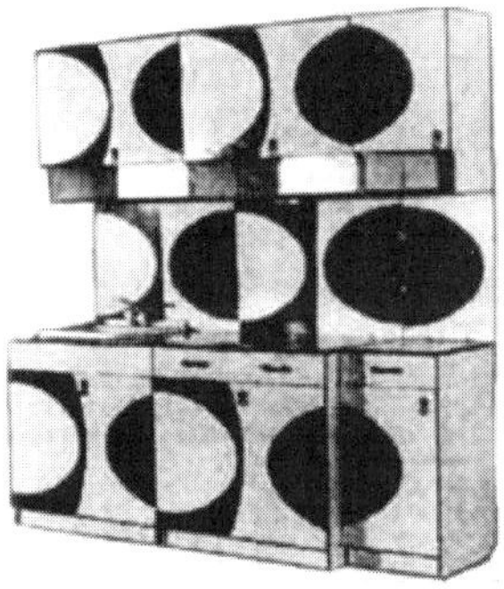

【事例2】“一组佐料收纳组”

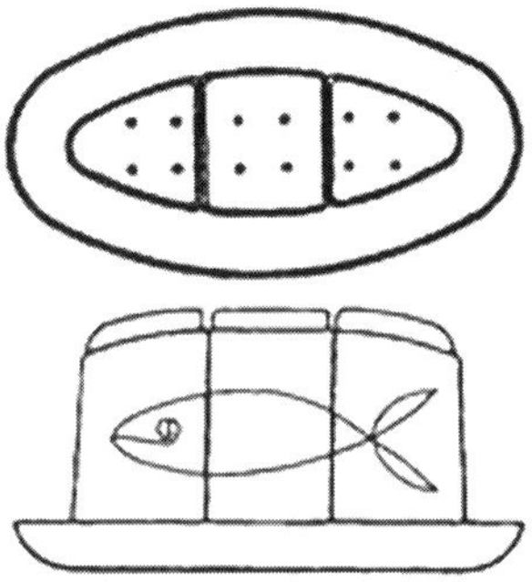

（3）被认定为有色彩统一性的情况。

关于色彩，仅从色彩自身的方面不被认定为实现作为成套产品整体的统一性，但与有统一性的形状、有统一性的图案结合的一定的色彩能够使整体的统一性成立。

72.1.1.3.1.3 通过各组成产品的形状、图案或色彩或者它们的结合来提供叙述性等在观念上有关联的印象而被认定为成套产品整体有统一性的情况的例子

【事例】“一组吸烟工具组”

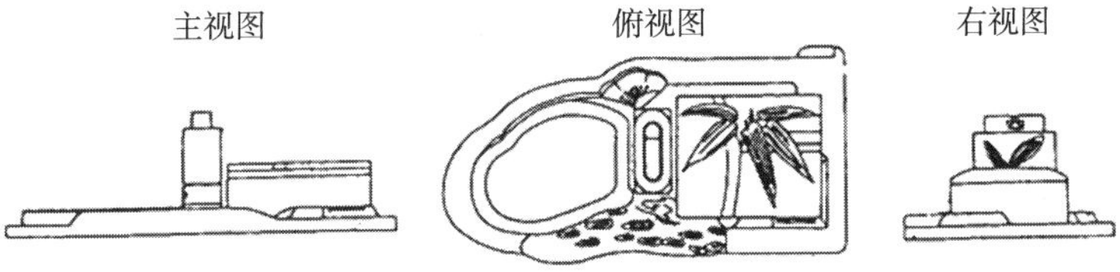

72.1.2 成套产品的外观设计有关的部分外观设计

成套产品的外观设计的保护目的在于作为成套产品整体的有统一性的美感，所以包含评价与产品的一部分有关的设计的部分外观设计的不应作为成套产品的外观设计专利保护。根据这样的宗旨，外观设计法第2条定义了外观设计法第8条规定的产品不包含产品的一部分。

因此，包括部分外观设计的成套产品的外观设计的外观设计专利申请不被认定为成套产品的外观设计，根据外观设计法第8条的规定通知驳回理由。

72.1.3 成套产品的外观设计相关的外观设计专利授权的要件等的判断

关于满足外观设计法第8条规定的要件的成套产品的外观设计的外观设计专利申请，判断作为成套产品整体是否符合外观设计法第3条第1款总括部分（还包含外观设计法第2条）、新颖性（外观设计法第3条第1款）、设计非易性（外观设计法第3条第2款）、与在先申请外观设计的一部分相同或者相似的在后申请外观设计的保护排除（外观设计法第3条之2）、不能获得外观设计专利授权的外观设计（外观设计法第5条）、在先申请（外观设计法第9条）以及关联外观设计（外观设计法第10条）等各规定。

此外，关于上述各条文的规定的适用的判断基准适用整体外观设计的判断基准，参照相应的各条文。

72.1.4 成套产品的外观设计的外观设计专利申请相关的新颖性丧失的例外

关于成套产品的外观设计的外观设计专利申请，也能够获得外观设计法第4条第1款或者第2款规定的适用。

此外，用于适用外观设计法第4条第1款或者第2款规定的要件等其他判断基准适用整体外观设计的判断基准，参照第3部分“新颖性丧失的例外”。

72.1.5 成套产品的外观设计的外观设计专利申请相关的要点变更

72.1.5.1 成套产品的外观设计的外观设计要点

成套产品的外观设计的外观设计要点是指根据该外观设计所属领域中的一般常识从请求书的记载以及附于请求书的图片等可直接导出的具体的成套产品的外观设计的内容。

72.1.5.2 变更要点的补正的类型

请求书的记载或者附于请求书的图片等中实施的补正属于以下任意一个的情况下，是变更申请当初的请求书的记载或者附于请求书的图片等的要点的补正。

此外，其他判断基准适用关于整体外观设计的判断基准，参照第8部分“请求书、图片等的记载的补正”第2章“补正不予受理”。

（1）被认定为超出可根据该外观设计所属领域中的一般常识当然导出的同一范围而变更的情况；

（2）被认定为使申请当初不明确的外观设计的要点成为明确的要点的情况。

72.1.5.3　对请求书的记载实施了补正的具体处理

（1）变更为第二附表中登载的成套产品之一的补正。

在申请当初的请求书的“外观设计产品”栏中未记载在第二附表中登载的成套产品之一，而在附于请求书的图片等中记载了与确定的组成产品的所有产品相关的外观设计时，在请求书的“外观设计产品”栏中变更为第二附表中登载的成套产品之一的补正是变更要点。

但是，申请当初的请求书的“外观设计产品”栏的记载是如“一组（一套）的○○组（部件)”“一组（一套）的○○”“○○组（部件)”等的记载，并且根据外观设计法第8条的规定不能获得外观设计专利授权，但综合性地判断申请当初的请求书的记载以及附于请求书的图片等能够当然地导出在第二附表中登载的成套产品之一时，将“外观设计产品”栏的记载更正为该能够导出的成套产品之一的补正不是变更要点。

（2）变更为第一附表中登载的产品的分类的补正。

请求书的“外观设计产品”栏中记载了在第二附表中登载的成套产品之一，但在附于请求书的图片等中仅记载了与确定的组成产品相关的一项外观设计时，或者仅记载了与不适合的其他产品相关的一项外观设计时，将请求书的“外观设计产品”栏的记载变更为在该一个外观设计产品所属的第一附表下段中登载的产品分类或者基于与其相同程度的分类的产品分类的补正不是变更要点。

72.1.5.4　对附于请求书的图片等实施的补正的具体处理

（1）删除被认定为作为成套产品的组成产品不适当的补正。

在申请当初的请求书的“外观设计产品”栏中记载了在第二附表中登载的成套产品之一，但在附于请求书的图片等中记载了与确定的组成产品的所有产品有关的外观设计和与不适合的其他产品有关的外观设计时，将该外观设计专利申请分案为一件成套产品的外观设计的外观设计专利申请和一件以上的外观设计专利申请时，对原来的外观设计专利申请，从附于请求书的图片等删除与不适合的其他产品有关的外观设计的补正不是变更要点。

（2）补充或者删除被认定为组成产品适当的产品的补正。

补充或者删除被认定为组成产品适当的产品的补正超出即使综合性地判断申请当初的请求书的记载以及附于请求书的图片等也能够当然地导出的同一范围是变更要点。

（3）关于仅由组合状态的图片的外观设计专利申请，补充各组成产品各自的图片的补正。

附于请求书的图片等中补充表示即使综合性地判断申请当初的请求书的记载以及附

于请求书的图片等也无法当然地导出的每个组成产品的形态的图片的补正是变更要点。

综合性地判断申请当初的请求书的记载以及附于请求书的图片等能够当然地导出组成产品的形态时，在附于请求书的图片等中补充表示每个组成产品的形态的图片的补正不是变更要点。

72.1.6 成套产品的外观设计的外观设计专利申请相关的分案

72.1.6.1 被认定为成套产品的外观设计的外观设计专利申请的分案

由多个产品构成的外观设计满足外观设计法第 8 条规定的要件的情况下，该外观设计是作为整体被认定为一项外观设计，所以将每个组成产品作为一件或者两件以上的新外观设计专利申请的情况下，不被认定为基于外观设计法第 10 条之 2 规定的合法分案，新外观设计专利申请被作为在分案时提交的申请来处理。

72.1.6.2 不被认定为成套产品的外观设计的外观设计专利申请的分案

作为成套产品的外观设计的外观设计专利申请进行了申请的外观设计不满足外观设计法第 8 条规定的要件的情况下，该外观设计不是作为整体被认定为一项外观设计，所以认定为基于外观设计法第 10 条之 2 规定的分案，新外观设计专利申请被视为在原来的外观设计专利申请时提交的申请。

此外，其他判断基准适用整体外观设计的判断基准，参照第 9 部分“特殊的外观设计专利申请”第 1 章“外观设计专利申请的分案”。

72.1.7 按照巴黎公约主张优先权等的成套产品的外观设计的外观设计专利申请

关于成套产品的外观设计的外观设计专利申请，仅在首次申请国中将该组成产品与日本的成套产品同样地作为一件申请进行申请的情况下，承认按照巴黎公约主张优先权等的效果。

此外，其他判断基准适用整体外观设计的判断基准，参照第 10 部分“按照巴黎公约主张优先权等的手续”。

第 3 章　关联外观设计

73　相关条文

外观设计法

第十条　外观设计专利申请人关于与自己的外观设计专利申请有关的外观设计或者与从自己的授权外观设计专利中选择了的一项外观设计（以下称为“本外观设计”）相似的外观设计（以下称为“关联外观设计”），仅在该关联外观设计的外观设计专利申请日（对于基于在第十五条中适用的特许法第四十三条第一款或者第四十三条之三第一款或者第二款的规定主张优先权的外观设计专利申请，最初申请或者根据在 1900 年 12 月 14 日在布鲁塞尔、在 1911 年 6 月 2 日在华盛顿、在 1925 年 11 月 6 日在海牙、在 1934 年 6 月 2 日在伦敦、在 1958 年 10 月 31 日在里斯本以及在 1962 年 2 月 14 日在斯德哥尔摩修改了的与工业所有权的保护有关的 1883 年 3 月 20 日的巴黎公约第四条 C（4）的规定视为最初申请的申请或者根据该条 A（2）的规定被认定为最初申请的申请日。以下在该项中相同）是在该本外观设计的外观设计专利申请日以后，并且根据第二十条第三款的规定刊登了该本外观设计的外观设计专利申请的外观设计专利公报（除了根据该条第四款的规定刊登了在该条第三款第四项中登载的项目的情况以外。）的发行日以前的情况下，与第九条第一款或者第二款的规定无关，能够获得外观设计专利授权。

2　关于本外观设计的外观设计专利权设定了独占实施权时，与该本外观设计有关的关联外观设计，与前款的规定无关，不能获得外观设计专利授权。

3　根据第一款的规定仅与获得外观设计专利授权的关联外观设计相似的外观设计，不能获得外观设计专利授权。

4　有与本外观设计有关的两件以上的关联外观设计的外观设计专利申请时，关于这些关联外观设计，不适用第九条第一款或者第二款的规定。

第二十一条　外观设计专利权（除了关联外观设计的外观设计专利权以外）的保护期限从设定的授权之日起二十年后结束。

2　关联外观设计的外观设计专利权的保护期限从该本外观设计的外观设计专利权的设定的授权之日起二十年后结束。

第二十二条　本外观设计及其关联外观设计的外观设计专利权不能分离转移。

2　在本外观设计的外观设计专利权根据第四十四条第四款的规定已消亡时，应被无效的审判决定已确定时，或者已被放弃时，与该本外观设计有关的关联外观设计的外观设计专利权不能分离转移。

第二十七条　外观设计专利权人能够对该外观设计专利权设定独占实施权。但是，仅在关于本外观设计以及所有关联外观设计的外观设计专利权均针对同一人同时设定的情况下，能够设定关于本外观设计或者关联外观设计的外观设计专利权的独占实施权。

2　独占实施权人在设定行为决定的范围内，以生产经营为目的独占享有实施该授权外观设计或者与其相似的外观设计专利的权利。

3　在本外观设计的外观设计专利权根据第四十四条第四款的规定已消亡时，应被无效的审判决定已确定时，或者已被放弃时，仅在所有关联外观设计的外观设计专利权针对同一人同时的情况下，能够设定与该本外观设计有关的关联外观设计的外观设计专利权的独占实施权。

4　特许法第七十七条第三款至第五款（转移等）、第九十七条第二款（放弃）以及第九十八条第一款第二项以及第二款（授权的效果）的规定适用于独占实施权。

73.1　所谓关联外观设计

外观设计法第9条中，出于禁止重复授权原则，规定不应对一项设计认定两个以上的权利，但在设计的开发中有根据一项设计概念设计大量的变形外观设计这样的设计实际状态。

关于这些变形的外观设计，仅在与本外观设计有关的外观设计专利公报（与已请求保密的外观设计有关的除了刊登了请求书的记载以及附于请求书的图片等内容以外的外观设计专利公报）的发行日以前由同一申请人申请了的情况下，可以作为与本外观设计具有同等价值的设计以关联外观设计例外地进行保护，各项外观设计均可进行权利行使。

73.1.1　能够作为关联外观设计申请外观设计专利的外观设计

为使外观设计专利申请有关的外观设计能够根据外观设计法第10条第1款的规定作为关联外观设计获得外观设计专利授权，必须满足以下的所有要件。

（1）由与本外观设计相同的外观设计专利申请人进行的外观设计专利申请的；

（→73.1.1.1）

（2）与本外观设计相似的外观设计有关的外观设计专利申请的；　（→73.1.1.2）

（3）在本外观设计的外观设计专利申请日之后，本外观设计有关的外观设计专利公报（与已请求保密的外观设计有关的除了刊登了请求书的记载以及附于请求书的图片等内容以外的外观设计专利公报）的发行的日以前提交申请的外观设计专利申请的。

（→73.1.1.3）

73.1.1.1　由与本外观设计相同的外观设计专利申请人进行的外观设计专利申请的

外观设计专利申请是对于与本外观设计相似的自己的外观设计可以作为关联外观设计获得外观设计专利授权，所以关联外观设计的外观设计专利申请人必须与本外观设计的外观设计专利申请人相同。此外，虽然审查中的判断是审查决定时，但需要在授权登记时也相同。另外，在关于本外观设计进行外观设计专利权的授权登记的情况下，关联外观设计的外观设计专利申请人必须与本外观设计的外观设计专利权人相同。

73.1.1.2　与本外观设计相似的外观设计有关的外观设计专利申请的

能够作为关联外观设计获得外观设计专利授权的外观设计专利申请必须是与本外观

设计相似的。因此，在该外观设计和本外观设计相同的情况下，不能作为关联外观设计获得外观设计专利授权。

73.1.1.3　在本外观设计的外观设计专利申请日之后，本外观设计有关的外观设计专利公报（与已请求保密的外观设计有关的，除了刊登了请求书的记载以及附于请求书的图片等内容以外的外观设计专利公报）的发行日前提交申请的外观设计专利申请的

在关联外观设计的外观设计专利申请的申请日是在本外观设计的外观设计专利申请的申请日以后，并且与本外观设计有关的外观设计专利公报（与已请求保密的外观设计有关的、除了刊登了请求书的记载以及附于请求书的图片等内容以外的外观设计专利公报※）的发行日以前的情况下，与外观设计法第 9 条第 1 款以及第 2 款的规定无关地针对关联外观设计能够获得外观设计专利授权。在该外观设计专利公报中包含与已请求保密的外观设计有关的外观设计专利公报中的、未刊登请求书的记载以及附于请求书的图片等内容的外观设计专利公报（与保密外观设计有关的第 1 次外观设计专利公报），所以即使本外观设计是已请求保密的外观设计，也与一般的外观设计一样，需要在第 1 次外观设计专利公报的发行日以前申请关联外观设计的外观设计专利申请。

※ 该外观设计专利公报不包含国际外观设计专利申请的情况下的国际公开的国际外观设计专利公报，但需要注意在该国际公开的国际外观设计专利公报中刊登的外观设计属于在外观设计法第 3 条第 1 款第 2 项规定的外观设计（在日本或者外国在公开的出版物中记载的外观设计或者公众可经由电子通信回路利用的外观设计）。

73.1.1.3.1　关于外观设计专利申请的分案、申请的变更以及补正后的外观设计的新申请的外观设计法第 10 条第 1 款规定的判断基准日

关于基于外观设计法第 10 条之 2 第 1 款规定的外观设计专利申请的分案、基于外观设计法第 13 条第 1 款或者第 2 款规定的从发明专利申请或者从实用新型专利申请向外观设计专利申请的变更或者基于外观设计法第 17 条之 3 规定的补正不予受理的决定的补正后的外观设计的新外观设计专利申请，在办理了合法手续的情况下，这些外观设计专利申请被视为在原来的申请时或者在提交手续补正书时提交的申请。

但是，外观设计法第 10 条第 1 款的规定是以外观设计专利的申请日为单位判断的，所以对于关于基于分案的新外观设计专利申请、基于变更的新的外观设计专利申请以及关于有补正不予受理的决定的补正后的外观设计的新外观设计专利申请，在判断是否是被认定为关联外观设计的申请日为本外观设计的申请日以后，并且在与本外观设计有关的外观设计专利公报的发行日以前申请的外观设计专利申请时，将被认定追溯的原来的申请的申请日或者手续补正书的提交日作为判断基准日。

73.1.1.3.2 按照巴黎公约主张优先权等的外观设计专利申请的外观设计法第10条第1款规定的判断基准日

关于按照巴黎公约优先权等的外观设计专利申请，在判断是否被认定为关联外观设计的申请日为本外观设计的申请日以后，并且在与本外观设计相关的外观设计专利公报的发行日以前申请了的外观设计专利申请时，不是向日本申请的申请日而是根据首次申请国的申请日来判断。

因此，关于主张优先权等的期望根据外观设计法第10条第1款的规定获得关联外观设计的外观设计专利授权的申请，在其主张适当时，将首次申请国的申请日作为判断基准日，判断是否是关联外观设计的申请日为本外观设计的申请日以后并且在与本外观设计有关的外观设计专利公报的发行的日以前申请了的外观设计专利申请。

73.1.1.3.3 国际外观设计专利申请的外观设计法第10条第1款规定的判断基准日

关于国际外观设计专利申请，在判断是否是关联外观设计的申请日为本外观设计的申请日以后并且在被认定为在与本外观设计有关的外观设计专利公报的发行的日以前申请了的外观设计专利申请时，将视为根据外观设计法第60条之6第1款规定进行了外观设计专利申请的国际注册日作为判断的基准日（但是，除了合理地按照巴黎公约主张了优先权等的情况以外）。

73.1.2 对本外观设计的外观设计专利权设定了独占实施权的情况下的处理

将设定了独占实施权的外观设计专利权有关的外观设计作为本外观设计的关联外观设计，根据外观设计法第10条第2款的规定，不能获得外观设计专利授权。

根据外观设计法第27条第1款的规定，关于所有外观设计，必须针对同一人同时设定关于本外观设计及其关联外观设计的外观设计专利权的独占实施权。

73.1.3 仅与关联外观设计相似的外观设计的处理

仅与获得外观设计专利授权的自己的关联外观设计相似的外观设计，根据外观设计法第10条第3款的规定，不能获得外观设计专利授权。

仅与关联外观设计相似的外观设计是指与获得外观设计专利授权的自己的关联外观设计相似，而与和该关联外观设计有关的本外观设计不相似的外观设计。

73.1.4 与本外观设计相关的两项以上的关联外观设计彼此相似的情况的处理

由于关联外观设计的外观设计专利权之间与本外观设计一起受到保护期限、转移以及独占实施权的相关设定的限制，其重复部分也受到相关的调整，所以根据外观设计法第10条第4款的规定，与一项本外观设计有关的关联外观设计彼此相似，不适用外观设计法第9条第1款以及第2款的规定。

关于在本外观设计已消亡的情况下存续的关联外观设计之间也进行同样的处理。

在本外观设计由于外观设计专利权的放弃、未缴纳授权费、无效决定的确定而消亡了的情况以及本外观设计的外观设计专利申请日是改正外观设计法等的一部分的法律（2006 年法律第 55 号，以下称为“改正法”）的施行日以前，且根据利用改正法附则第 2 条第 1 款的规定成为基于其例子的基础的改正前的外观设计法（1959 年法律第 125 号，以下称为“旧外观设计法”）第 21 条第 1 款的规定而保护期限结束了的情况下，虽然关联外观设计的外观设计专利权存续，但此时关于存续的相似的关联外观设计之间，考虑到各个外观设计具有同等的设计价值以及权利关系的稳定性的确保而原样地具有以本外观设计为中心设置的限制关系存续，由于关联外观设计彼此相似，不属于外观设计法第 9 条第 1 款以及第 2 款的规定的情况。

〔**过渡办法**〕

改正外观设计法的一部分的法律（2006 年法律第 55 号）

附则

（与外观设计法的改正相伴的过渡办法）

第二条　关于基于第一条规定的改正后的外观设计法（以下称为“新外观设计法”）第二条第二款、第三条之二、第十条、第十四条、第十七条、第二十一条、第四十二条以及第四十八条的规定，适用于该法律施行后的外观设计专利申请。对于该法律施行前的外观设计专利申请，仍然依据从前的例子。

（政策法令的授权）

第十四条　除了在附则第二条至第十一条以及前条中的规定外，还用政令规定该法律的施行所必需的过渡办法。

规定与改正外观设计法等的一部分的法律的施行相伴的过渡办法的政令（2006 年 10 月 27 日政令第 341 号）

（与关联外观设计的外观设计专利权有关的过渡办法）

第一条　在基于改正外观设计法等的一部分的法律（以下称为“改正法”）第一条规定的改正后的外观设计法（1959 年法律第 125 号，以下称为“新外观设计法”）第十条第一款中规定的与关联外观设计有关的本外观设计（是指在该款中规定的本外观设计，以下相同）的外观设计专利申请日是改正法的施行日以前的情况下，关于针对该关联外观设计的外观设计专利权的转移适用外观设计法第二十二条第二款的规定，在该款中“或者已被放弃时”是指“在已被放弃时，或者根据利用改正外观设计法等的一部分的法律（2006 年法律第 55 号）附则第二条第一款的规定成为基于其例子的基础的改正前的第二十一条第一款的规定而保护期限结束时”。

第二条　在新外观设计法第十条第一款中规定的与关联外观设计有关的本外观设计的外观设计专利申请日是改正法的施行日以前的情况下，关于针对关于该关联外观设计的外观设计专利权的独占实施权适用外观设计法第二十七条第三款的规定，在该款中“或者已被放弃时”是指“在已被放弃时，或者根据利用改正外观设计法等的一部分的法律（2006 年法律第 55 号）附则第二条第一款的规定成为基于其例子的基础的改正前的第二十一条第一款的规定而保护期限结束时”。

○将与改正法施行前的外观设计专利申请相关的外观设计作为本外观设计，针对改

正法施行后的关联外观设计的外观设计专利申请的改正法的适用

针对将与改正法施行前的外观设计专利申请相关的外观设计作为本外观设计，在改正法施行后申请的关联外观设计的外观设计专利申请，根据改正法附则第 2 条的规定适用改正法第 10 条第 1 款，能够获得关联外观设计的外观设计专利授权。该情况下的关联外观设计的权利的保护期限根据该法第 21 条第 2 款的规定，是从本外观设计的授权之日起 20 年。但是，该本外观设计的外观设计专利权的保护期限根据旧外观设计法第 21 条第 1 款的规定，是从本外观设计专利的授权之日起 15 年，本外观设计不是以外观设计专利权的放弃、未缴纳登记费、无效决定的确定为理由，而以保护期限的结束为理由消亡。关于该情况，根据决定与改正外观设计法等的一部分的法律的施行相伴的过渡办法的政令第 1 条或者第 2 条的规定，也限制外观设计专利权的转移、独占实施权的设定。

○针对与关于外观设计专利申请的分案、申请的变更以及补正后的外观设计的新申请相关的申请的改正法适用

对于与关于外观设计专利申请的分案、申请的变更以及补正后的外观设计的新申请相关的申请，根据外观设计法第 10 条之 2 第 2 款（包括在该法第 13 条第 5 款中适用的情况）或者该法第 17 条之 3 第 1 款的规定，被认定了追溯的原来的申请的申请日或者手续补正书的提交日是改正法施行后的情况下，适用改正法。

○针对按照巴黎公约主张优先权等的外观设计专利申请的改正法适用

针对按照巴黎公约主张优先权等的外观设计专利申请，根据巴黎公约第 4 条 B 的规定，在向日本申请的申请日是改正法施行后的情况下，适用改正法。

第 4 章 包含图像的外观设计

74 相关条文

外观设计法

第二条 本法律中，“外观设计”是指可通过视觉引起美感的产品（包括产品的一部分。除了第八条以外，以下相同）的形状、图案或色彩或者它们的结合。

2 前款中所规定的产品的部分的形状、图案或色彩或者它们的结合，包括用于产品操作（仅限于为了使该产品能够发挥其功能所进行的操作），并显示在该产品或与其一体使用的产品上的图像。

（第 3 款以及第 4 款略）

外观设计法实施规则

格式第 2［备注］

8 在期望关于产品的一部分获得外观设计专利授权时，在“【外观设计产品】”栏设置“【部分外观设计】”栏。

39 （参照第 1 部分“请求书及图片”第 1 章“外观设计专利申请”11“相关条文”）

40 根据外观设计法第 2 条第 2 款规定在对包含用于产品操作（仅限于为了使该产品能够发挥其功能所进行的操作）的图像的外观设计进行外观设计专利申请时，在“【外观设计产品说明】”栏中记载与该图像相关的该产品的功能以及操作的说明。

格式第 6［备注］

8 （参照第 2 部分“外观设计专利授权的要件”第 1 章“适于工业应用的外观设计”21“相关条文”）

9 （参照第 2 部分“外观设计专利授权的要件”第 1 章“适于工业应用的外观设计”21“相关条文”）

10 （参照第 2 部分“外观设计专利授权的要件”第 1 章“适于工业应用的外观设计”21“相关条文”）

11 在期望关于产品的一部分获得外观设计专利授权的情况下，在 8～10 以及 14 中规定的图像图（是指表示在外观设计法第 2 条第 2 款中规定的与产品作为一体使用的产品中显示的图像图，以下相同）中，在外观设计产品中，用实线描绘期望获得外观设计专利授权的部分，用虚线描绘其他部分等，从而确定期望获得外观设计专利授权的部分，并且，在请求书的“【外观设计说明】”栏中记载确定期望获得外观设计专利授权的部分的方法。

14 （参照第 2 部分“外观设计专利授权的要件”第 1 章“适于工业应用的外观设计”21“相关条文”）

21 在各图的上部中，根据其种类，显示“【主视图】”“【后视图】”“【左视图】”“【右视图】”“【俯视图】”“【仰视图】”“【主视图】”“【后视图】”“【展开图】”

“【○○剖视图】”“【○○剖面图】”“【○○放大图】”“【立体图】”“【表示主视、俯视以及右视的图】”“【图像图】”等。在这些图是参考图的情况下，还要进行示意。在这些情况下，不使多个图的显示相同。

格式第7［备注］

4 其他与格式第6备注2、3、6、8～12、14以及18～23相同。

74.1 构成外观设计的图像

外观设计专利申请的外观设计中包含的图像为了构成作为外观设计法的保护对象的外观设计，必须属于以下的（1）或者（2）中的任意一个。

（1）产品的显示部显示的图像被认为是外观设计法第2条第1款中规定的产品的一部分的形状、图案或色彩或者它们的结合的图像；

（2）包含在外观设计中的图像构成了外观设计法第2条第2款规定的图像。

另外，为了符合上述（1）或者（2）的条件，在产品的显示部中显示的图像需是已在该产品中记录了的图像。

（关于具体的要件，参照74.4.1.1.1“图像构成外观设计的”）

74.1.1 电子计算机的图像

电子计算机原本具有的功能仅为信息处理功能，所以在将外观设计产品作为“电子计算机”的外观设计的情况下，通过任意的软件等显示的图像不属于外观设计法第2条第1款规定的产品的一部分的形状、图案或色彩或者它们的结合，或者外观设计法第2条第2款规定的图像（产品的一部分的形状、图案或色彩或者它们的结合）中的任意一个。

另外，电子计算机通过与软件一体化，可构成具有特定功能的新产品（具有附加功能的电子计算机）。在该情况下，该产品中记录的图像应作为属于外观设计法第2条第1款规定的产品的一部分的形状、图案或色彩或者它们的结合，或者外观设计法第2条第2款规定的图像来处理。

（关于具体的处理，参照74.4.1.1.1.3“电子计算机相关的图像”）

74.2 包含图像的外观设计的外观设计专利申请的请求书及图片

74.2.1 包含图像的外观设计的外观设计专利申请的请求书的记载事项

（1）“部分外观设计”栏（仅部分外观设计的情况）。

根据外观设计法实施规则格式第2备注8的规定，就包含图像的外观设计进行部分外观设计的外观设计专利申请时，为表明该意向，必须在请求书的“部分外观设计”栏中予以记载。但这并不适用于就包含图像的外观设计进行整体外观设计的外观设计专利申请的情形。

（2）“外观设计产品”栏的记载。

对包含图像的外观设计进行外观设计专利申请的情况下，成为其设计基础的产品必须被认为是作为外观设计法的对象的产品。（“○○用图像”“○○用接口”不属于外观设计产品。）

请求书的“外观设计产品”栏中，必须记载根据外观设计法第 7 条的规定在第一附表下栏中揭示的产品分类或者基于与之相同程度的分类的产品分类。

例如，在影像播放器的外观设计的设计中，即使作为期望获得外观设计专利授权的部分的图像是在与该产品同时使用的电视接收机中显示的图像，由于成为权利的客体的外观设计产品是包括该图像的影像播放器，所以必须在请求书的“外观设计产品”栏中记载为“影像播放器”（参照本章 74.7.1.1“不依赖于产品分类的请求书的‘外观设计产品’栏的记载的例子”）。

①具有附加功能的电子计算机的“外观设计产品”栏的记载。

包含具有附加功能的电子计算机的图像的外观设计进行外观设计专利申请时，必须在请求书的“外观设计产品”栏记载“带○○功能的电子计算机”。该情况的“○○功能”是与该图像相关的功能，并且是通过附加于电子计算机而实现的产品功能，成为与经济产业省令规定的产品分类或者与其相同程度的分类表示的产品的功能同等的一个功能。

②具有附加功能的电子计算机在“外观设计产品”栏的记载的恰当举例。

（a）通过附加功能而具有与“导航设备”同等功能的情况下：“带导航功能的电子计算机”。

（b）通过附加功能而具有与“电话”同等功能的情况下：“带通话功能的电子计算机”。

（c）通过附加功能而具有与“数码相机”同等功能的情况下：“带照相机功能的电子计算机”。

（d）通过附加功能而具有与“计步器”同等功能的情况下：“带计步器功能的电子计算机”。

（e）通过附加功能而具有与“多媒体播放器”同等功能的情况下：“带多媒体播放功能的电子计算机”。

（f）通过附加功能而具有与“工作机械用数值控制器”同等功能的情况下：“带工作机械用数值控制功能的电子计算机”。

（g）在同时具有多个与产品分类相同的程度的附加功能（参照上述（a）~（f））的电子计算机中，对用于从这些功能中选择、决定开始执行的功能的菜单图像进行外观设计专利申请的情况下：“带主菜单功能的电子计算机”。

（3）“外观设计说明”栏的记载。

关于变化的图像，在变化的顺序或者变化的形态仅根据图片的记载不明确时，记载关于它们的说明。

将包含图像的外观设计作为部分外观设计进行外观设计专利申请的情况下，根据外观设计法实施规则格式第 6 备注 11 的规定，必须在请求书的“外观设计说明”栏记载确定期望获得外观设计专利授权的部分的方法。

（4）“外观设计产品说明”栏的记载。

①外观设计法实施规则格式第2备注39的规定还适用于包含图像的外观设计的外观设计专利申请。

因此，在包含图像的外观设计的外观设计产品不属于经济产业省令规定的产品分类中的任意一个的情况下，必须在请求书的“外观设计产品说明”栏记载该产品的使用目的、使用状态等能够有助于产品的理解的说明。

②在图像被认为是外观设计法第2条第1款规定的产品的一部分的形状、图案或色彩或者它们的结合的图像的情况下，仅根据图片的记载不明确该图像是为了发挥产品的什么功能而进行的必要显示的图像或者图像的用途、功能不明确时，记载关于它们的说明。

在外观设计法第2条第2款规定的图像的情况下，记载该图像是与为了使该产品能够发挥何种功能而进行的操作相关的图像，并且记载与之相关的说明。（外观设计法实施规则格式第2备注40）

③对外观设计法第2条第2款规定的与该产品一体使用的产品中显示的图像进行外观设计专利申请的情况下，在“外观设计产品说明”栏中，如“图像图中显示的图像是与该产品一体使用的显示设备中显示的图像”那样，记载一体使用的产品是显示设备的意思的说明。[“显示设备”也可以根据外观设计申请，记载更具体的产品名（如电视监视器、数据显示机、投影屏幕等）。]

（5）包含图像的外观设计的外观设计专利申请中的图片等的记载。

①一组图片。

关于包含图像的外观设计的外观设计产品整体的形态，需要一组图片。

另外，图像不被认为是纺织材质那样的平面图，不能以【主视图】以及【后视图】将图像作为一组图片。

②在其他显示设备中显示的图像的图。

对于外观设计法第2条第2款规定的图像，表示与该产品一体使用的显示设备中显示的图像的图记载为【图像图】。

【图像图】的轮廓应为与该产品一体使用的显示设备的显示部的外周缘。另外，能够作为【图像图】表示图像的限于外观设计法第2条第2款规定的图像，并且外观设计产品将图像显示于其他显示设备来进行该产品的操作的图像的情况。

③图的省略。

在属于以下的（i）至（v）中的任意一个的情况下，认可图的省略。

（i）在外观设计法实施规则格式第6备注8中规定的相同或者对称的情况的一方的图的省略。

（ii）根据外观设计法实施规则格式第6备注9的规定认可的图的省略。

（iii）主视图、后视图、左视图以及右视图相同的情况下，后视图、左视图以及右视图的省略。

（iv）期望仅就外观设计法第2条第2款规定的与产品一体使用的产品中显示的图像获得外观设计专利授权的部分外观设计的申请的情况下，表示图像图以外的外观设计产品的一组图片或者一部分的图的省略。

因此，将包含在与外观设计产品一体使用的产品（显示设备）中显示的图像的外观设计作为部分外观设计进行外观设计专利申请的情况下，能够省略关于外观设计产品整体形态的一组图片。即，认可仅基于【图像图】的外观设计专利申请。

（v）期望关于产品的一部分获得外观设计专利授权的情况下，仅表示期望获得外观设计专利授权的部分以外的部分的图中，属于以下 a 至 c 中的任意一个图的省略。

a　主视图或者后视图中的任意一方；

b　俯视图或者仰视图中的任意一方；

c　左视图或者右视图中的任意一方。

④参考图。

仅通过【外观设计产品说明】栏等请求书的记载无法充分地表现外观设计时，附上说明图像中各部件用途以及功能、操作方法的参考图。

另外，关于整体外观设计，参照第 2 部分“外观设计专利授权的要件”第 1 章“适于工业应用的外观设计”21.1.2“外观设计是具体的”；关于部分外观设计，参照第 7 部分“个别的外观设计专利申请”第 1 章“部分外观设计”71.2.2“部分外观设计的外观设计专利申请中的图片等的记载”。

74.3　包含图像的外观设计的外观设计专利申请有关的外观设计的认定

关于以下几点，综合性地判断请求书的记载以及附于请求书的图片等，进行与包含图像的外观设计的外观设计专利申请有关的外观设计的认定。

因此，不属于请求书或者附于请求书的图片等的文件，例如特征说明书、优先权证明文件、获得外观设计法第 4 条第 2 款之规定适用的证书等在与包含图像的外观设计的外观设计专利申请相关的外观设计的认定时，不作为其基础的资料。（关于整体外观设计，参照第 1 部分“请求书及图片”第 2 章“外观设计专利申请有关的外观设计的认定”；关于部分外观设计，参照第 7 部分“个别的外观设计专利申请”第 1 章“部分外观设计”71.3“部分外观设计的外观设计专利申请有关的外观设计的认定”）

（1）外观设计产品。

根据包括该图像的外观设计的外观设计产品的使用目的、使用状态等，认定该外观设计产品所具有的用途以及功能。

（2）“图像”的用途以及功能。

“图像”的用途以及功能根据包括上述认定了的图像的外观设计的外观设计产品所具有的用途以及功能进行认定。

（3）“包含图像的外观设计”的形态。

“包含图像的外观设计”的形态根据一组图片以及剖视图、立体图、图像图等其他必要的图认定。

74.4 包含图像的外观设计专利授权的要件

在包含图像的外观设计进行了外观设计专利申请的情况下，为了获得外观设计专利授权，必须满足以下所有要件。

（1）适于工业应用的外观设计；

（2）具有新颖性；

（3）具有设计非易性；

（4）并非与在先申请外观设计的一部分相同或者相似的在后外观设计申请。

74.4.1 适于工业应用的外观设计

在包含图像的外观设计进行了外观设计专利申请的情况下，为了符合外观设计法第3条第1款总括部分规定的适于工业应用的外观设计，必须满足以下所有要件。

（1）构成外观设计的；

（2）外观设计是具体的；

（3）适于工业应用的。

74.4.1.1 构成外观设计的

关于用于构成外观设计的要件，参照第2部分“外观设计专利授权的要件”第1章“适于工业应用的外观设计”、第7部分“个别的外观设计专利申请”第1章“部分外观设计”。

74.4.1.1.1 图像构成外观设计的

外观设计专利申请的外观设计中包含的图像为了构成外观设计必须属于以下（1）或者（2）中的任意一个。

（1）产品的显示部中显示的图像被认为是外观设计法第2条第1款规定的产品的一部分的形状、图案或色彩或者它们的结合的图像；

（2）外观设计中包含的图像属于外观设计法第2条第2款规定的图像。

74.4.1.1.1.1 产品的显示部中显示的图像被认为是外观设计法第2条第1款规定的产品的一部分的形状、图案或色彩或者它们的结合的图像

在产品的显示部中显示的图像为了被认为是外观设计法第2条第1款规定的产品的一部分的形状、图案或色彩或者它们的结合，必须满足以下所有要件。

（1）包含图像的外观设计的外观设计产品被认为是作为外观设计法的对象的产品（参照第2部分“外观设计专利授权的要件”第1章“适于工业应用的外观设计”21.1.1.1“被认定为产品”）；

（2）产品的显示部中显示的图像是为了发挥该产品的功能而进行必要的显示的图像；

（3）产品的显示部中显示的图像是已在该产品中记录的图像。

74.4.1.1.1.1.1 产品的显示部中显示的图像是为了发挥该产品的功能而进行必要的显示的图像

产品的显示部中显示的图像为了构成外观设计法第 2 条第 1 款规定的外观设计，该图像必须是为了发挥该产品的功能而进行必要的显示的图像。

产品的“功能”是指，从该产品（指基于第一附表的产品分类，或者基于与其相同的程度分类的产品的分类）通常可设想的功能。例如，如果是“座钟”，则显示时刻的功能是产品的“功能”（【事例 1】）。关于产品自身具备多个功能的产品，可以说各个功能是产品的“功能”，如果是例如带秒表功能的“手表本体”，则可以说时刻显示功能、时间测量显示功能是产品的“功能”（【事例 2】）。

此外，在期望获得外观设计专利授权的外观设计的外观设计产品具有通常无法设想的功能的情况下，通过在请求书的“外观设计产品说明”栏的记载中表示出具有什么样的功能，则对于为了实现该功能而进行必要显示的图像，也能够获得保护（【事例 3】）。

关于产品的功能，除了如数字照相机的摄影功能以外，还存在用于在摄影时确认水平状态的水平器显示等与功能密切关联的附带功能，既是为了实现这样的附带功能而进行必要显示的图像，也是为了实现产品的功能而进行必要显示的图像（【事例 4】）。

（注）具有多个功能的产品的处理

关于无法从该产品直接导出该图像是为了发挥产品的哪个功能而需要的图像那样的具有多个功能的产品，需要记载其意思的说明。

【事例 1】【外观设计产品】座钟

【主视图】

【右视图】

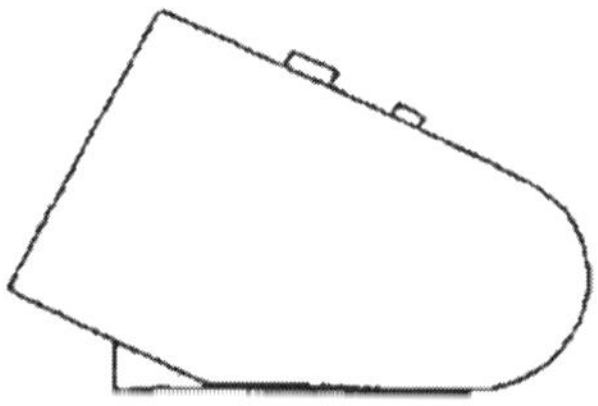

【事例 2】【外观设计产品】手表本体

【主视图】

【事例3】【外观设计产品】手机

【主视图】

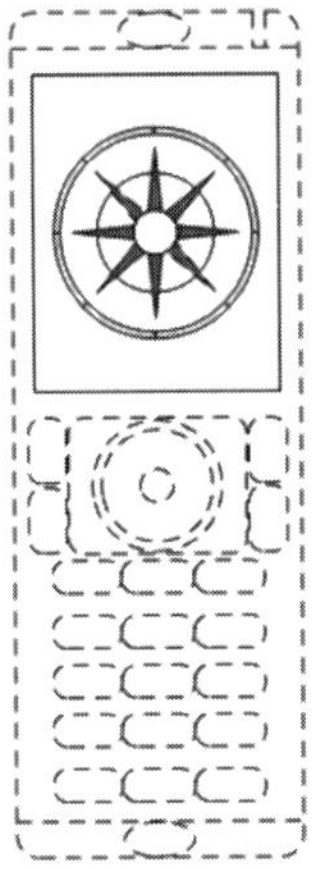

【外观设计产品说明】

本产品是具有方位测量功能的手机。在主视图中的显示部中显示的图形是显示测量出的方位的图形，磁针根据测定出的方位旋转。

【事例4】【外观设计产品】数字照相机

【主视图】

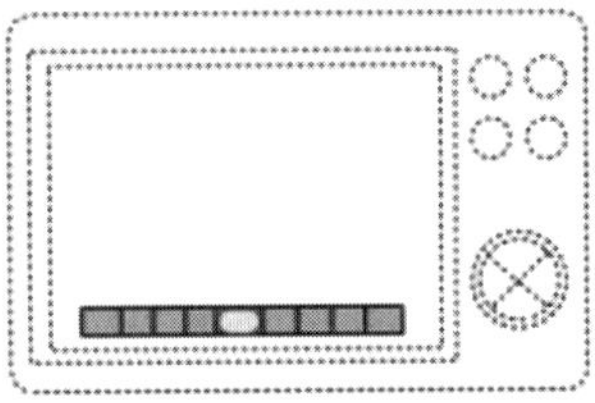

摄影支援信息显示（水平器显示）

【外观设计产品说明】

本产品是具有感知照相机的倾斜的水平器功能的数字照相机。

在主视图中的显示部中显示的图形是用于在摄影时确认水平状态的水平器显示。

74.4.1.1.1.1.2　产品的显示部中显示的图像是在该产品中已记录的图像

外观设计法第2条第1款规定的外观设计是“产品（中略）的形状、图案或色彩或者它们的结合”，所以在产品的显示部中显示的图像需要是在该产品中记录的图像（包括与该产品所具有的功能有关的更新的图像）。因此，电视节目的图像、互联网的图像、基于来自其他产品信号形成的图像等显示了基于来自产品外部的信号形成的图像、显示了在对产品连接或者插入了的记录介质中记录了的图像不被认为是构成外观设计的图像。

74.4.1.1.1.2　外观设计中包含的图像构成外观设计法第2条第2款规定的图像

外观设计中包含的图像为了构成在外观设计法第2条第2款规定的图像，必须满足以下所有要件。

（1）包含图像的外观设计的外观设计产品被认为是外观设计法的对象的产品的（参照第2部分“外观设计专利授权的要件”第1章“适于工业应用的外观设计”21.1.1.1“被认定为产品的”）；

（2）用于使产品能够发挥其功能的操作的图像的；

（3）在该产品或者与其一体使用的产品中显示的图像的；

（4）在该产品中已记录的图像的。

74.4.1.1.1.2.1　用于为了使该产品能够发挥其功能所进行的操作的图像

产品的“功能”是指，由该产品（指基于第一附表的产品分类，或者基于与其相同程度分类的产品分类）通常可设想的功能。例如，如果是“电话”，则经由通信线路与已指定的连接目的地实现声音通话是产品的“功能”。关于具备多个功能的产品，可以说各个功能都是该产品的“功能”，例如，如果是“带照相机的手机”，则通话功能、图像摄影功能、摄影图像显示功能以及通话邮件收发功能等可以说是产品的“功能”。

此外，在期望获得外观设计专利授权的外观设计的外观设计产品具有通常无法设想的功能的情况下，通过在请求书的“外观设计产品说明”栏的记载中指出具有何种功能，用于为了能够发挥该功能所进行的操作的图像，也能够接受保护。

“能够发挥”功能是指，能够使该产品的功能工作的状态（例如，如果是售票机则是能够售票的状态；如果是光盘记录播放机的“影像播放功能”则是能够开始内容的视听的状态；如果是自动取款机的“存款功能”则是能够开始存款的处理的状态等），意味着实际上保护对象不包括该产品依照该功能工作的状态（例如，关于手机，通话中、邮件的发送中；关于磁盘记录器，播放中、录像中的状态等）。

“操作”是指，提供用于使产品成为依照其功能工作的状态的指示。因此，没有任何用于操作的图形，而仅简单地显示该产品的动作状态的图像不被认为是操作图像。[但是，在该图像是进行为了发挥该产品所具有的功能而必要的显示的图像、在该产品中记录了的图像的情况下，能够作为属于外观设计法第 2 条第 1 款的图像而成为保护对象（参照 74.4.1.1.1.1“产品的显示部中显示的图像被认为是外观设计法第 2 条第 1 款规定的产品的一部分的形状、图案或色彩或者它们的结合的图像”）]

此外，关于此处所称的“操作”，只要能够证明关于图像整体认定是用于操作的图像即可，无须对图像中包含的各个操作用图形都进行详细认定。

对于经多个步骤来发挥产品功能的图像来说，其中的每个步骤都被认为使产品能够发挥其功能，所以只要该图像是用于操作的图像，就能够成为保护对象。

另外，在具备多个功能的产品中，即使是用于发挥其中一个功能所进行的操作的图像，如果图像中包含了使该产品能够发挥其他新功能所进行的操作的图形等的情况下，仍被认为是用于为了使该产品能够发挥其功能所进行的操作的图像，能够成为保护对象。

（注）具有多个功能的产品的处理

对于具有无法直接导出该图像是用于使产品能够发挥何种功能的操作的图像那样的多个功能的产品，需要进行该声明的说明记载。

74.4.1.1.1.2.2　在该产品或者与其一体使用的产品中显示的图像

为了被认为是外观设计法第 2 条第 2 款规定的图像，需要是在外观设计专利申请的外观设计产品（该产品）的显示部中显示的图像，或者在与该产品一体使用的产品中显示的图像。

与该产品一体使用的产品中显示的图像是指，根据便于该产品的使用上的观点，并非该产品，在该产品的使用时同时使用的显示设备中显示的图像。

例如，电视监视器中显示的磁盘记录器的操作图像、数据显示机中显示的具有附加功能的电子计算机的操作图像等属于与该产品一体使用的产品中显示的图像。另外，通过互联网计算机在其他电子计算机上使用的图像的情况下，电子计算机是将信息处理作为本来功能的产品，无法说是在显示设备中显示的图像，所以这样的图像不属于与该产品一体使用的产品中显示的图像。

关于与该产品一体使用的产品中显示的图像进行外观设计专利申请的情况下，“外观设计产品说明”栏中，如“在图像图中表示的图像是在与本申请的外观设计产品一体使用的显示设备中显示的图像”那样，记载作为一体使用的产品是显示设备的声明说明。[“显示设备”也可以根据外观设计申请，记载更具体的产品名（如电视监视器、数据显示机、投影屏幕等）]

【事例 1】该产品中显示的图像“手机”

（产品自身所具有的显示部中显示的图像的例子）

※显示部中显示了的图像，是以为了能够发挥通话功能等外观设计产品的功能而进行的操作为前提。

【事例 2】与该产品作为一体使用的产品中显示的图像

外观设计法第 2 条第 2 款规定，为“假设包含在与其一体使用的产品中显示的图像”，用于使该产品能够发挥其功能的状态的操作的图像并且在与该产品一体使用的显示设备中显示的图像成为保护对象。

"磁盘记录器"

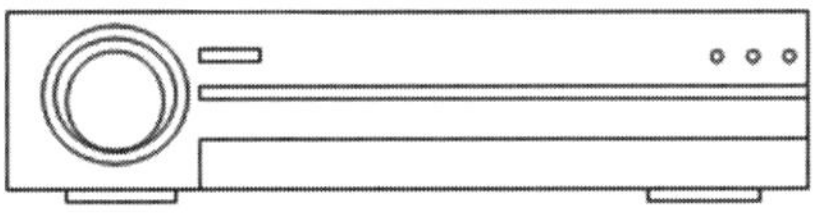

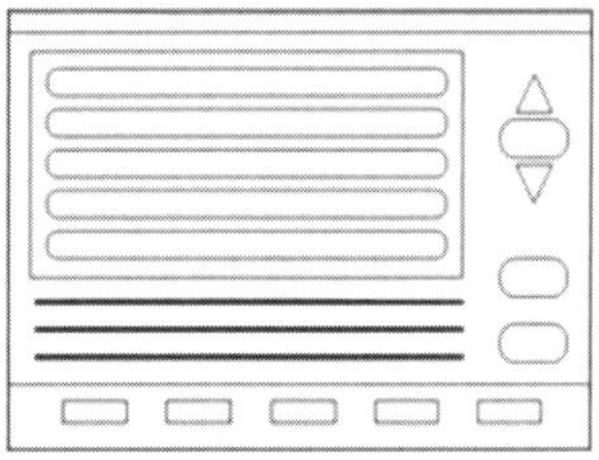

（与该产品一体使用的产品（如电视监视器）中显示的图像的例子）

※前提是图像是用于发挥定时录像等使与外观设计相关的产品能够发挥其功能所进行的操作。

关于部分外观设计，除了上述以外，参照第 7 部分"个别的外观设计专利申请"第 1 章"部分外观设计"的定义。

74.4.1.1.1.2.3　该产品中已记录的图像

外观设计法第 2 条第 1 款规定的外观设计是"产品（中略）的形状、图案或色彩或者它们的结合"，所以在产品的显示部中显示的图像需要是在该产品中记录了的图像（包括与该产品所具有的功能相关的更新的图像）。因此，电视节目的图像、互联网的图像、基于来自其他产品的信号形成的图像等显示了基于来自产品的外部的信号形成的图像、显示了在对产品连接或者插入了的记录介质中记录了的图像不被认为是构成外观设计的图像。

【不被认为是在产品中已记录的图像的事例】

（WEB 站点的图像）

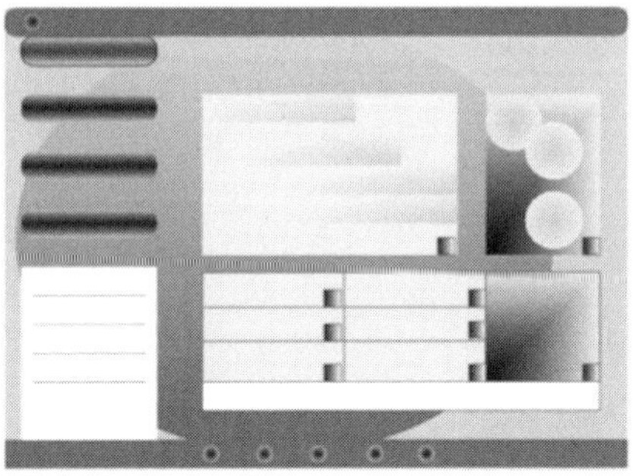

74.4.1.1.1.3　电子计算机相关的图像

74.4.1.1.1.3.1　电子计算机的图像

电子计算机原本具有的功能仅为信息处理功能，所以将外观设计产品作为"电子计算机"的外观设计的情况下，通过任意软件等显示的图像是已经执行了信息处理的图像，并且并非为了发挥产品（电子计算机）的信息处理功能而必要的显示，所以不属于外观设计法第 2 条第 1 款中规定的产品的一部分的形状、图案或色彩或者它们的结合。

另外，由于通过软件显示的图像属于已经发挥产品（电子计算机）的信息处理功能的图像，因此也不属于外观设计法第 2 条第 2 款规定的图像。

但是，关于与电子计算机的信息处理功能有关的 BIOS（用于输入输出的基本系统）的图像、与作为硬件的电子计算机的功能调整相关的图像（如画面一体型的电子计算机中的画面照度调整的图像等），属于外观设计法第 2 条第 1 款规定的产品的一部分的形状、图案或色彩或者它们的结合，或者外观设计法第 2 条第 2 款规定的图像。

74. 4. 1. 1. 1. 3. 2　具有附加功能的电子计算机的图像

虽然电子计算机单体仅具有信息处理功能，但通过与软件一体化能够构成具有具体功能的新产品。通过在该电子计算机中安装软件，将不需要电子计算机通常所具有的硬件以外的硬件便成立的新产品定位成具有附加功能的电子计算机。

关于具有附加功能的电子计算机，是不仅具有信息处理功能还具有附加的具体功能的产品，所以是为发挥该附加功能而显示的必要的图像的情况下，属于外观设计法第 2 条第 1 款中规定的产品的一部分的形状、图案或色彩或者它们的结合。

另外，图像是用于为能够发挥该附加功能而进行的操作的情况下，属于外观设计法第 2 条第 2 款中规定的用于产品操作的图像。

【判断为构成具有附加功能的电子计算机的外观设计的事例 1】

“带计步器功能的电子计算机”

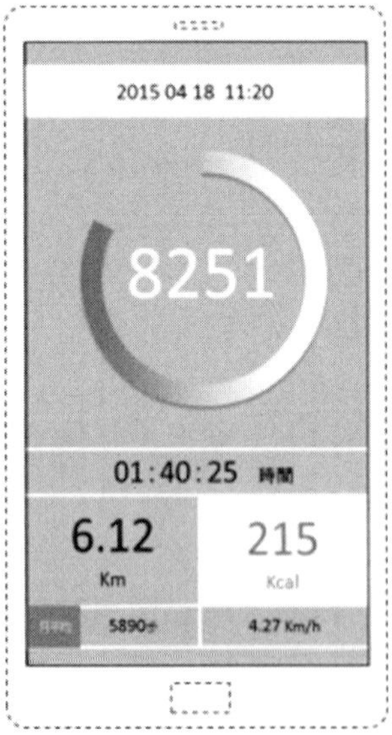

显示步数测量数据的图像

※为了便于说明，请求书的记载事项以及其他图省略。

【判断为构成具有附加功能的电子计算机的外观设计的事例 2】

“带明信片制作功能的电子计算机”

【图像图】

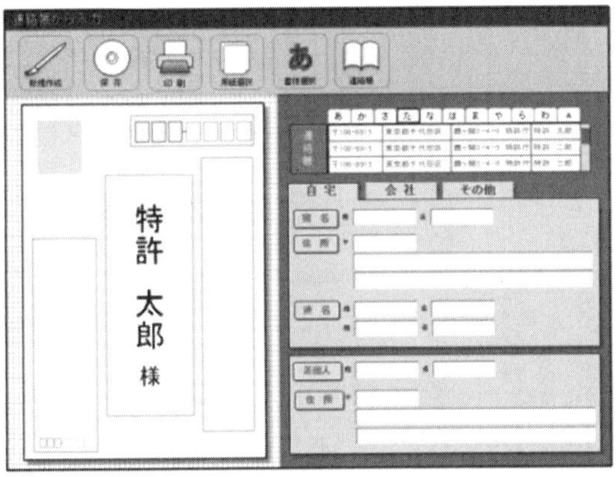

用于从地址簿输入数据，使收件人姓名输入发挥功能的图像

※为便于说明，请求书的记载事项以及其他图省略。

【判断为构成具有附加功能的电子计算机的外观设计的事例 3】

“带机械加工中心控制功能的电子计算机”

【主视图】

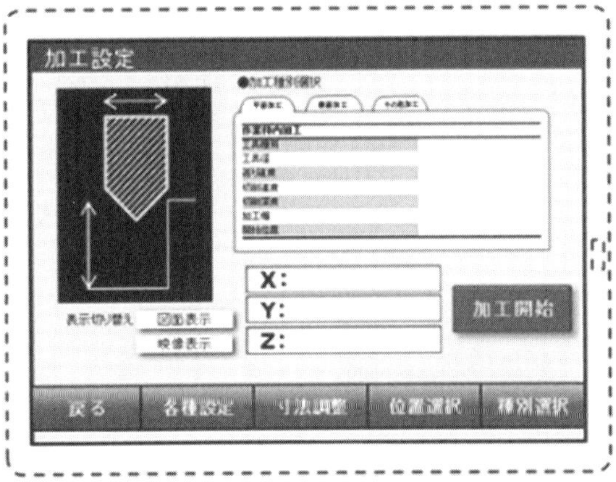

（用于进行切削加工内容的设置的图像）

※为便于说明，请求书的记载事项以及其他图省略。

【判断为不构成具有附加功能的电子计算机的外观设计的事例】

“机械加工中心”是将切削加工作为用途以及功能的产品，并且为了实现该切削加工而将电子计算机以外的硬件作为必需的构成要素的产品，所以在下图所示的外观设计的情况下，不能将外观设计产品作为“带机械加工中心功能的电子计算机”“带机械加工中心控制功能的电子计算机”而获得外观设计专利授权。在这样的外观设计的情况下，外观设计产品为“机械加工中心”。

【主视图】

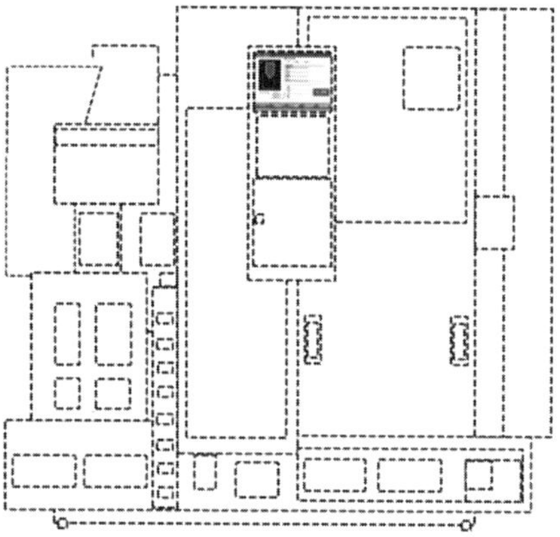

【期望获得外观设计专利授权的部分的部分放大图】

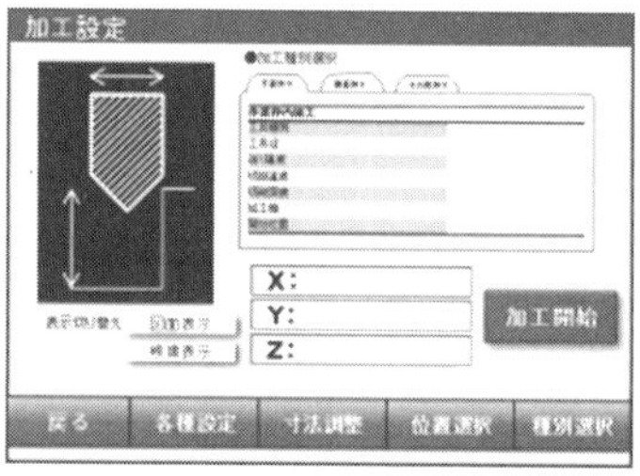

（用于进行切削加工内容的设置的图像）

※为便于说明，请求书的记载事项以及其他图省略。

【外观设计产品】

×“带机械加工中心功能的电子计算机”

×“带机械加工中心控制功能的电子计算机”

○“机械加工中心”

74.4.1.1.2 不属于构成外观设计的图像

以下的图像不属于构成外观设计的图像，无法通过外观设计法第3条第1款总括部分的规定获得外观设计专利授权。

（1）仅以装饰表现为目的的图像。

仅以装饰表现为目的的图像不被认为是为发挥产品的功能而显示的必要的图像，并且，不被认定为用于发挥产品的功能的操作的图像，所以不构成外观设计。

【不被认为是构成外观设计的图像的事例】

用于装饰显示部的背景的图像（所谓壁纸）

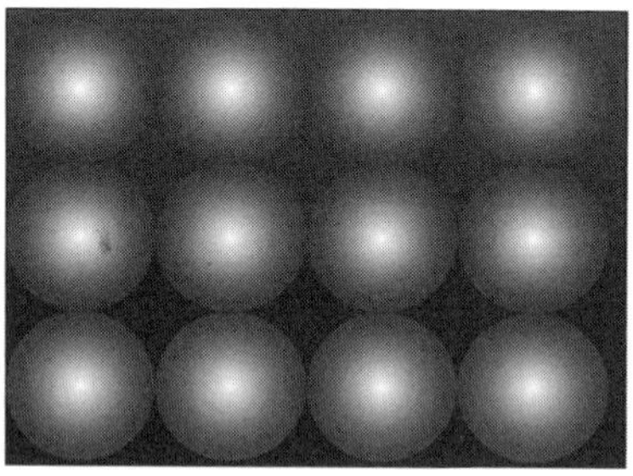

（2）表示电影等（所谓内容）的图像。

电视节目的图像、互联网的图像等基于来自产品的外部信号形成的图像以及显示了在对产品连接或者插入了的记录介质中记录了的图像并非在产品中记录了的图像，所以不被认为是外观设计法第2条第1款规定的产品的一部分的形状、图案或色彩或者它们的结合。另外，也不被认为是外观设计法第2条第2款规定的用于发挥产品的功能的操作中使用的图像。

外观设计包含的图像中，显示了电影的一个场面、游戏的图像等从产品独立出来的内容（或者疑似为内容的图像）的情况下，关于该内容，是从外观设计产品独立出来的例子，所以关于该内容部分作为不构成外观设计的部分处理，关于包含从产品独立出来的内容的外观设计，根据第 3 条第 1 款总括部分通知驳回理由。在该情况下，删除内容，在用于说明的参考图等中示出是内容显示部的补正，不是变更外观设计的要点的补正。

【外观设计包含的图像中显示了内容的例子】

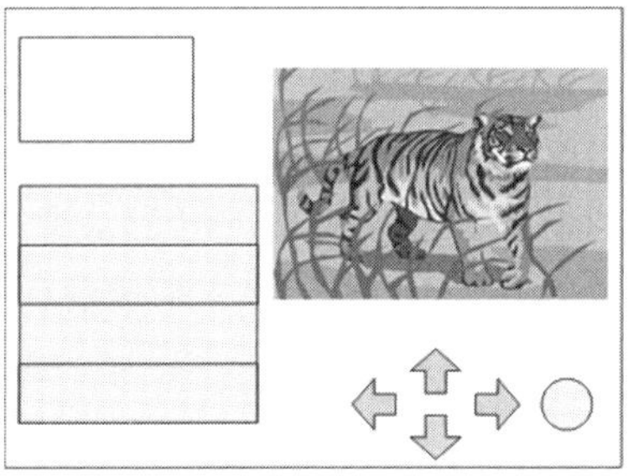

【图像图】

【外观设计产品】动画播放机

【外观设计说明】（省略）图像图表示用于能够发挥在动画播放中按下了本产品的菜单按钮时显示的录像功能的操作图像。能够在右上显示播放中的图像的同时，进行录像的设置。（以下省略）

※其他必要的图等省略。

外观设计包含的图像中，针对显示了从产品独立出来的内容的外观设计申请，审查员通过第 3 条第 1 款总括部分通知驳回理由。

（参考）具有内容显示部的包含图像的外观设计的记载例

【外观设计产品】动画播放机

【外观设计说明】（省略）在参考图像图中用斜线表示的部分表示播放中的动画的显示部。（以下省略）

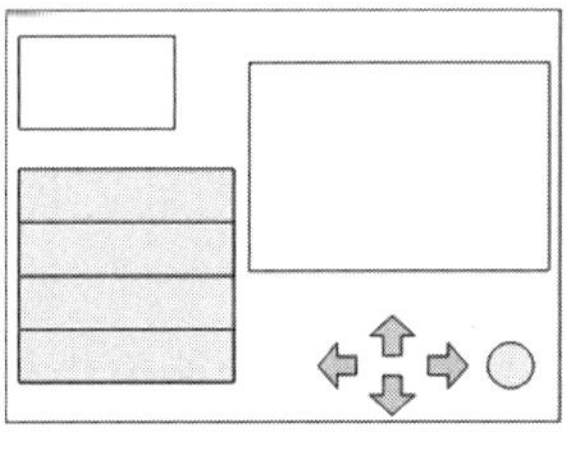

【图像图】

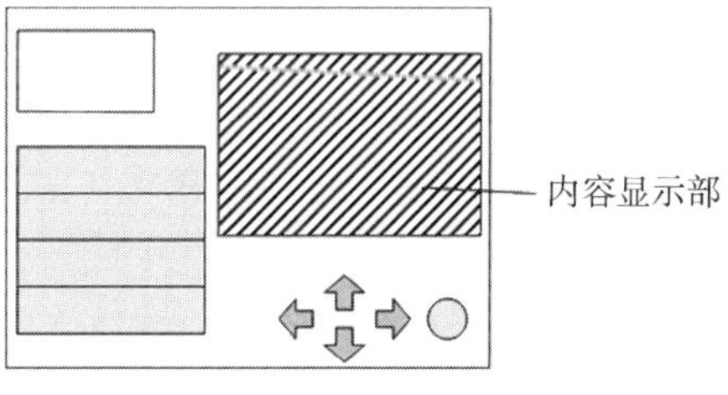

【参考图像图】

※其他必要的图等省略。

（3）在通用的显示器中显示了的图像。

在通用的显示器中，显示了基于来自一体使用的其他产品的信号形成的图像的例子、显示了在与产品连接了的记录介质中记录了的图像的例子等、显示了基于来自产品的外部的信号形成的图像的例子，因为并非在显示器这样的产品中记录了的图像，所以不被认为是外观设计法第 2 条第 1 款规定的产品的一部分的形状、图案或色彩或者它们的结合。

虽然外观设计法第 2 条第 2 款中，规定了“假设包含在与其一体使用的产品中显示的图像”，用于使该产品能够发挥其功能状态的操作的图像且在与该产品一体使用的显示设备中显示的图像成为保护对象，但在该情况下，外观设计产品并非显示器而是该产品。因此，关于在通用显示器的显示部中显示了的操作图像，除了用于能够发挥显示器的功能的操作的图像以外，不被认为是外观设计法第 2 条第 2 款规定的用于使产品能够发挥其功能所进行的操作的图像。

（4）记录介质中已记录的图像。

记录介质不具有显示部，所以在记录介质中记录了的图像不被认为是外观设计法第 2 条第 1 款规定的产品的一部分的形状、图案或色彩或者它们的结合。另外，记录介质这样的产品（如光碟等）虽然能够记录与该产品的图像相关的信息，但记录介质自身不具有操作机构，所以作为记录介质的外观设计产品的图像不被认为是外观设计法第 2 条第 2 款中规定的用于使产品能够发挥其功能所进行的操作的图像。

【不被认为是构成外观设计的图像的事例】

记录介质中已记录的图像

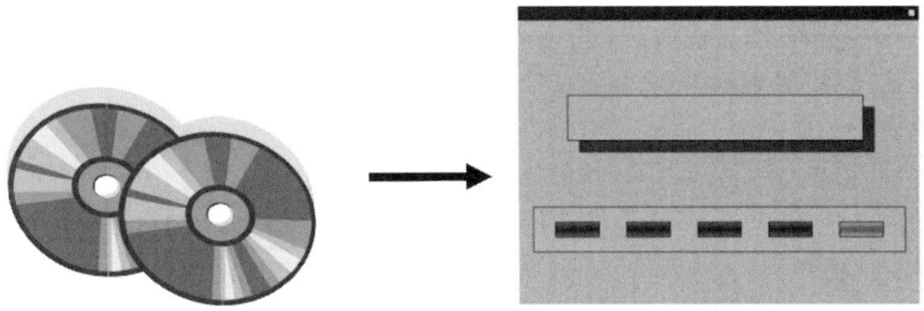

“光碟”　　在光碟中已记录的图像

（5）游戏机中显示的图像。

通过安装与产品独立创作并销售的游戏软件而显示的游戏的图像（还包括在游戏机中预安装的图像）、通过插入记录有游戏的记录介质而显示的游戏的图像都是从产品独立出来的内容，所以不被认为是外观设计法第 2 条第 1 款规定的产品的一部分的形状、图案或色彩或者它们的结合。

但是，电池剩余量显示等是为了发挥不依赖于游戏软件的游戏机本体的功能而进行必要的显示的图像，并且是在产品中已记录的图像，被认为是外观设计法第 2 条第 1 款规定的产品的一部分的形状、图案或色彩或者它们的结合。

另外，游戏的图像是从产品独立出来的内容，所以也不符合外观设计法第 2 条第 2 款规定的图像。

但是，游戏机本体的设置用的图像等被认为是外观设计法第 2 条第 2 款规定的在用于发挥产品的功能的操作中使用的图像。

【不被认为是构成外观设计的图像的事例】

游戏的图像

74.4.1.2　外观设计是具体的

第一，必须基于该外观设计所属领域的一般常识，能根据申请最初的请求书的记载以及附于请求书的图片等直接地推导出外观设计专利申请的方法以及对象是包含图像的外观设计的外观设计专利申请。

第二，为使与包含图像的外观设计的外观设计专利申请有关的外观设计被认定为具体的外观设计，必须基于该外观设计所属领域中的一般常识，能根据申请最初的请求书的记载以及附于请求书的图片等能直接地推导出具体的一项外观设计的内容，即关于以下①至④的具体内容。

①包含图像的外观设计的外观设计产品。

②“图像”的用途以及功能。

③期望作为部分外观设计而获得“图像”的外观设计专利授权的情况下，其位置、大小、范围。

其中，在将包含在与该产品一体使用的产品中显示的“图像”的外观设计作为部分外观设计进行外观设计专利申请的情况下，并且在将图像作为期望获得外观设计专利授权的部分时，不评价期望获得外观设计专利授权的部分相对于该产品作为一体使用的产品的位置、大小、范围。

④“包含图像的外观设计”的形态。

对于请求书的记载或者附于请求书的图片等的记载的正确性，关于整体外观设计，参照第 2 部分“外观设计专利授权的要件”第 1 章“适于工业应用的外观设计”21.1.2“外观设计是具体的”；关于部分外观设计，参照第 7 部分“个别的外观设计专利申请”第 1 章“部分外观设计”71.4.1.2“外观设计是具体的”。

（1）不认可外观设计是具体的情况的例子。

在请求书或者附于请求书的图片等中，具有以下那样的记载缺陷，即使综合性地判断请求书的记载以及附于请求书的图片等，仍无法直接推导出具体的一项外观设计的内容时，属于不认可外观设计是具体的例子。

①外观设计产品或者“图像”的具体的用途以及功能不明确的情况；

②未表示“图像”整体的形态的情况；

③未表示外观设计产品整体的形态的情况；

④包括“图像”的外观设计产品的形态中，未明确地表示必须包括为了识别属于在请求书的“外观设计产品”栏记载了的产品分类的产品所必须包含的最低限度的构成要素的情况（部分外观设计的情况）；

⑤“图像”是在产品的显示部中显示的图像还是在与该产品一体使用的产品的显示部中显示的图像不明确的情况；

⑥在“图像”变化的情况下，变化的顺序、变化的格式不明确的情况。

74.4.1.3 适于工业应用的

包含图像的外观设计的外观设计产品必须是适于工业应用的产品。

74.4.2 新颖性

关于外观设计法第3条第1款各项规定的适用，通过判断包含该图像的外观设计是否属于公知外观设计中的某一件外观设计，或者是否属于与公知外观设计相似的外观设计来进行。

74.4.2.1 外观设计法第3条第1款第1项以及第2项

为了能够判断包含图像的外观设计是否属于公知外观设计，只要在公知外观设计中，原则上按照可对比的程度充分示出包含提出了外观设计专利申请的图像的外观设计的整体形态，就能够作为成为新颖性判断的基础资料。

此外，关于出版物等公知资料中表示的图像，被认为是在电子计算机上安装了的软件的图像的情况下，作为具有附加功能的电子计算机的图像的外观设计处理。

对于其他判断基准，关于整体外观设计，参照第2部分“外观设计专利授权的要件”第2章“新颖性”22.1.1“外观设计法第3条第1款第1项”以及22.1.2“外观设计法第3条第1款第2项”；关于部分外观设计，参照第7部分“个别的外观设计专利申请”第1章“部分外观设计”71.4“部分外观设计相关的外观设计专利授权要件”71.4.2“新颖性”71.4.2.1“外观设计法第3条第1款第1项以及第2项”71.4.2.2“外观设计法第3条第1款第3项”。

74.4.2.2 外观设计法第3条第1款第3项

74.4.2.2.1 公知外观设计和包含图像的外观设计是否相似的判断

在包含图像的外观设计的情况下，在对比的两个外观设计属于以下①至③的全部的情况下两项外观设计相似。

①对比的两项外观设计的外观设计产品相同或者相似；

②对比的两项外观设计的图像的用途和功能相同或者相似；

③对比的两项外观设计的形态相同或者相似。

外观设计由于产品和形态一体不可分，所以关于包含图像的外观设计，也只要外观设计产品和公知外观设计的外观设计产品并未相同或者相似，则不产生外观设计的相似。

再者，图像包含在产品的一部分的形状、图案或色彩或者它们的结合中，为了使包含图像的外观设计相似，对比的两个外观设计的图像的用途以及功能必须相同或者相似。

另外，依照整体外观设计、部分外观设计的审查基准，判断包含图像的外观设计是否相似。

此外，关于由多个图像构成的变化的图像和不伴随变化的图像之间的相似与否的判断以及变化的图像彼此的相似与否的判断，还将变化的图像变化前后的形态包含在内进行综合性的观察。

74. 4. 2. 2. 1. 1　与对比的两项外观设计的外观设计产品相关的是否相似判断

图像是使产品内部电子式具有的功能在视觉上具体化的图像，是用于实现该产品的功能的图像，所以在包含图像的外观设计的情况下，除了外观设计产品的用途以及功能是否相似以外，还对其中内含的该图像的用途以及功能进行是否相似的判断。

一般地，在即使外观设计产品的用途以及功能中存在相异，但该相异不会表现为产品形态上的特征等，在综合性地判断了外观设计产品的用途以及功能的情况下，判断为外观设计产品相似。另外，即使在图像的用途以及功能共通的情况下，在综合性地判断了成为比较的对象的外观设计的外观设计产品的用途以及功能的情况下，除了该图像的用途以及功能以外还有包含明确地不同的使用目的等应考虑的其他用途以及功能的情况下，判断为外观设计产品不相似。

例如，在具有附加功能的电子计算机的外观设计的情况下，在附加功能彼此相似的情况下，外观设计产品相似，并且，在与具有附加功能的电子计算机以外的其他产品对比，其个体也能够实现与该其他产品相似的用途以及功能的情况下，判断为外观设计产品相似。另外，在为了实现与其他产品相同或者相似的用途以及功能，需要电子计算机通常所具有以外的硬件的情况下，判断为两项外观设计的外观设计产品不相似。

【产品相似的例子 1】

公知外观设计

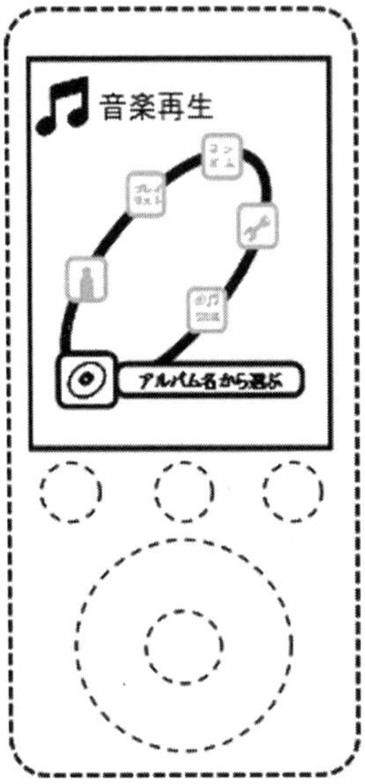

“音乐播放机”
（用于选择选曲方法的图像）

外观设计专利申请

“带音乐播放机功能的电子计算机”
（用于选择选曲方法的图像）

※为便于说明，请求书的记载事项以及其他图省略。

【产品相似的例子 2】

公知外观设计

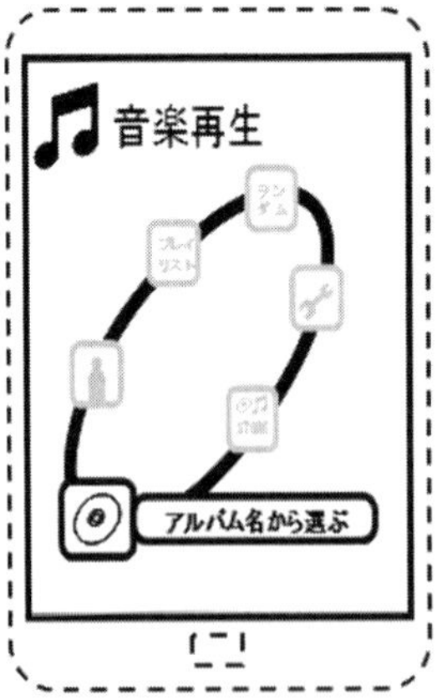

“便携信息终端机”
（该产品具有音乐播放功能、日程管理功能、照相机功能，其中音乐播放功能的用于选择选曲方法的图像）

外观设计专利申请

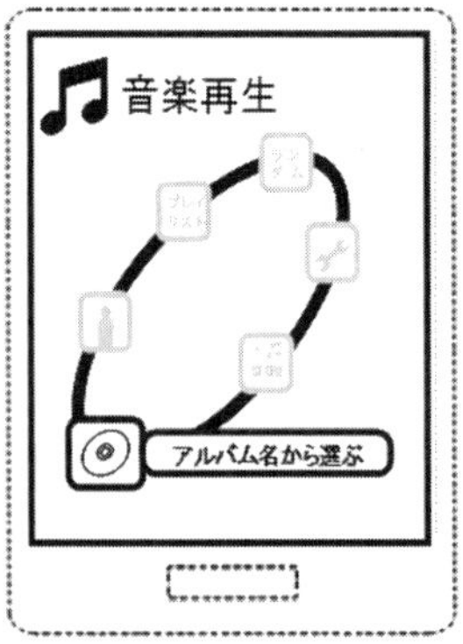

“带音乐播放功能的电子计算机”
（用于选择选曲方法的图像）

※为便于说明，请求书的记载事项以及其他图省略。

【产品相似的例子 3】

公知外观设计

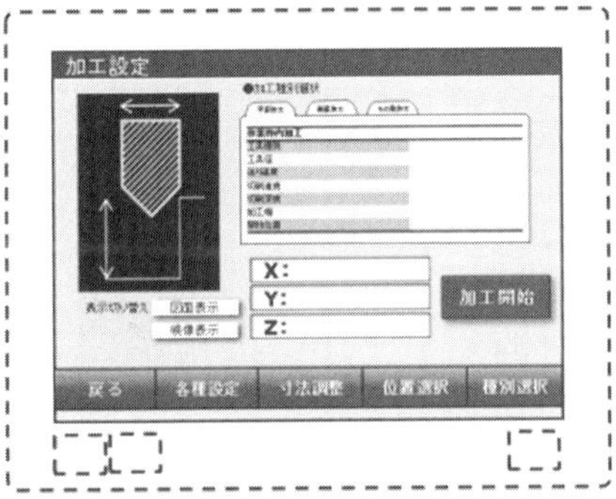

“机械加工中心控制机”
（用于进行切削加工内容的设置的图像）

外观设计专利申请

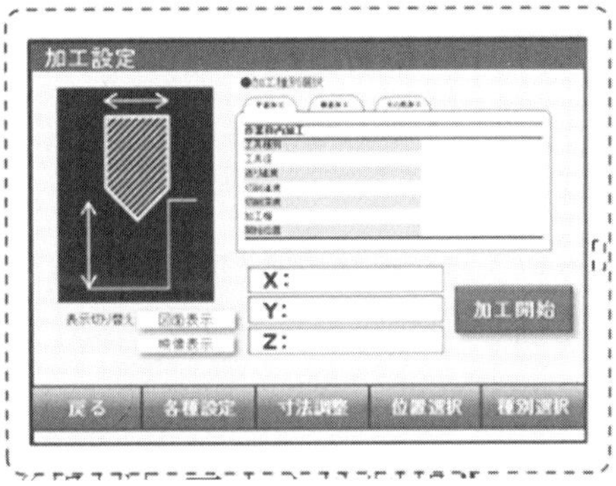

“带机械加工中心控制功能的电子计算机”
（用于进行切削加工内容的设置的图像）

※为便于说明，请求书的记载事项以及其他图省略。

【产品不相似的例子】

公知外观设计

【期望获得外观设计专利授权的部分的部分放大图】

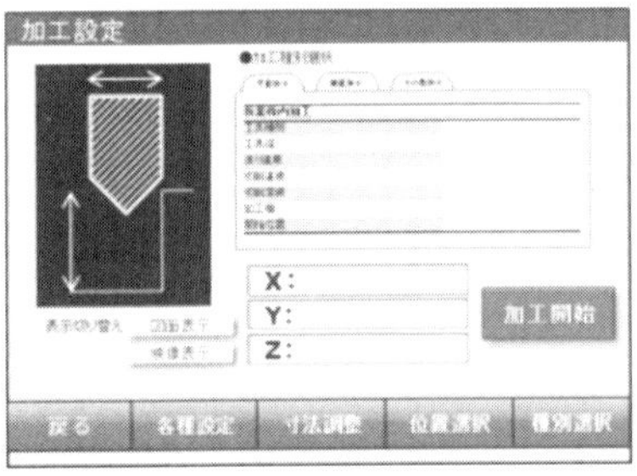

【主视图】

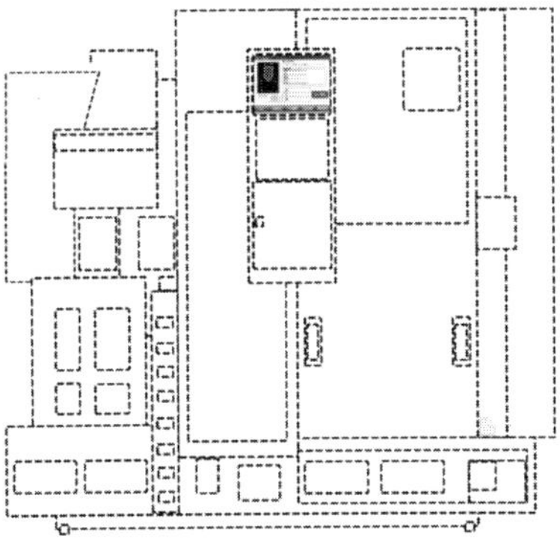

“机械加工中心”
（用于进行切削加工内容的设置的图像）

外观设计专利申请

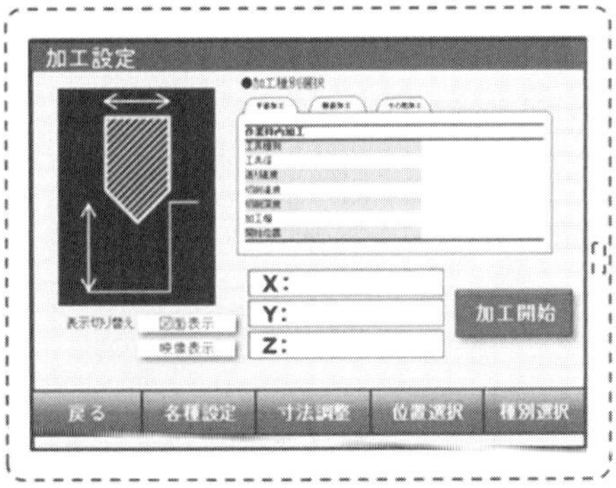

“带机械加工中心控制功能的电子计算机”
（用于进行切削加工内容的设置的图像）

※为便于说明，请求书的记载事项以及其他图省略。

> 即使在对比的两项外观设计的图像的用途以及功能共通的情况下，在具有附加功能的电子计算机（如带机械加工中心控制功能的电子计算机）为了实现与其他产品（如机械加工中心）相同或者相似的用途以及功能，需要电子计算机通常具有以外的硬件（如用于切削加工的机构）的情况下，判断为两项外观设计产品不相似。

※ 此类外观设计专利申请基于设计非易性要件会被驳回。

74.4.2.2.1.2 被认为是相似外观设计的例子

关于下述事例，被认为是外观设计相似。

【事例1】

公知外观设计

【图像图】

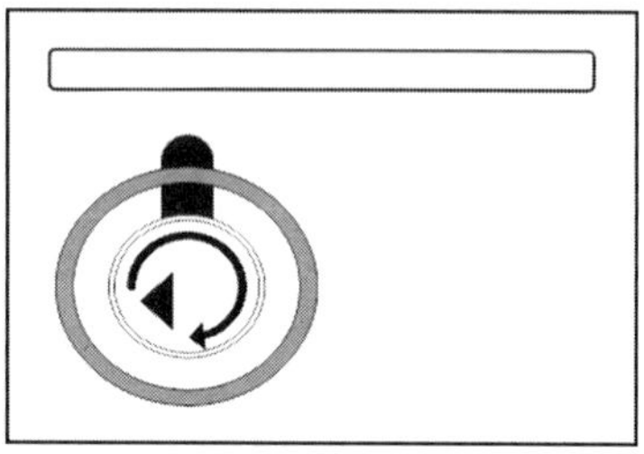

“数字光盘录像机”

（用于能够发挥影像编辑功能的操作的图像）

外观设计专利申请

【图像图】

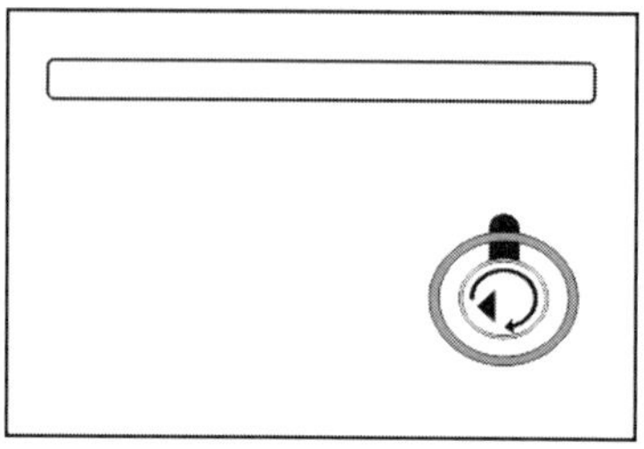

“数字光盘录像机”

（用于能够发挥影像编辑功能的操作的图像）

※为便于说明，请求书的记载事项以及其他图省略。

【事例2】

公知外观设计

【主视图】

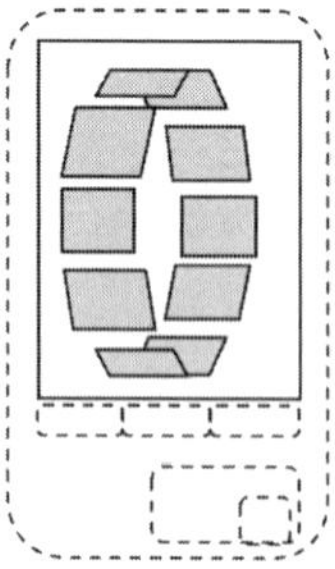

“便携式视频播放器”

（用于选择影像的图像）

外观设计专利申请

【主视图】

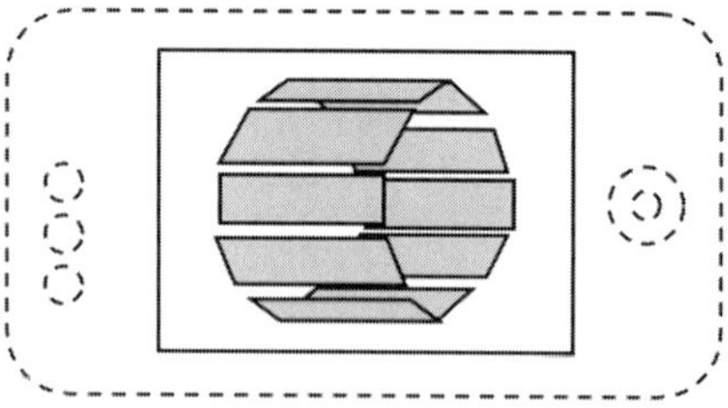

“便携式视频播放器”

（用于选择影像的图像）

※为便于说明，请求书的记载事项以及其他图省略。

【事例 3】

公知外观设计

【主视图】

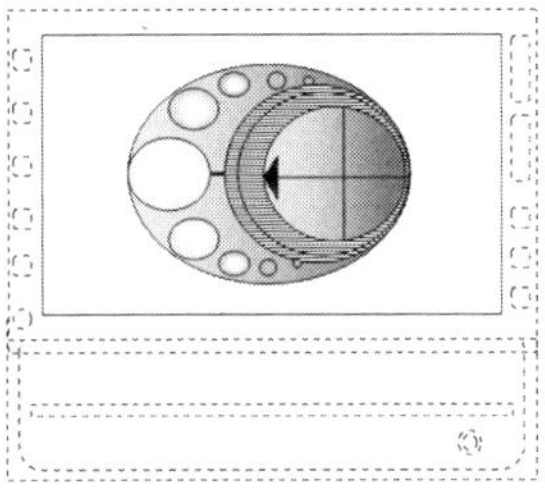

“车载用导航设备”

（在产品自身的显示部中显示的图像）

※在期望获得外观设计专利授权的部分的位置、大小、范围中未认可特别的特征。

外观设计专利申请

【图像图】

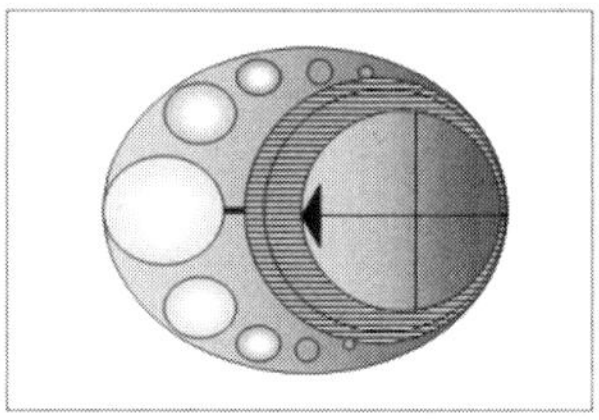

【主视图】

“车载用导航设备”

（在与该产品作为一体使用的产品中显示的图像）

※不进行期望获得外观设计专利授权的部分的位置、大小、范围的评价。

※为便于说明，请求书的记载事项以及其他图省略。

有时在该产品的显示部中显示的图像的外观设计与该产品一体使用的产品中显示的图像有关的外观设计相似。

但是，在即使图像的形态共通但两者期望获得外观设计专利授权的部分相对于整体的位置、范围不同，而认为对是否相似判断造成的影响大的情况下，判断为两者不相似。

【事例 4】

公知外观设计

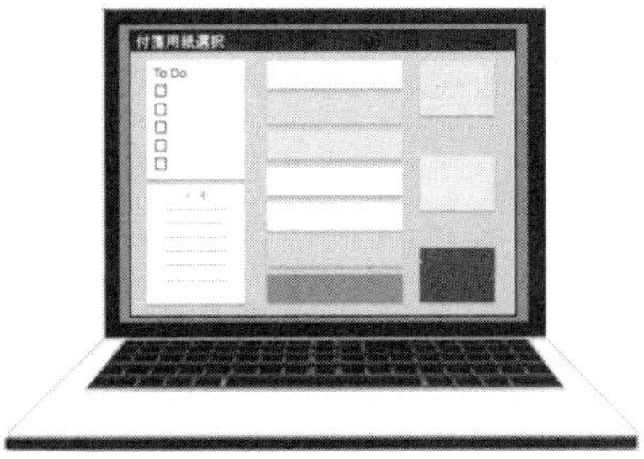

“带便签制作功能的电子计算机”

（用于进行便签用纸的选择的图像）

外观设计专利申请

【图像图】

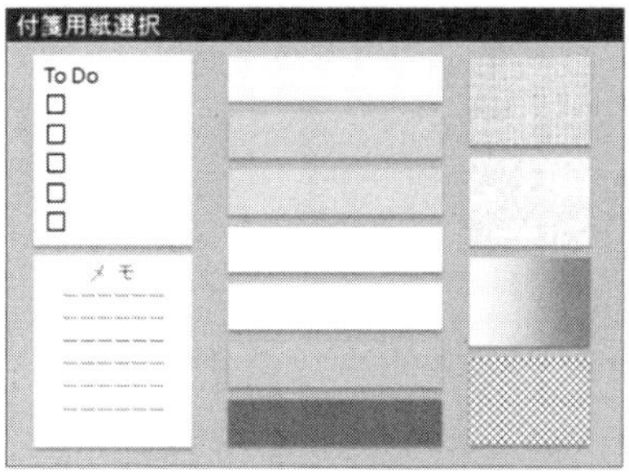

“带便签制作功能的电子计算机”

（用于进行便签用纸的选择的图像）

※为便于说明，请求书的记载事项以及其他图省略。

关于出版物等公知资料中表示的图像，在其被认定为在电子计算机上安装了的软件的图像的情况下，作为具有附加功能的电子计算机的图像的外观设计处理。

【事例 5】

公知外观设计

【图像图】

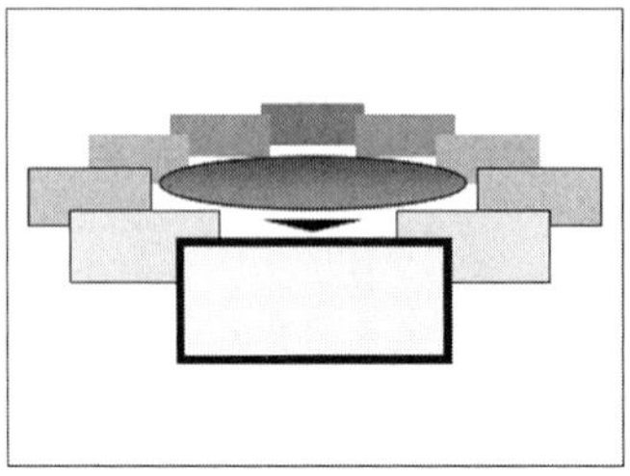

“数字视频光盘录像机”

（用于进行各种设置的选择的图像）

外观设计专利申请

【图像图】

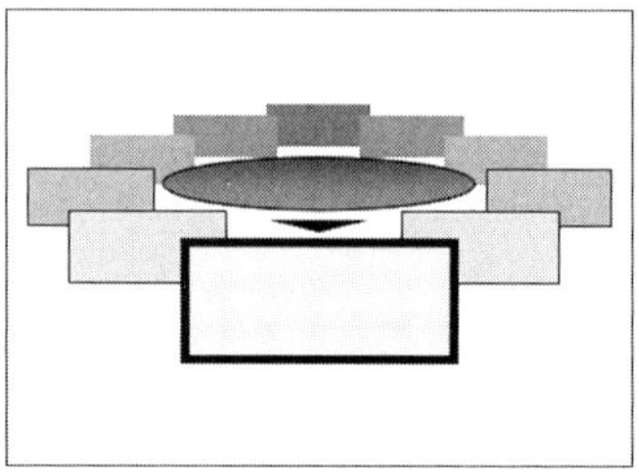

“数字视频光盘录像机”

（用于进行各种设置的选择的图像）

※通过操作而变化的图像

矩形的标题显示部按照顺时针绕中央的椭圆形部的周围旋转变化的图像

※为便于说明，请求书的记载事项以及其他图省略。

【事例 6】

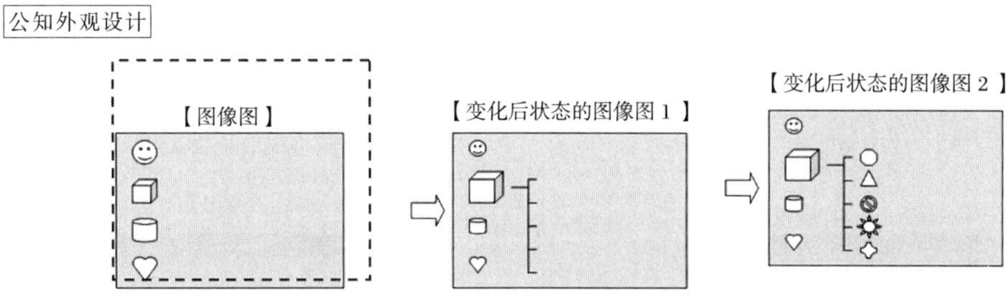

※为便于说明，请求书的记载事项以及其他图省略。

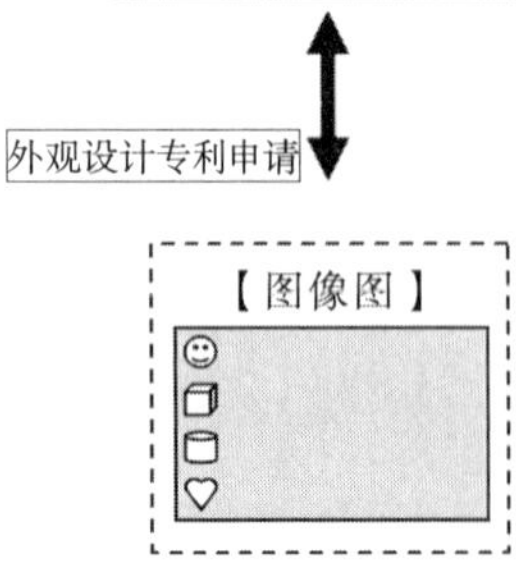

※为便于说明，请求书的记载事项以及其他图省略。

> 在公知外观设计是由多个图像构成的变化的图像的情况下，在与构成公知外观设计的多个图像中的一部分图像之间，进行是否与外观设计相似的判断。

74.4.3　设计非易性

在包含图像的外观设计（通过外观设计法第 2 条第 1 款以及第 2 款认可的所有部分）的构成形态中，作为它们的基础的构成要素、具体形态在本申请申请之前公知或者周知，通过判断这些构成要素是否几乎原样，或者是否为只不过施加了在该领域中常见的改变程度按照在该领域中的常规手法进行简单的组合或者构成要素的全部或一部分的简单替换等，从而判断外观设计法第 3 条第 2 款规定的适用。

此外，关于其他判断基准，在整体外观设计的情况下，参照第 2 部分“外观设计专利授权的要件”第 3 章“设计非易性”；在部分外观设计的情况下，参照第 7 部分“个别的外观设计专利申请”第 1 章“部分外观设计”71.4.3“设计非易性”。

74.4.3.1　关于具有该外观设计所属领域中的一般常识的人

关于包含图像的外观设计，具有该外观设计所属领域中的一般常识的人是指，对除了与在外观设计专利申请时本申请外观设计有关的外观设计产品的制造或者销售行业的外观设计相关的一般常识以外，对关于与不考虑本申请外观设计和外观设计产品的差别的图像相关的外观设计（图像部分的用途及功能，以及其形状、图案或色彩或者它们的结合），也具有一般常识的人。

74.4.3.2　在该领域中常见的改变和常规手法的例子

（1）在包含图像的外观设计的领域中常见的改变的例子。

关于形状、图案或色彩或者它们的结合：

（a）矩形角部的角圆化、模拟了立体的阴影的附加、构成要素之间的间隙的设置、间隙的宽度的变更、下拉化等细致部的造型的变更；

（b）每个分类的单纯彩色、基于要求功能的标准彩色等色彩的单纯叠加；

（c）常见的（a）与（b）变更的简单组合。

（2）在包含图像的外观设计的领域中常规手法的例子。

（a）替换；

（b）拼合；

（c）布局的变更；

（d）组成比例的变更或者连续单元体数量的增减；

（e）超出产品的框架的构成要素的利用、转用；

（f）框架分割形态的变更；

（g）整理过的分类要素的删除；

（h）已有的变化形态的附加；

（i）（a）至（h）的常规手法的简单组合。

74.4.3.3 关于变化的图像

判断表示变化前后的各图像是否为本领域设计人员能够根据在该外观设计专利申请前公知的形状、图案或色彩或者它们的结合容易创作的形态，并且，关于变化的格式判断是否为基于对于本领域设计人员而言常规手法的变化，从而针对变化的图像判断外观设计法第 3 条第 2 款规定的适用。即，在以下的①、②的情况下，外观设计专利申请不被认为是易设计的外观设计，不符合外观设计法第 3 条第 2 款的规定。

①表示变化前后的各图像是本领域设计人员能够根据在该外观设计专利申请前公知的形状、图案或色彩或者它们的结合易设计的图像，但变化的格式并非基于对于本领域设计人员而言常规手法的变化的情况；

②变化的格式是基于对于本领域设计人员而言的常规手法的变化，但表示变化前后的各图像并非本领域设计人员能够根据在该外观设计专利申请前公知的形状、图案或色彩或者它们的结合易设计的图像的情况。

74.4.3.4 关于从本领域设计人员的立场观察的外观设计的构思、独创性等

在对关于外观设计法第 3 条第 2 款规定的适用进行判断时，在认可作为本申请外观设计的视觉上的特征出现的部分，即从基于个人的独创见解的本领域设计人员的立场观察的外观设计的构思、独创性等的情况下，也考虑该点。其中，在进行该判断时，在参考特征说明书、意见陈述书的记载的情况下，仅考虑根据申请当初的请求书以图片的记载推导出的范围的部分。

74.4.3.5　被认为易设计的外观设计的例子

①替换的外观设计。

【事例】

只不过将公知图像的一部分通过其他图像的一部分几乎原样地替换，从而构成了一项图像外观设计。

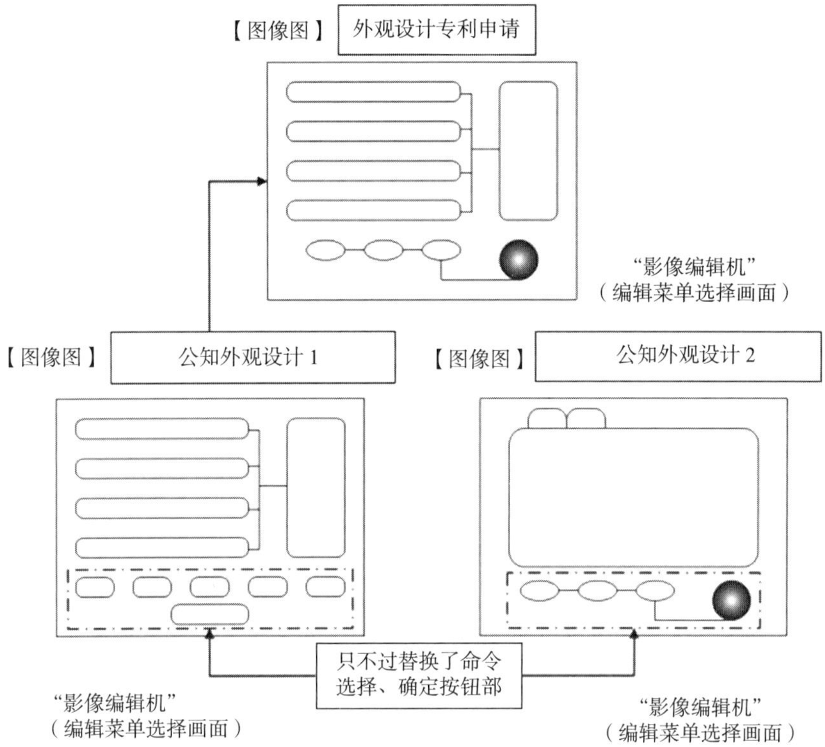

※为便于说明，请求书的记载事项以及其他图省略。

②拼合的外观设计。

【事例】

只不过针对公知图像施加常见的改变并拼合，而构成的一项图像的外观设计。

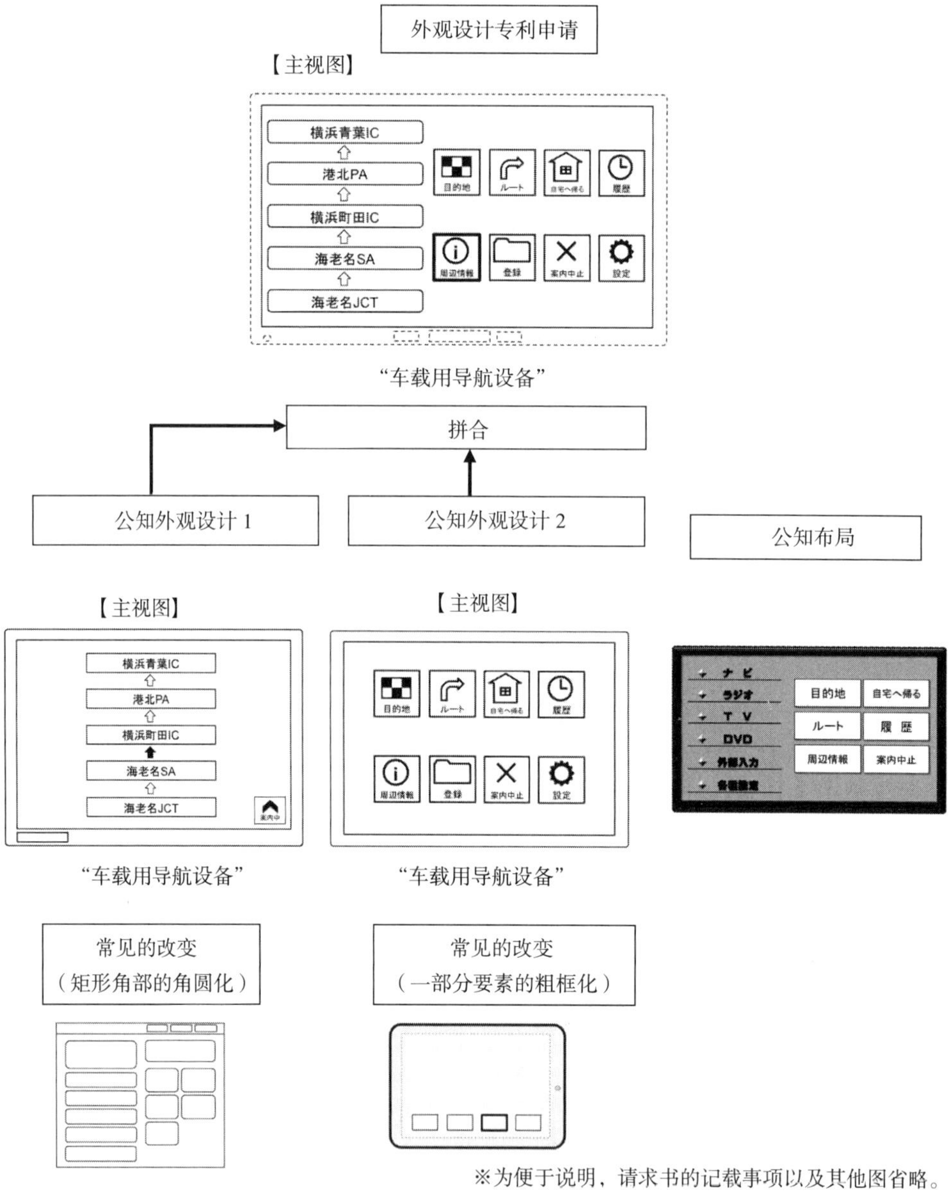

※为便于说明，请求书的记载事项以及其他图省略。

③布局变更的外观设计。

【事例】

只不过针对公知图像的一部分施加常见的改变并变更布局而显示出的外观设计。

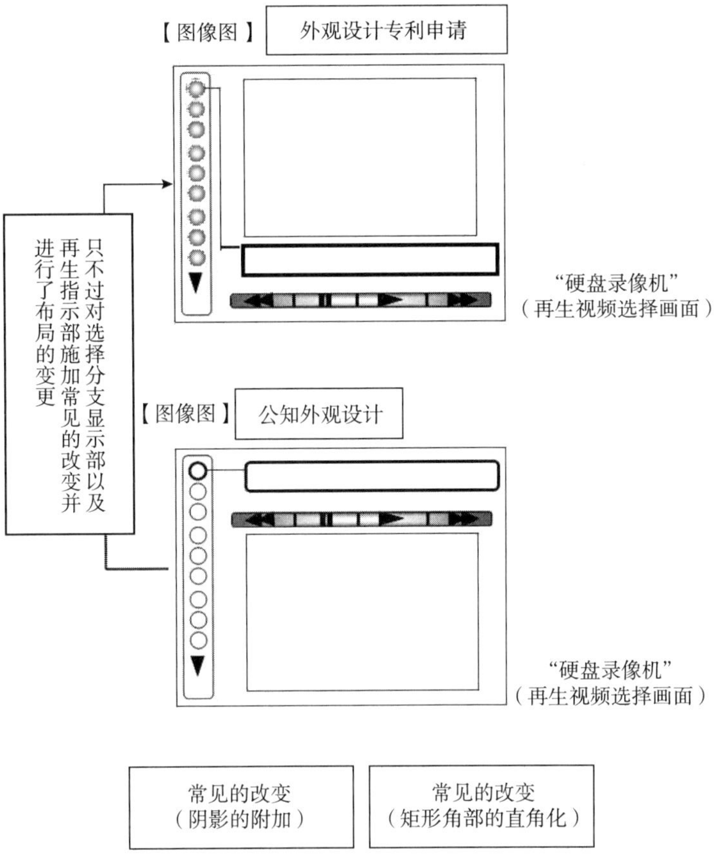

※为便于说明，请求书的记载事项以及其他图省略。

④组成比例的变更或者连续的单元体数量增减的外观设计。

【事例】

只不过对公知图像的反复连续的组成单元体施加常见的改变并使数量增加而表示的外观设计。

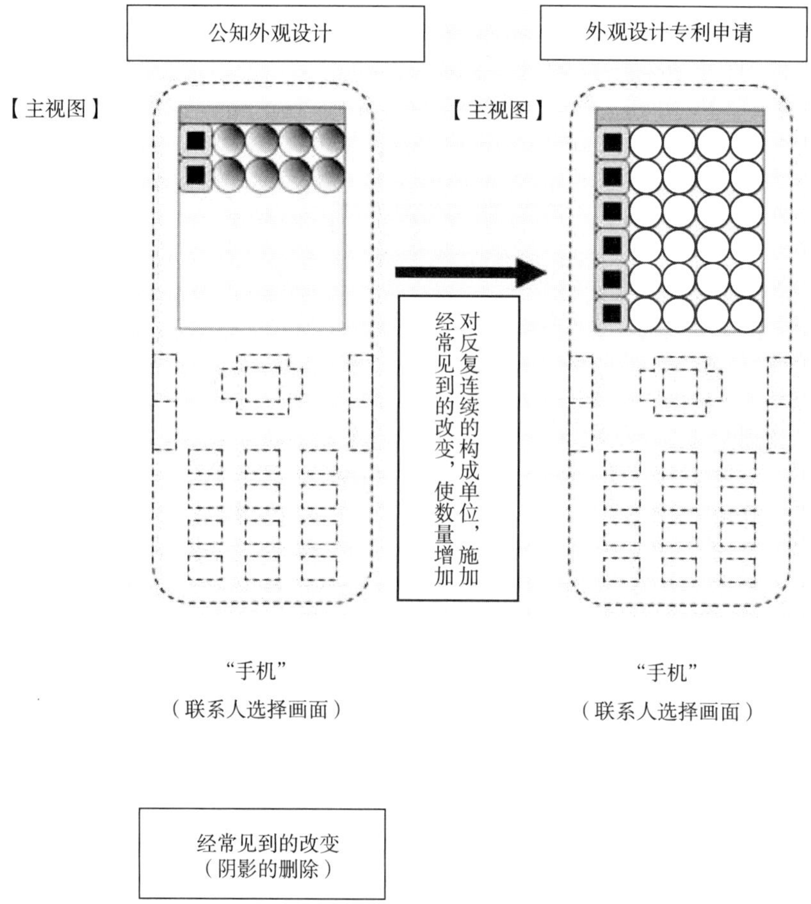

※为便于说明，请求书的记载事项以及其他图省略。

⑤基于超出产品框架的构成要素的利用、转用的外观设计。

【事例 1】

只不过将公知产品的外观几乎原样地表示为图像的外观设计。

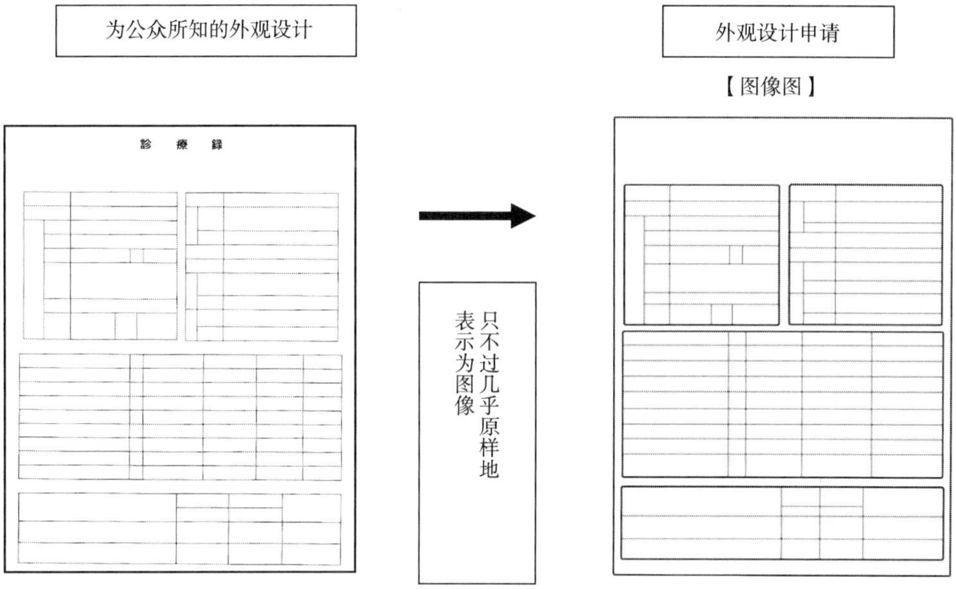

“医疗用病历”　　　　“电子病历操作机”

※为便于说明，请求书的记载事项以及其它图省略。

【事例 2】

只不过针对公知产品的外观施加经常见到的改变而表示为图像的外观设计。

公知外观设计

外观设计专利申请

【图像图】

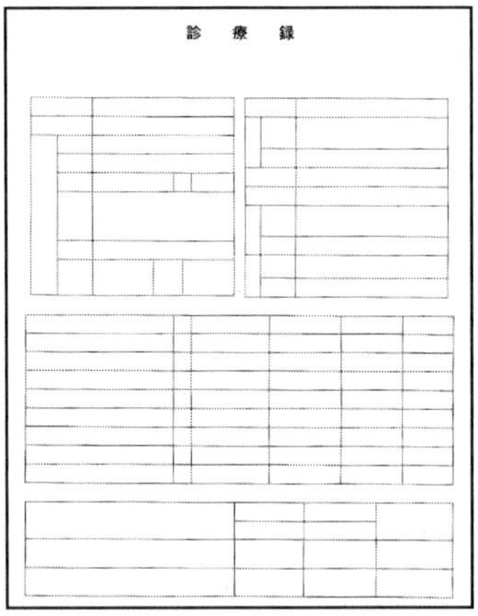

"医疗用病历"

只不过施加常见的改变而表示

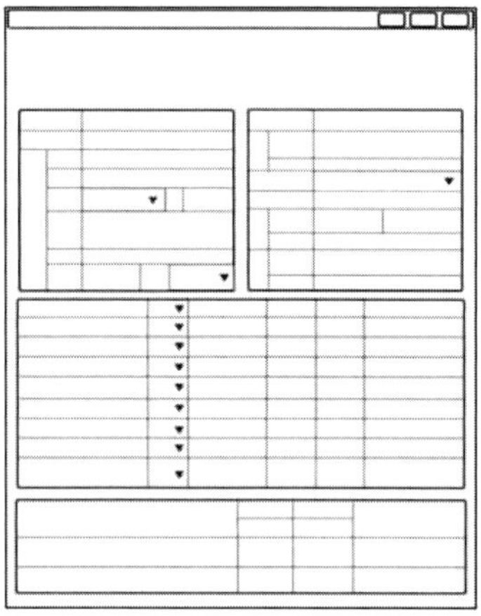

"电子病历操作机"

※为便于说明，请求书的记载事项以及其他图省略

常见的下拉菜单

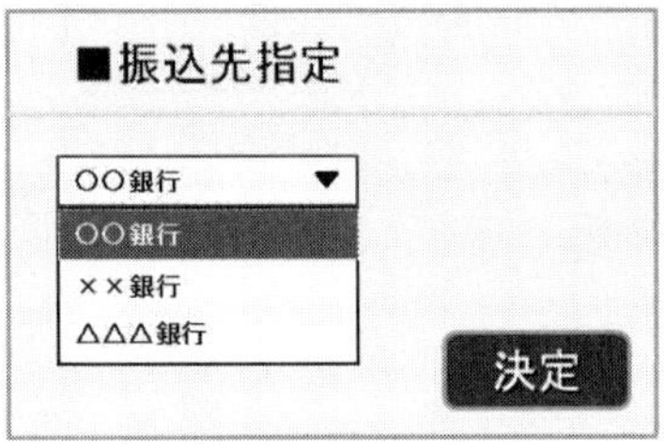

【事例 3】

只不过将公知图像的构成要素（图像的构成零件）几乎原样地通过当然想到的布局表示的外观设计（1）。

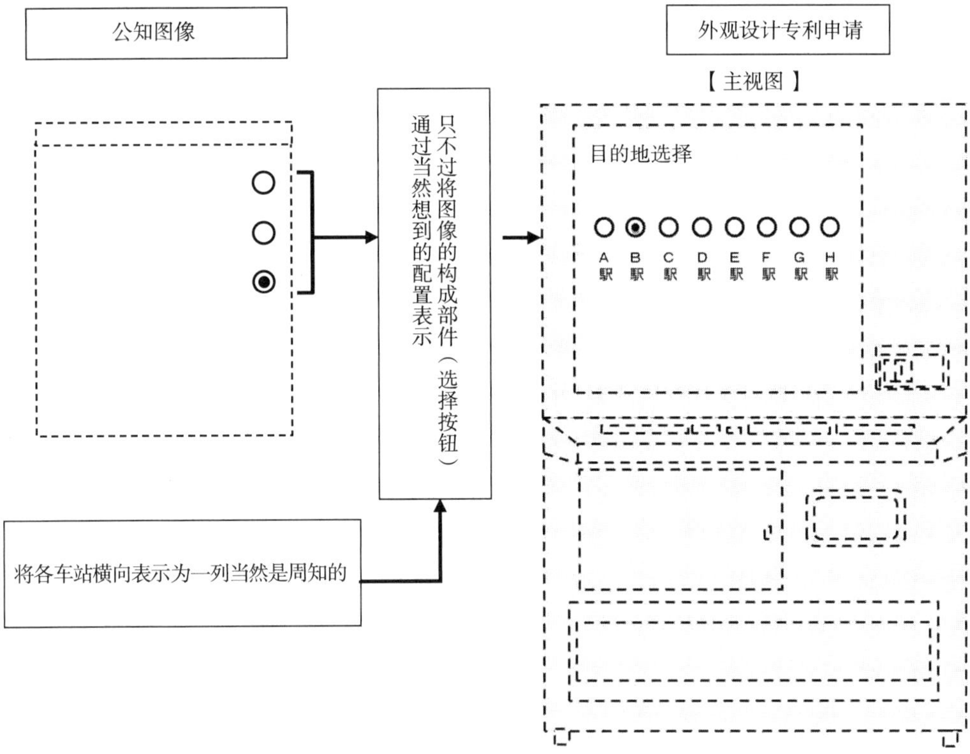

"车票售票机"

※为便于说明，请求书的记载事项以及其他图省略

【参考】图像的构成零件的例子

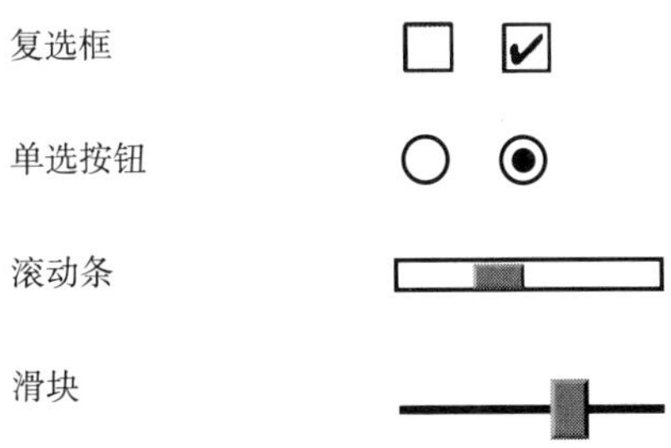

【事例4】

只不过将公知图像的构成要素（图像的构成零件）几乎原样地通过当然想到的布局表示的外观设计（2）。

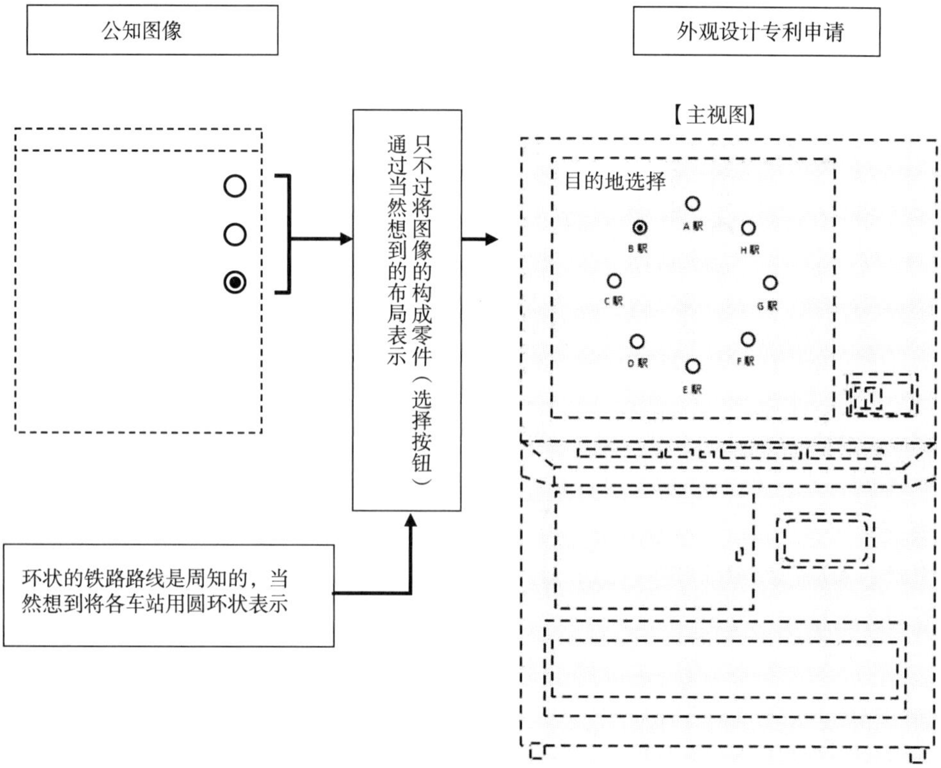

“车票售票机”

※为便于说明，请求书的记载事项以及其他图省略。

【事例 5】

只不过将公知图案几乎原样地表示为图像的外观设计。

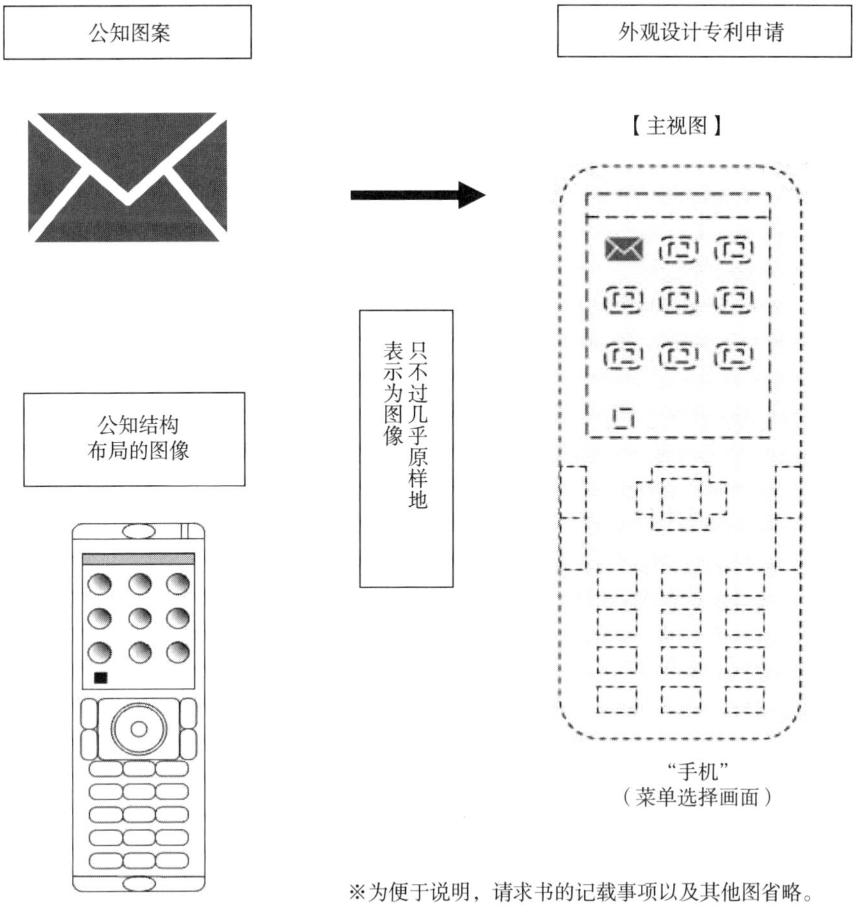

※为便于说明，请求书的记载事项以及其他图省略。

【事例 6】

只不过将公知图像几乎原样地表示为不同的产品的图像的外观设计。

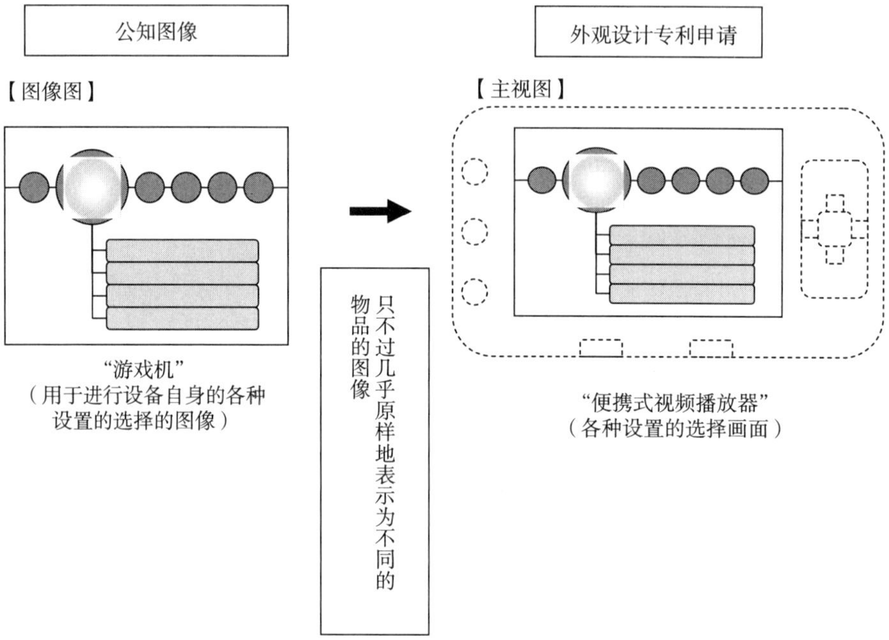

※为便于说明，请求书的记载事项以及其他图省略。

【事例 7】

只不过针对公知图像施加常见的改变而表示为不同的产品的图像的外观设计。

外观设计专利申请

【主视图】

※为便于说明，请求书的记载事项以及其他图省略。

“便携信息终端机”
（电话号码输入用画面）

只不过施加常见的改变而表示

公知外观设计

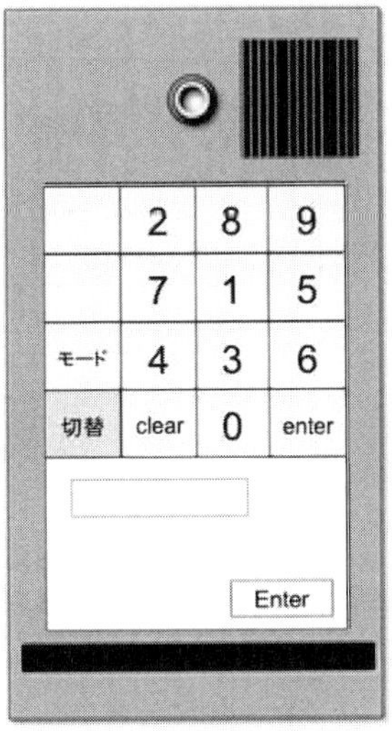

“进退管理机”
（口令输入用画面）

常见的改变
（色彩的单纯附加）

常见的改变
（阴影的附加）
（立体化）

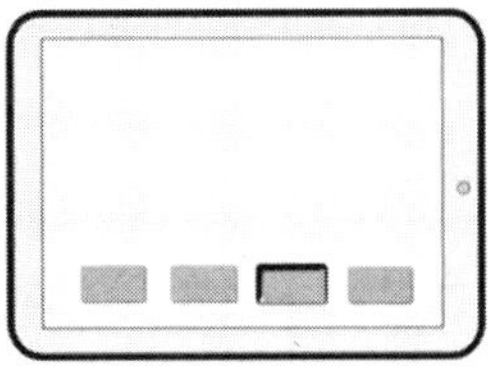

⑥框架分割形态变更的外观设计。

【事例】

只不过针对公知图像几乎原样地根据经常见到的框架分割形态进行布局变更而表示的外观设计。

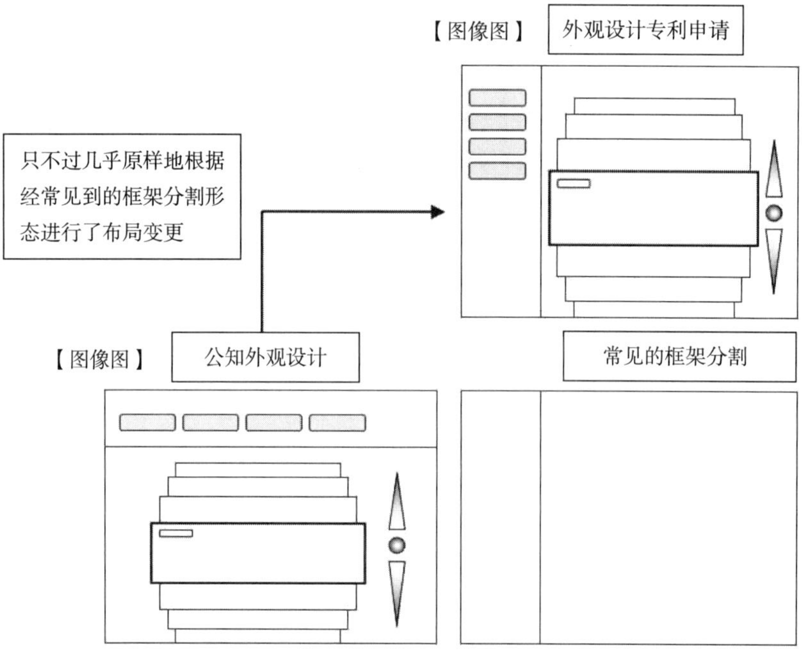

※为便于说明，请求书的记载事项以及其他图省略。

【参考】

常见的框架分割形态的例子

⑦统一局部图像要素删除的外观设计。

【事例】

只不过针对公知图像几乎原样地删除统一的一部分局部图像要素而表示的外观设计。

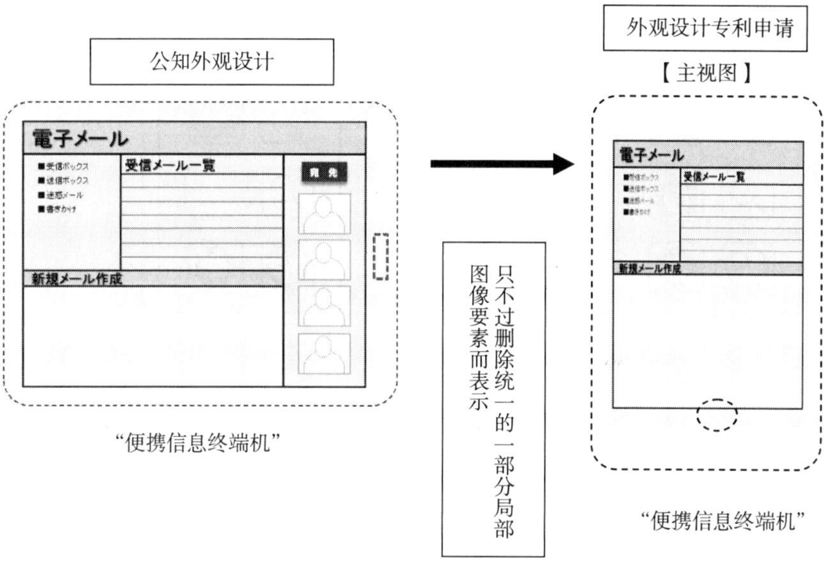

※为便于说明，请求书的记载事项以及其他图省略。

⑧附加已有变化方式的外观设计。

【事例 1】

只不过是对公知图像几乎原样地施加已有的变化方式而示出的外观设计。

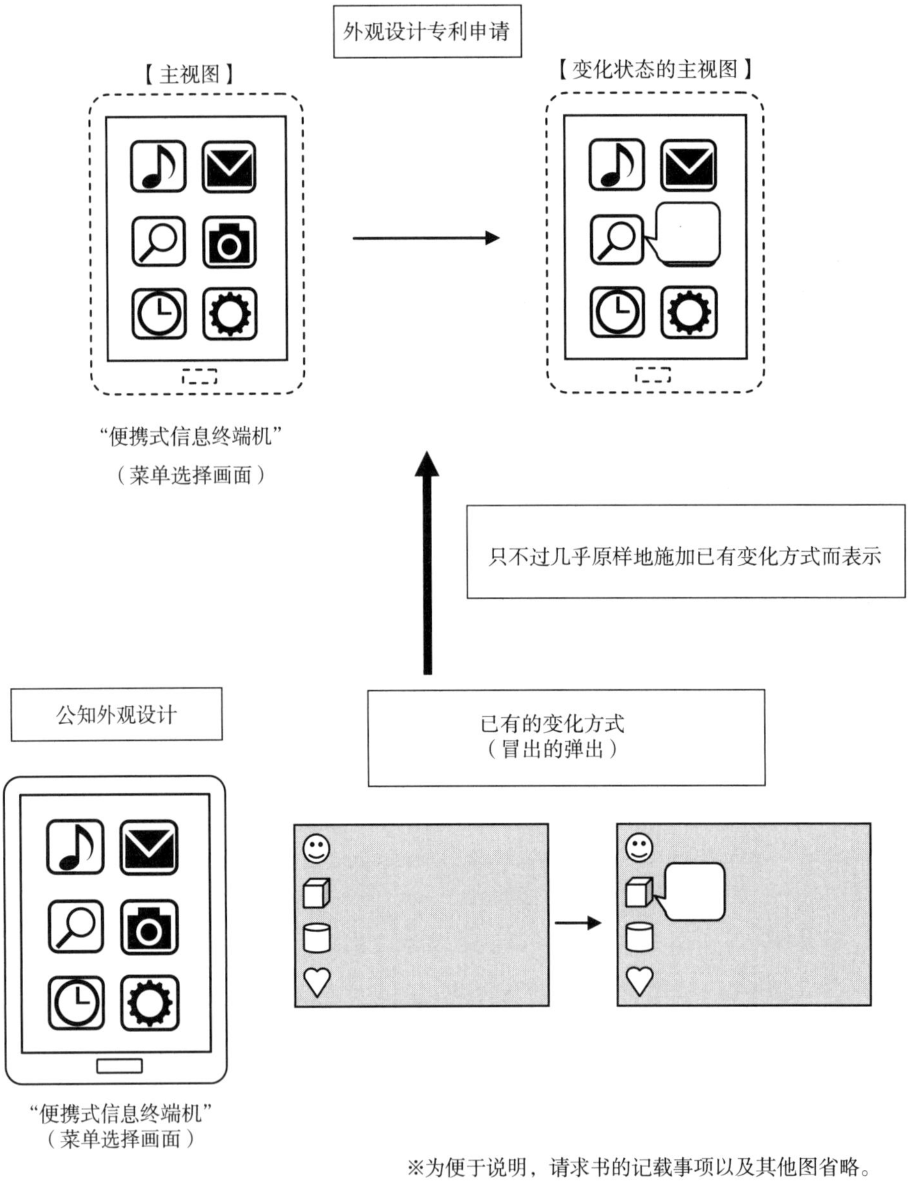

【事例 2】

只不过对公知产品的外观几乎原样地施加已有的变化形态而作为图像示出的外观设计。

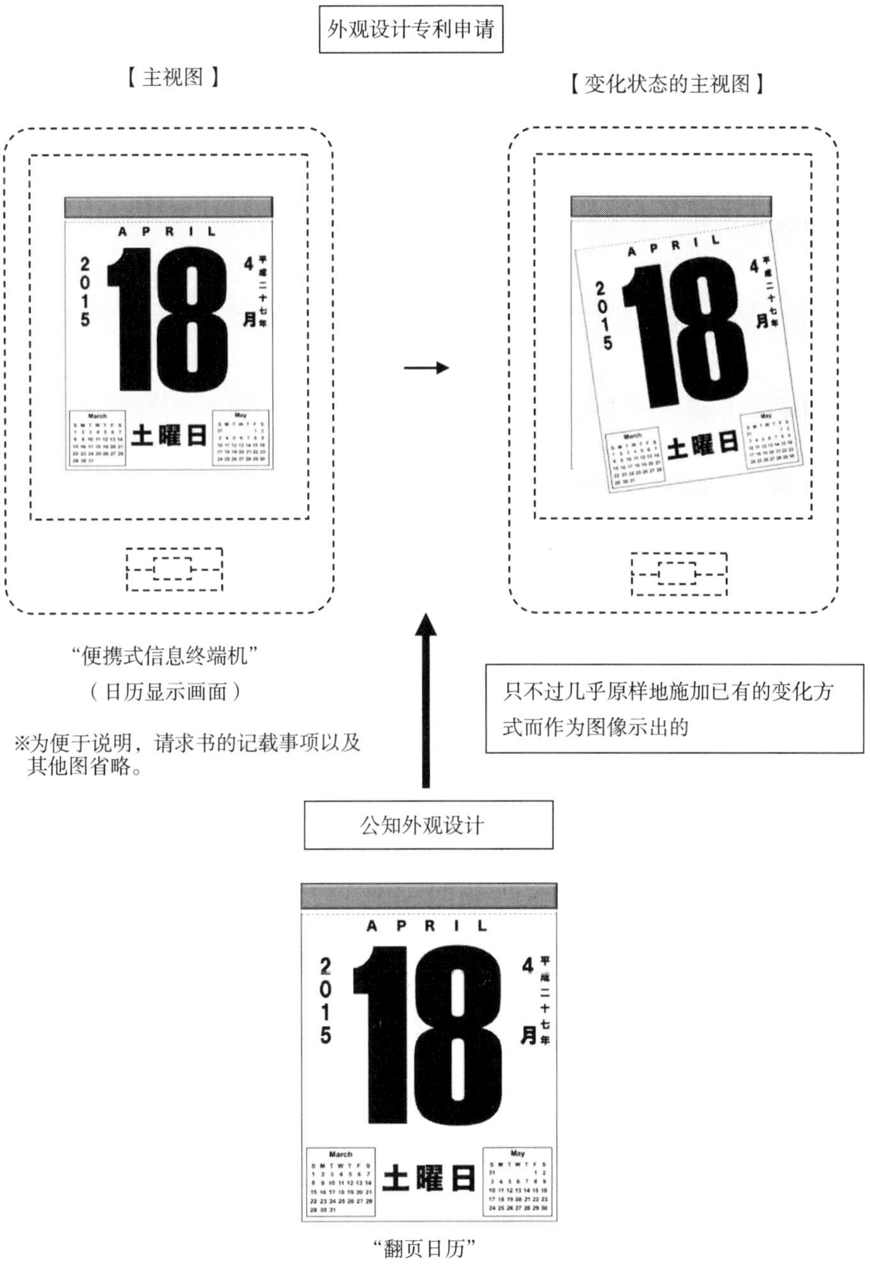

此外，即使变化前的图像是本领域设计人员能够根据在该外观设计专利申请前公知的形状、图案或色彩或者它们的结合易设计的图像，在变化形态并非基于对于本领域设计人员成为常规手法的变化的情况下，外观设计专利申请也不被认为是易设计的外观设计，不符合外观设计法第 3 条第 2 款的规定。

74.4.4 包含图像的在先申请外观设计的一部分与相同或者相似的包含图像的在后申请外观设计

关于判断基准，在整体外观设计的情况下，参照第 2 部分“外观设计专利授权的要件”第 4 章“对与在先申请外观设计部分相同或者相似的在后申请外观设计的保护排除”，在部分外观设计的情况下，参照第 7 部分“个别的外观设计专利申请”第 1 章“部分外观设计”71.4.4.1“作为在先申请的外观设计公开的外观设计的一部分与在后申请部分外观设计是否相似的判断”。

【适用外观设计法第 3 条之 2 的事例】

【事例 1】

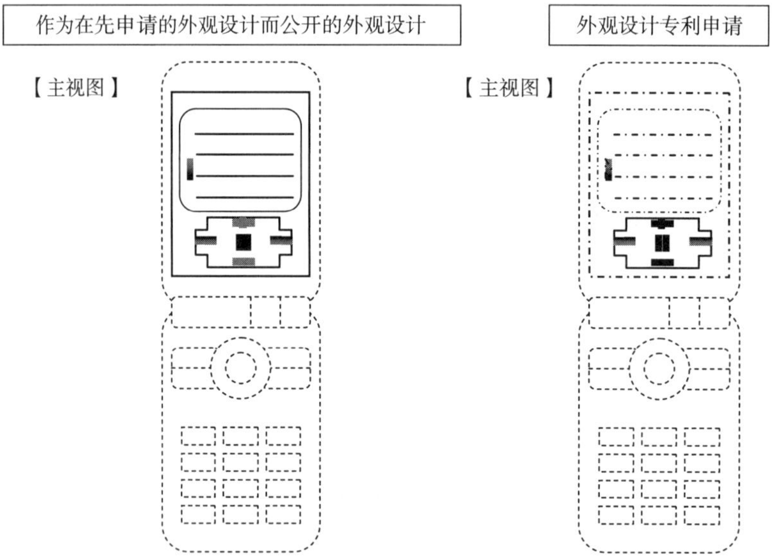

※为便于说明，请求书的记载事项以及其他图省略。

【事例 2】

作为在先申请的外观设计而公开的外观设计

【主视图】

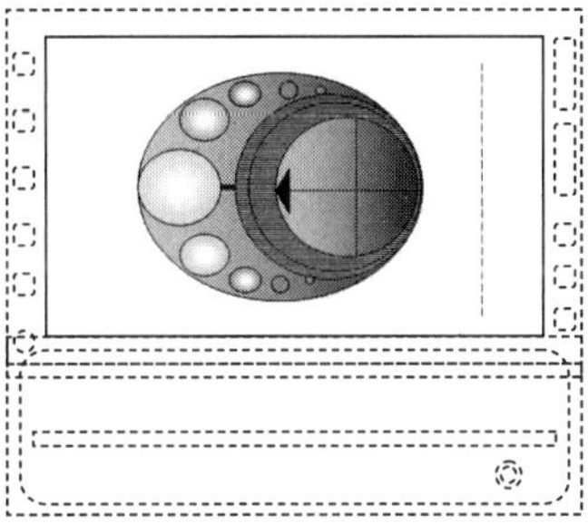

外观设计专利申请

【图像图】

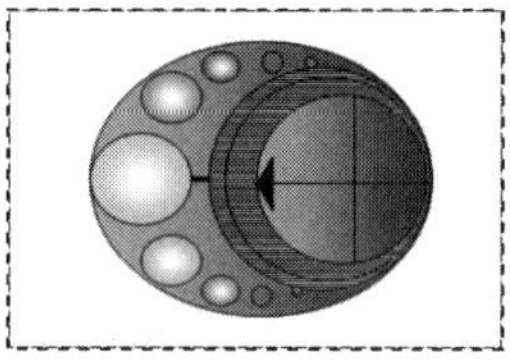

【主视图】

※为便于说明，请求书的记载事项以及其他图省略。

【事例 3】

作为在先申请的外观设计公开的外观设计

【图像图】　【变化状态图像图 1 】　【变化状态图像图 2 】

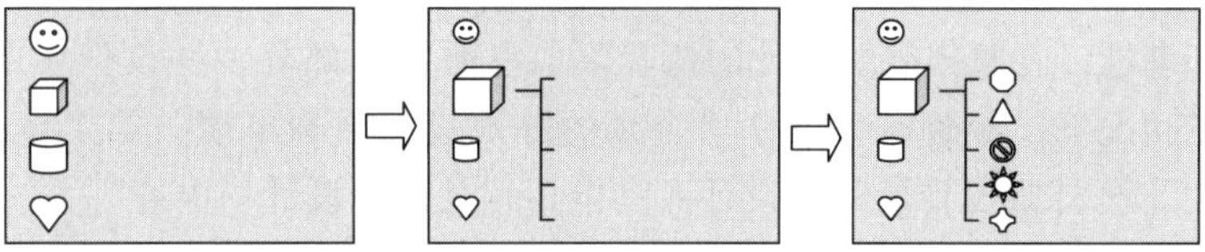

※为便于说明，请求书的记载事项以及其他图省略。

外观设计专利申请

【图像图】

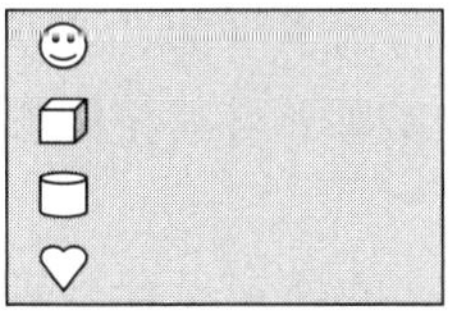

※为便于说明，请求书的记载事项以及其他图省略。

74.5 包含图像的外观设计的外观设计专利申请相关的新颖性丧失的例外

关于获得外观设计法第4条第1款或者第2款规定适用的要件等其他判断基准，在整体外观设计的情况下，参照第3部分“新颖性丧失的例外”；在部分外观设计的情况下，参照第7部分“个别的外观设计专利申请”第1章“部分外观设计”71.5“部分外观设计的外观设计专利申请相关的新颖性丧失的例外”。

74.6 包含图像的外观设计的外观设计专利申请相关的外观设计法第5条的规定

针对外观设计所含的图像中包括他人的商标、他人销售的产品等，而担心和与他人业务有关的产品产生混同的外观设计，认为不满足第5条第2项的要件。

关于判断基准，在整体外观设计的情况下，参照第4部分“不能获得外观设计专利授权的外观设计”，在部分外观设计的情况下，参照第7部分“个别的外观设计专利申请”第1章“部分外观设计”71.6“部分外观设计的外观设计专利申请相关的外观设计法第5条的规定”。

74.7 包含图像的外观设计的外观设计专利申请相关的一设计一申请

关于包含图像的外观设计的外观设计专利申请，也必须满足在外观设计法第2条中规定的要件。

关于判断基准，在整体外观设计的情况下，参照第5部分“一设计一申请”，在部分外观设计的情况下，参照第7部分“个别的外观设计专利申请”第1章“部分外观设计”71.7“部分外观设计的外观设计专利申请相关的一设计一申请”。

74.7.1 不满足外观设计法第7条规定要件的例子

74.7.1.1 不依赖于产品分类的请求书的“外观设计产品”栏的记载的例子

（1）含图像的外观设计的外观设计专利申请中，请求书的“外观设计产品”栏中，存在于产品的分类之后附加了“的图像”“的画面”等词的例子（如“光盘录像机的图像”）的记载时，不认定为第一附表中记载的产品分类或者基于与其相同程度分类的产品分类。

（2）包含具有附加功能的电子计算机图像的外观设计的外观设计专利申请中，请求书的“外观设计产品”栏的记载属于以下情况的，不被认定为第一附表中记载的产品分类或者基于与其相同程度分类的产品分类。

（a）作为附加功能记载了总括功能的例子。

（例如“带事务处理功能的电子计算机”）

（b）作为附加功能记载了抽象功能的例子。

（例如“带决定功能的电子计算机”“带选择功能的电子计算机”）

（c）并非表示一个具体的附加功能的例子 。
（例如“带便携信息终端功能的电子计算机”“带信息处理功能的电子计算机”）

74. 7. 1. 2　未针对每项外观设计进行申请的例子

（1）包含具有附加功能的电子计算机图像的外观设计的外观设计专利申请中，请求书的“外观设计产品”栏中排列记载了两个以上的不同附加功能的部分的，不被认定为针对每项外观设计进行外观设计专利申请。

但是，在该两个以上的附加功能是与同时显示并使用的一个图像有关的功能的情况下，不限于此。

（2）一个部分外观设计的外观设计产品中，包括两个以上的不同图像、物理上分离的两个以上的“期望获得外观设计专利授权的部分”的，不被认定为针对每项外观设计进行外观设计专利申请。

【事例】

部分外观设计的外观设计专利申请
【图像图】

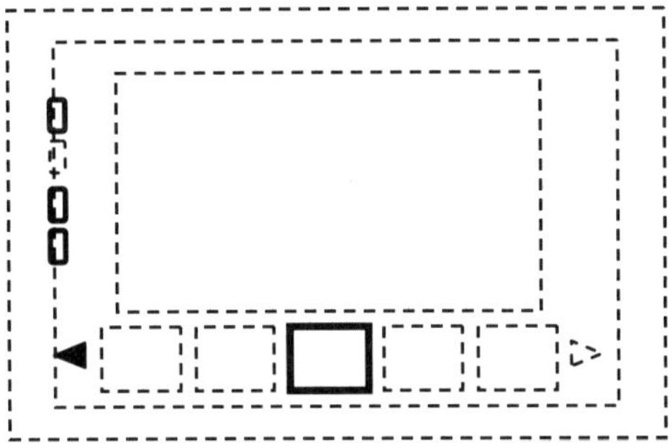

※为便于说明，请求书的记载事项以及其他图省略。

在属于以下任意一种的情况下，即便是包含物理上分离的两个以上的“期望获得外观设计专利授权的部分”的，仍作为一项外观设计处理。

①认可形态上的一体性的情况下。

即使是物理上分离的两个以上的“期望获得外观设计专利授权的部分”，但成为对称形态、一组形态等有关联性地设计的形态仍被认可形态上的一体性。

【事例】

部分外观设计的外观设计专利申请

【主视图】

※为便于说明，请求书的记载事项以及其他图省略。

②认可功能上的一体性的情况。

即使是物理上分离的两个以上的“期望获得外观设计专利授权的部分”，仍作为整体发挥一个功能，所以对于处于一体设计的关系的情况，认可功能上的一体性。

【事例】

部分外观设计的外观设计专利申请

【主视图】

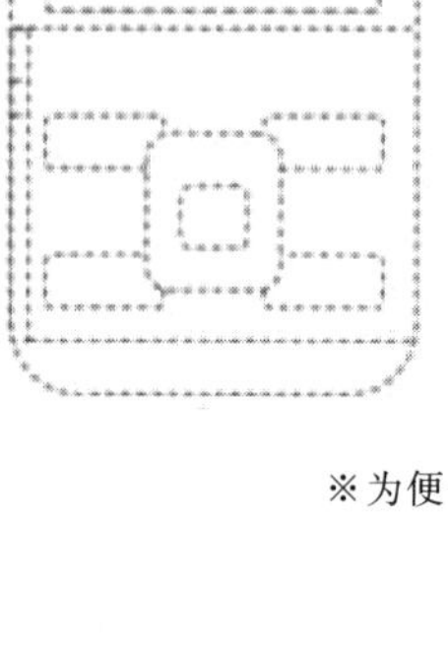

※为便于说明，请求书的记载事项以及其他图省略。

74.7.1.3　包含图像的外观设计中，图像变化的情况

包含图像的外观设计中，图像是产品的一部分的形态，所以一项外观设计原则上表示一个图像。因此，在一件申请中表示了多个图像的情况下，一件申请中包含多项“包含图像的外观设计”，不被认为是外观设计法第 7 条规定的按每项外观设计提交的外观设计专利申请。

但是，根据外观设计产品说明等请求书的记载以及附于请求书的图片的内容，在多个图像是进行的为了发挥产品的同一功能而必要的显示的图像或者为了使产品能够发挥同一功能而进行的操作的图像（以下称为“用于产品的同一功能的图像”），并且被认为是形态上具有关联性的图像的情况下，在包含这些多个图像的状态下被认为是一件外观设计。

例如，在作为期望获得外观设计专利授权的外观设计，使用多个图来表示图像连续地切换的样子的情况下（包括被认为是旨在表示所谓动画效果的外观设计的情况），关于这些多个图像中的用于产品的同一功能的图像，并且形态上具有关联性的图像，作为表示变化前后的图，能够作为一项外观设计处理。

74.7.1.4　多个图像被认定为一项外观设计的例子

关于包括多个图像的外观设计，如果认可为变化前的图像和变化后的图像是用于产品的同一功能的图像，并且变化前的图像和变化后的图像是形态上具有关联性的图像，则在包含这些多个图像的状态下认可为一项外观设计。

74.7.1.4.1　用于产品的同一功能的图像

为了在包含多个图像的状态下认可为一项外观设计，必须根据外观设计产品说明等请求书的记载以及附于请求书的图片的内容，认可为多个图像是进行为了发挥产品的同一功能而显示的必要的图像或者用于为了能够发挥产品的同一功能而进行的操作的图像。

【多个图像被认为是一项外观设计的例子 1】

【主视图】　　　　【表示变化后状态的主视图】

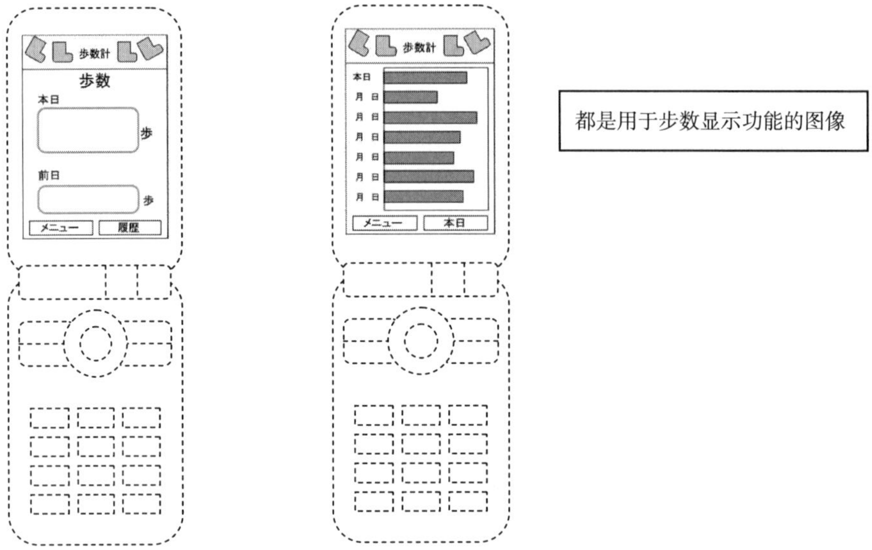

※为便于说明，请求书的记载事项以及其他图省略。

【外观设计产品】手机

【外观设计产品的说明】（省略）本产品是具有步数测量显示功能的手机。通过选择主视图中的历史按钮，能够对过去的步数历史进行图形显示。在主视图以及表示变化后状态的主视图中示出的图像是用于步数显示功能的图像。

（注）本事例是在上端部以及下端部表示的图形等中认可形态上的关联性的例子。

在为了能够发挥产品所具有的一个功能而需要进行多个连续的输入指示（选择指示）的情况等认可操作的连续性的情况下，与这些输入指示（选择指示）对应地连续变化的一连串的图像被认为是用于产品的同一功能的图像。

例如，像银行 ATM 中的存款功能那样，从初始菜单画面的对应图标至交易银行输入、存款收款人输入、存款金额输入、汇款，不论是各个个别的图像，还是包含这些全部的存款功能整体的过渡画面，都认可为用于产品的同一功能的图像。

【多个图像被认为是一件外观设计的例子 2】

【显示部放大图】

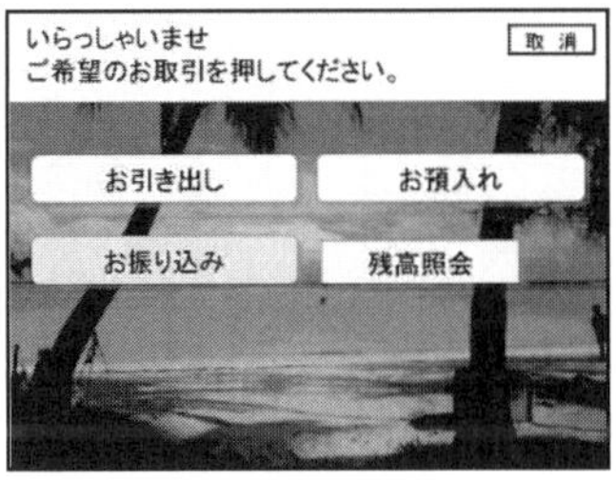

【表示变化后的显示部放大图1】

【表示变化后的显示部放大图2】

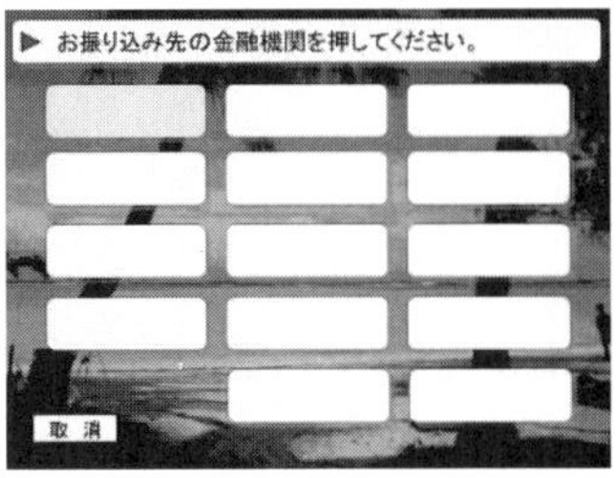

【表示变化后的显示部放大图3】

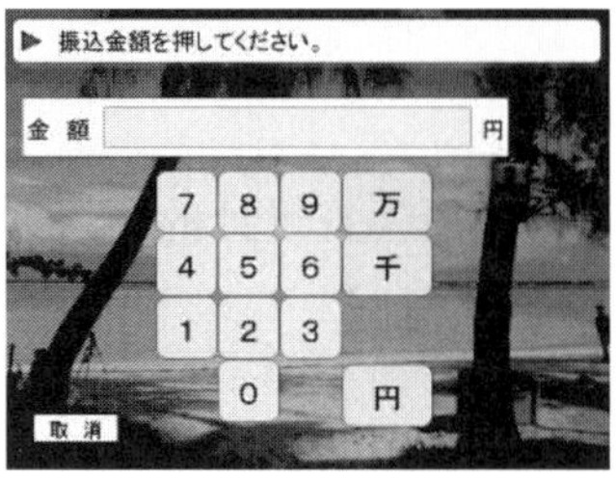

※为便于说明，请求书的记载事项以及其他图省略。

【外观设计产品】自动取款机

【外观设计产品的说明】（省略）在显示部中表示的图像用于存款功能的存款目的地的设置、存款金额的输入操作。

（注）本事例是在背景等中认可形态上的关联性的例子。

74.7.1.4.2　被认定为形态上有关联性的例子

为了在包含多个图像的状态下认可为一项外观设计，关于变化前后的图像，必须认可基于图形等的共通性的形态上的关联性。

包括三个以上的图像的外观设计的情况下，关于前一个后一个的图像，进行有无形态上的关联性的判断。

关于作为期望图像的一部分获得外观设计专利授权的部分的外观设计专利申请，对于期望获得外观设计专利授权的部分，必须对变化前后的图像认可基于图形等的共通性的形态上的关联性。

74.7.1.4.2.1　认定为形态上有关联性的代表例

（a）图形等的移动等。

图形等是其自身几乎不伴随形状变化地在图像内连续地移动、放大、缩小、旋转、色彩变化的例子。

【多个图像被认定为是一项外观设计的例子 3】

【图像图】　　【表示变化后的状态的图像图】

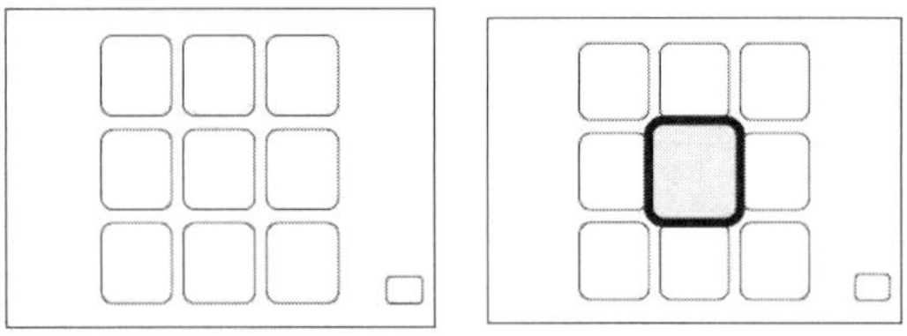

※为便于说明，请求书的记载事项以及其他图省略。

【外观设计产品】进退管理器

【外观设计说明】（省略）表示变化后的状态的图像图是表示指定了的图标的形状变化后的状态的图。

【多个图像被认定为一项外观设计的例子 4】

【主视图】　　【表示变化后的状态的主视图】

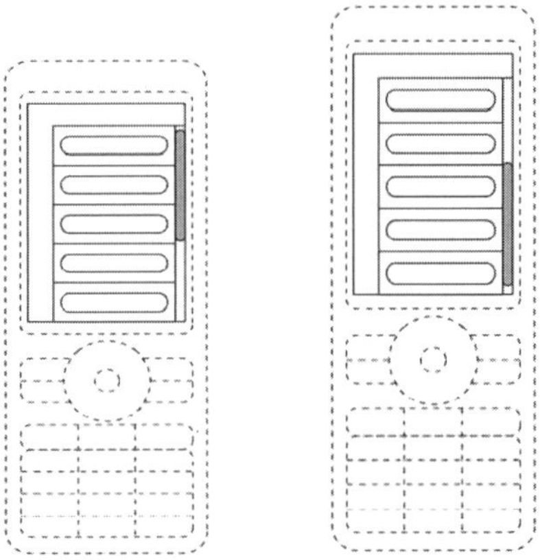

※为便于说明，请求书的记载事项以及其他图省略。

【外观设计产品】手机

【外观设计产品说明】（省略）主视图以及表示变化后的状态的主视图中示出的图像是用于为了能够发挥通话功能，从通信簿选择通话目的地的操作的图像。图像部的右端的滚动条部分是上下活动的部分。

【多个图像被认定为一项外观设计的例子 5】

【显示部放大图】

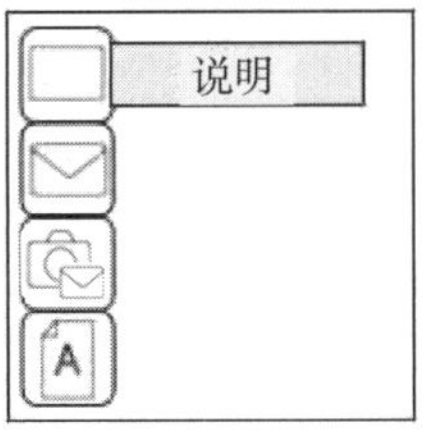

【表示变化后的显示部放大图】

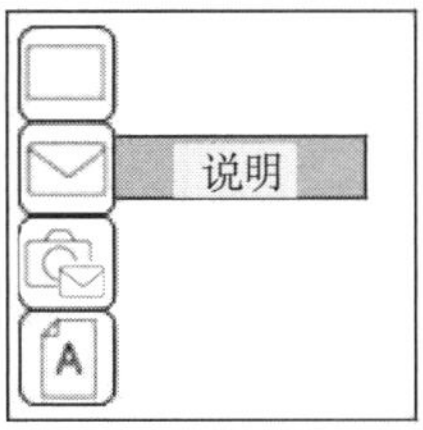

※为便于说明，请求书的记载事项以及其他图省略。

【外观设计产品】手机

【外观设计产品的说明】（省略）显示部放大图以及表示变化后的显示部放大图中表示的图像能够用于发挥手机的邮件功能。如果如显示部放大图以及表示变化后的显示部放大图所示，指定各个操作用图形等，则该操作用图形等的说明也连动地移动。

【多个图像被认定为是一项外观设计的例子 6】

【显示部放大图】

【表示变化后的显示部放大图】

※为便于说明，请求书的记载事项以及其他图省略。

【外观设计产品】带音乐播放机的手机

【外观设计产品说明】（省略）显示部放大图以及表示变化后的显示部放大图示出的图像用于为了能够发挥手机的音乐播放功能，而选择根据哪一个信息开始播放。如果如显示部放大图以及表示变化后的显示部放大图所示，指定各个操作用图形等，则该操作用图形等的说明也连动地变化。

（b）同一图形等的增减。

同一图形等是在图像内连续地增减（出现、消失）的例子。

【多个图像被认定为一项外观设计的例子 7】

【显示部放大图】

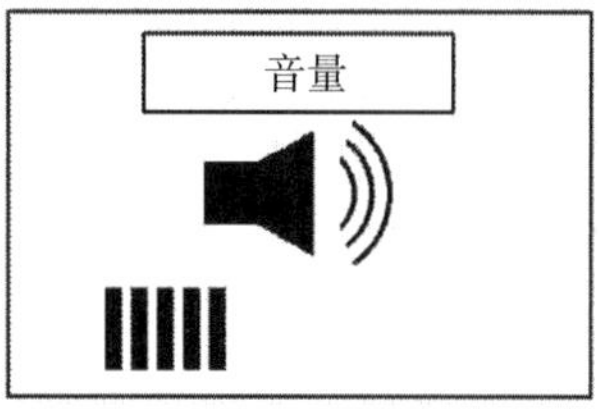

【表示变化后的显示部放大图】

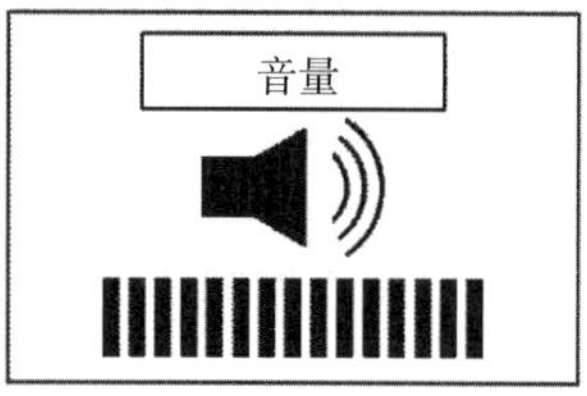

※为便于说明，请求书的记载事项以及其他图省略。

【外观设计产品】音乐播放机

【外观设计产品的说明】（省略）显示部放大图以及表示变化后的显示部放大图示出的图像用于音量调节。水平仪与音量调节旋钮的操作连动地变化，显示当前的音量等级。

（c）图像内的布局变更。

根据设备的使用状态变更图形等的布局的朝向、纵横比。图形等自身几乎不伴随形状变化，而在图像内变更布局。

【多个图像被认定为一项外观设计的例子 8】

【主视图】

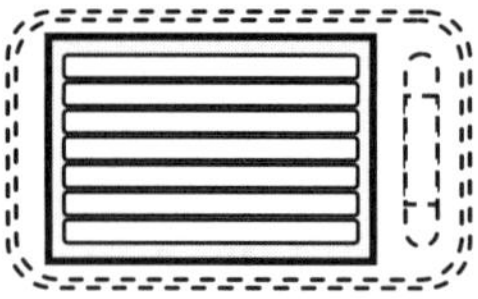

【表示变化后的主视图】

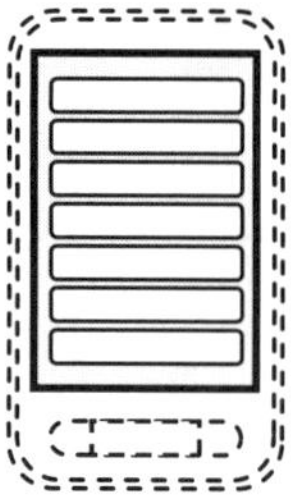

※为便于说明，请求书的记载事项以及其他图省略。

【外观设计产品】便携信息终端机

【外观设计产品说明】（省略）主视图示出的图像是从本产品所具有的多个功能中选择特定的功能的菜单画面。如果使本产品旋转 90°，则如在表示变化后的主视图示出的图像那样，与产品的朝向对应的方向上变更各图标的布局。

【多个图像被认定为一项外观设计的例子 9】

【主视图】

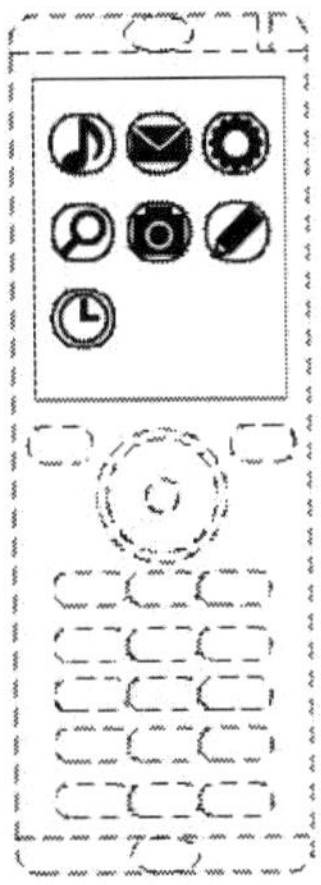

【表示变化后的主视图】

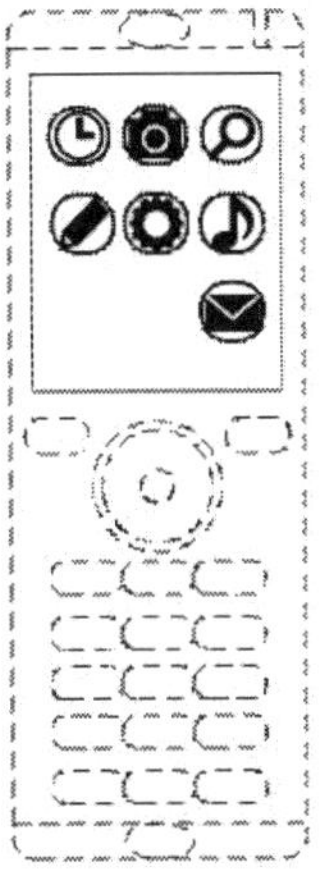

※为便于说明，请求书的记载事项以及其他图省略。

【外观设计产品】手机

【外观设计产品说明】（省略）在主视图中表示了的图像是从本产品所具有的多个功能中选择特定的功能的菜单画面。各图标的布局能够如表示变化后的主视图那样变更。

（d）图像或者图形等自身的逐渐变化。

使过渡前的图像的一部分残留的同时，使新的图像逐渐地出现而最终地过渡到新的图像。虽然图形等的形态在变化的最初和最后不同，但根据其变化过程中的图像的公开，从而认为该图形等是逐渐变化的。

【多个图像被认定为一项外观设计的例子 10】

【显示部放大图】

【显示部放大图2】

【显示部放大图3】

【显示部放大图4】

【显示部放大图5】

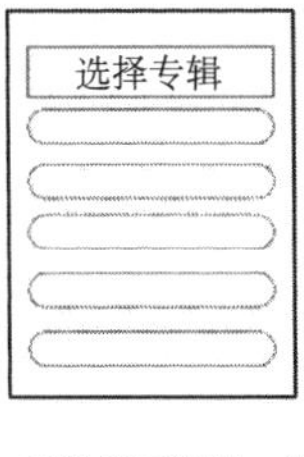

※为便于说明，请求书的记载事项以及其他图省略。

【外观设计产品】便携信息终端机

【外观设计产品说明】（省略）显示部中表示的图像是从本产品所具有的多个功能中选择特定的功能的菜单画面。显示部放大图 5 示出的图像是用于音乐播放功能的图像，进行选择所播放的专辑的操作。显示部放大图 2 至显示部放大图 5 表示从显示部表示的菜单画面中选择了音乐播放用图标时的图像的变化，专辑选择画面以从菜单画面的右下开始翻页的方式出现。

（e）共通主题的连续使用。

在图像的头部分、背景中，连续地使用由同一图形等构成的共通主题的例子。

【多个图像被认定为一项外观设计的例子 11】

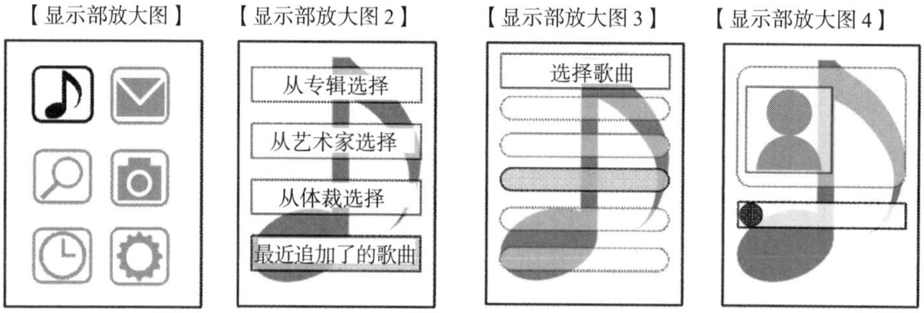

※为便于说明，请求书的记载事项以及其他图省略。

【外观设计产品】手机

【外观设计产品说明】（省略）显示部表示的图像是从本产品所具有的多个功能中选择特定的功能的菜单画面。通过选择显示部图像中的图标，依次进行过渡到用于音乐播放功能的图像，选择所播放的音乐的操作。显示部放大图 4 是显示所选择出的音乐的播放行进状况的图像。

> 音符的主题共同，认可形态上的关联性。从操作图像向为了发挥产品所具有的功能而必要的显示图像的变化也被认定为一项外观设计。

（f）追加的图形等的展开。

与操作连动，新的图形等在图像内出现或者消失的例子。（如下拉菜单、子菜单、子窗口的展开、与图标等关联的弹出显示的出现或者消失。）

【多个图像被认定为一项外观设计的例子 12】

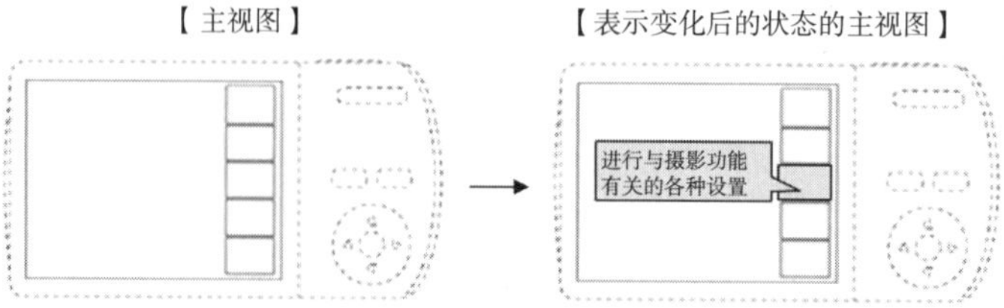

※为便于说明，请求书的记载事项以及其他图省略。

【外观设计产品】便携式信息终端

【外观设计产品说明】（省略）主视图示出的图像用于为了实现摄影功能而进行照相机的起动、设置的操作。如果如表示变化后的状态的主视图所示，在指定了某一个操作用图形等的状态下经过一定时间，则关于能够通过该操作用图形等设置的内容，显示冒出状的说明。

74.7.1.5　多个图像不被认定为一项外观设计的例子

关于用于产品的不同功能的多个图像、未认可形态上的关联性的多个图像，在包括这些多个图像的状态下不被认定为一项外观设计。

针对包括不被认定为一项外观设计的多个图像的外观设计，认为不满足外观设计法第 7 条的要件。此外，对于表示不被认定为一项外观设计的图像的图中、能够用于帮助外观设计的理解的图，认定为参考图。

74.7.1.5.1　用于产品的不同功能的多个图像

包括用于产品的不同功能的多个图像的外观设计不被认定为一项外观设计。

【由于是不同的功能，所以多个图像不被认定为一项外观设计的例子 1】

【显示部放大图】

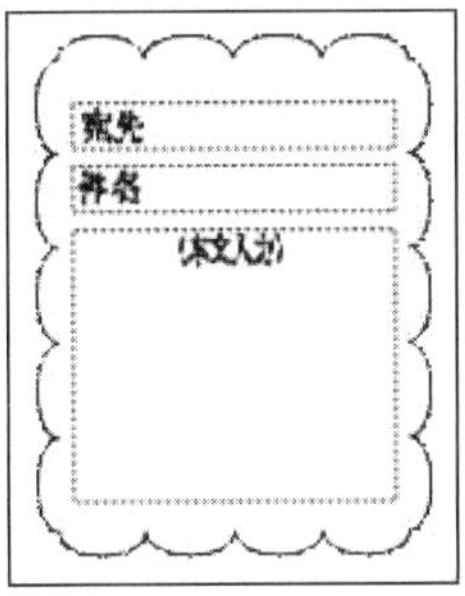

【表示变化后的显示部放大图】

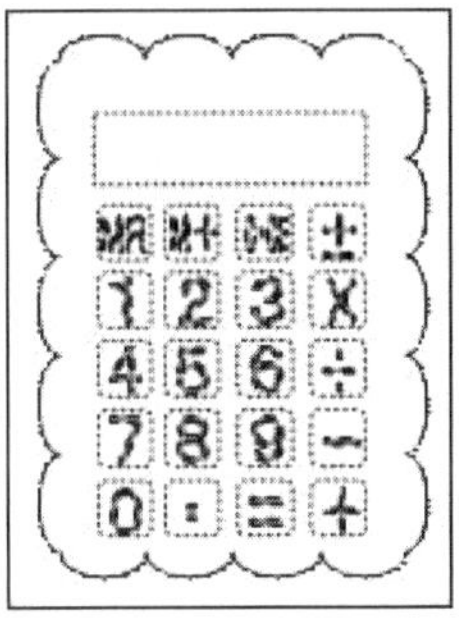

变化前的图像是用于邮件功能的图像，相对于此，变化后的图像是用于计算器功能的图像，不被认定用于物品的同一功能的图像。

※为便于说明，请求书的记载事项以及其他图省略。

【外观设计产品】手机

【外观设计产品说明】（省略）显示部所表示的图像使用于邮件制作的输入操作。在表示变化后的显示部放大图中表示的图像是用于计算器功能的图像，通过选择按钮进行计算。

【由于是不同的功能，所以多个图像不被认定为一项外观设计的例子2】

【图像图】　　　　　　　【表示变化后的图像图】

※为便于说明，请求书的记载事项以及其他图省略。

【外观设计产品】导航显示机

【外观设计产品说明】（省略）图像图中示出的图像是进行选择所播放的音乐的音源的操作的图像。通过选择左侧的菜单部的旗的图标，如在表示变化后的图像图所示的图像那样，变化为用于导航的前往目的地设置的图像。

74.7.1.5.2　无形态上的关联性的多个图像

在变化前后的图像的图形等无共通性（或者共通性极其小）的情况等变化前后的图像的形态不统一的情况下，不认可形态上的关联性，不被认定为一项外观设计。

【无形态上的关联性，多个图像不被认定为一项外观设计的例子1】

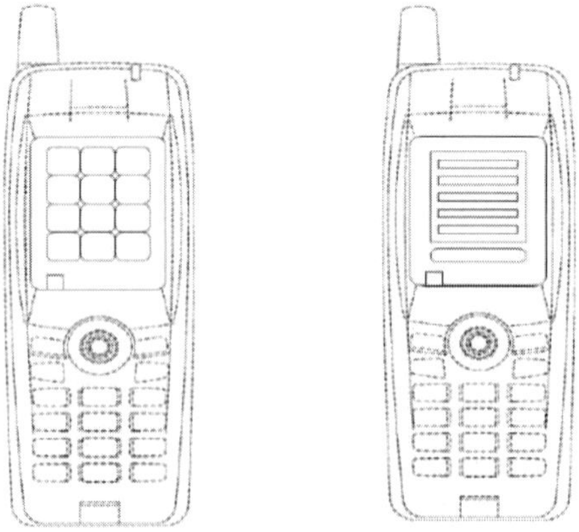

【主视图】　　　　【表示变化后的主视图】

※为便于说明，请求书的记载事项以及其他图省略。

【外观设计产品】手机

【外观设计产品说明】（省略）主视图以及表示变化后的主视图示出的图像使用于选择通话目的地的选择方法的操作。如果按下主视图右列的最下面的按钮，则如表示变化后的主视图所示那样切换为列表显示。

※表示变化后的主视图也被认定为参考图残留。

【无形态上的关联性，多个图像不被认定为一项外观设计的例子 2】

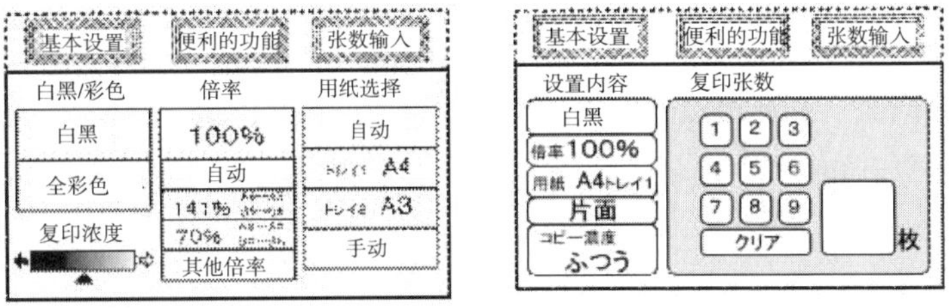

※为便于说明，请求书的记载事项以及其他图省略。

对于期望获得外观设计专利授权的部分，变化前后的图像无共同的要素，缺乏统一性，不被认定为形态上的关联性

【外观设计产品】复印机

【外观设计产品说明】（省略）主视图以及显示部部分放大图、变化后的状态的显示部部分放大图所示的图像是进行用于复印本审查基准的各种设置的图像。

74.8　包含图像的成套产品的外观设计

包含图像的成套产品的外观设计仅在作为整体外观设计进行了申请的情况下成为保护对象。

关于判断基准，在整体外观设计的情况下，参照第 7 部分“个别的外观设计专利申请”第 2 章“成套产品的外观设计”；在部分外观设计的情况下，参照第 7 部分“个别的外观设计专利申请”第 1 章“部分外观设计”71.8“成套产品的外观设计有关的部分外观设计”。

74.9　包含图像的外观设计的外观设计专利申请相关的外观设计法第 9 条以及第 10 条的规定

关于判断基准，在整体外观设计的情况下，参照第 6 部分“在先申请”以及第 7 部分“个别的外观设计专利申请”第 3 章“关联外观设计”；在部分外观设计的情况下，参照第 7 部分“个别的外观设计专利申请”第 1 章“部分外观设计”71.9“部分外观设计的外观设计专利申请相关的外观设计法第 9 条以及第 10 条的规定”。

此外，还包含变化的图像的变化前后的形态在内综合性地观察来进行静止图像和变化的图像之间是否相似判断以及变化的图像彼此的是否相似判断。

74.10 与包含图像的外观设计的外观设计专利申请相关的要点变更

关于判断基准，在整体外观设计的情况下，参照第8部分“请求书、图片等的记载的补正”第2章“补正不予受理”；在部分外观设计的情况下，参照第7部分“个别的外观设计专利申请”第1章“部分外观设计”71.10“部分外观设计的外观设计专利申请有关的要点变更”。

74.11 与包含图像的外观设计相关的分案

关于判断基准，在整体外观设计的情况下，参照第9部分“特殊的外观设计专利申请”第1章“外观设计专利申请的分案”；在部分外观设计的情况下，参照第7部分“个别的外观设计专利申请”第1章“部分外观设计”71.11“部分外观设计的外观设计专利申请相关的分案”。

74.12 从发明专利申请或者实用新型专利申请向包含图像的外观设计专利申请的申请变更

关于判断基准，在整体外观设计的情况下，参照第9部分“特殊的外观设计专利申请”第2章“申请的变更”；在部分外观设计的情况下，参照第7部分“个别的外观设计专利申请”第1章“部分外观设计”71.12“从发明专利申请或者实用新型专利申请向部分外观设计的外观设计专利申请的申请变更”。

74.13 按照巴黎公约主张优先权等的包含图像的外观设计的外观设计专利申请

关于判断基准，在整体外观设计的情况下，参照第10部分“按照巴黎公约主张优先权等的手续”；在部分外观设计的情况下，参照第7部分“个别的外观设计专利申请”第1章“部分外观设计”71.13“按照巴黎公约主张优先权等的部分外观设计的外观设计专利申请”。

第 8 部分　请求书、图片等的记载的补正

第 1 章　补正

81　相关条文

外观设计法

第六十条之二十四　进行了外观设计专利申请、请求等其他与外观设计专利授权相关的手续的人仅限事件处于审查、审判或者再审审理中的情况，才能够进行其补正。

第六十八条

（第 1 款以及第 3 款略）

2　特许法第六条至第九条、第十一条至第十六条、第十七条第三款以及第四款、第十八条至第二十四条以及第一百九十四条（手续）的规定适用于与外观设计专利申请、请求等其他与外观设计专利授权相关的手续。在该情况下，在本法第九条中"对驳回决定不服的审判"替代为"对驳回决定不服的审判或对补正不予受理决定不服的审判"，在本法第十四条中"对驳回决定不服的审判"替代为"对驳回决定不服的审判或者对补正不予受理决定不服的审判"。

特许法

第十七条

（第 1 款以及第 2 款略）

3　日本特许厅长官在如下情形下，能够指定相当的期限，指令应进行手续的补正。

一　手续违反第七条第一款至第三款或者第九条的规定时。

二　手续违反本法律或者本法律的命令所确定的方式时。

三　关于手续未缴纳第一百九十五条第一款至第三款规定应缴纳的手续费时。

4　为了进行手续的补正（除了手续费的缴纳以外），除了在下一条第二款中规定的情况以外，必须提交手续补正书。

81.1　所谓补正

补正是指，关于与申请相关的文件等在对照法律或者预定的格式存在误记、不清楚的记载等记载缺陷的情况下，申请人主动或者根据日本特许厅长官或者审判员的命令，为了修补其记载缺陷而在申请后对该请求文件等进行更正或者补充的程序性行为。

补正是为了根据先申请原则实现手续的顺利进行，在一定的限制范围内对申请人在法律上认可的程序性行为，依据申请人提交合法的手续补正书（外观设计法第 68 条第 2 款适用的特许法第 17 条第 4 款），文件等作为从申请当初即以补正后的状态提交的文件处理。

但是，由于补正产生这样的效果，所以如果能够自由地补正申请当初记载的内容，

则违反在先申请原则，造成对第三人不能预测的利益损害，所以施加了内容上的限制和时间上的限制。

81.1.1 补正内容上的限制

补正仅限对原申请文件等的误记、不清楚的记载等进行的更正或者补充，所以对请求书的记载或者附于请求书的图片等所实施的补正一定不能是对它们要点的变更。

81.1.2 补正时间上的限制

进行了外观设计专利申请、请求等其他与外观设计专利授权相关的手续的人仅限事件处于审查、审判或者再审审理中的情形，才可以进行补正。

第 2 章 补正不予受理

82 相关条文

外观设计法

第十七条之二 对请求书的记载或者附于请求书的图片、照片、模型或样品进行的补正是变更它们的要点的补正时，审查员必须作出不予受理该补正的决定。

2 前款规定的不予受理的决定必须写成文件发送并且附加理由。

3 存在第一款规定的不予受理的决定时，从决定的副本送达之日起 3 个月内，不得对该外观设计专利申请进行授权。

4 在外观设计专利申请人针对依据第一款规定的不予受理决定而请求提出对该补正不予受理决定不服的审判时，审查员必须中止对该外观设计专利申请的审查，直至该审判的审判决定确定为止。

82.1 所谓补正不予受理

基于外观设计法第 17 条之 2 的规定的补正不予受理是指，在事件处于审查、审判或者再审审理中的情况下，在对请求书的记载或者附于请求书的图片等实施了的补正是变更它们的要点的补正时，作出不予受理的该补正决定。

82.1.1 外观设计要点与外观设计要点的认定

请求书的记载以及附于请求书的图片等表示作为授予外观设计专利权利的范围的基础的具有美感的设计而提出申请的外观设计的内容，将根据该外观设计所属领域中的一般常识，将基于请求书的记载以及附于请求书的图片等直接导出的具体的外观设计的内容称为外观设计的要点，将根据该外观设计所属领域中的一般常识，将基于请求书的记载以及附于请求书的图片等直接导出外观设计要点称为外观设计要点的认定。

82.1.2 要点变更

82.1.2.1 成为变更要点基础的补正的类型

针对请求书的记载或者附于请求书的图片等中实施的补正属于以下的任何一种情况时，属于对申请当初的请求书的记载或者附于请求书的图片等的要点进行的变更。

82.1.2.1.1 被认定为超出根据该外观设计所属领域中的一般常识能够理所当然推导出的同一范围而变更的情况

关于认定超出根据申请当初的请求书的记载以及附于请求书的图片等基于该外观设计所属领域中的一般常识能够理所当然导出的外观设计的同一范围而变更的补正，根据违反先申请主义的宗旨而造成对第三人不能预测的利益损害的观点，这样的补正被认为是变更申请当初的请求书的记载或者附于请求书的图片等的要点。

此外，同一范围是指关于外观设计的要点的同一范围，不包括相似的概念。

82.1.2.1.2 被认定为使申请当初不明确的外观设计的要点成为明确要点的情况

关于即使是对申请当初的请求书的记载以及附于请求书的图片等进行综合判断仍然不属于外观设计法第 3 条第 1 款总括部分规定的适于工业应用的外观设计且不能确定外观设计的要点的外观设计，将其变更为适于工业应用的外观设计的补正，即使申请当初不明确的外观设计的要点成为明确的要点的补正，与上述理由相同，根据违反先申请原则而造成对第三人不能预测的利益损害这样的观点，这样的补正也被认为是变更申请当初的请求书的记载或者附于请求书的图片等的要点。

82.1.2.2 不是变更要点的补正的类型

在针对申请当初与补正后的各项外观设计进行比较的判断中，在综合性地判断了请求书的记载以及附于请求书的图片等的情况下，在该补正属于以下的任何一种情况时，则该补正不属于对申请当初的请求书的记载或者附于请求书的图片等的要点进行的变更。

82.1.2.2.1 更正为根据该外观设计所属领域中的一般常识能够理所当然推导出的同一范围的外观设计的情况

即使在申请当初的请求书的记载或者附于请求书的图片等中有误记、不清楚的记载等记载缺陷，但是综合判断后能够明确该记载缺陷是因请求书、其附图片制作上的误记、不恰当乃至作图上的制约而产生的，并且，根据该外观设计所属领域中的一般常识能够理所当然地直接导出正确的记载时，更正为该正确的记载的这种补正不属于对申请当初的请求书的记载或者附于请求书的图片等的要点进行变更的补正。（参照第 2 部分“外观设计专利授权的要件”第 1 章“适于工业应用的外观设计”21.1.2“外观设计是具体的”）

82.1.2.2.2 将未对外观设计要点认定造成影响的微细部分的记载缺陷订正为正确记载的情况

在申请当初的请求书的记载或者附于请求书的图片等中存在误记、不清楚的记载等记载缺陷的情况，并且即使综合判断后也不能判断哪一个正确时，在该记载缺陷被认定为是关于不会对外观设计的要点认定造成影响的微细部分的记载缺陷时，更正为正确记载的补正不属于对申请当初的请求书的记载或者附于请求书的图片等要点进行变更的补正。（参照第 2 部分“外观设计专利授权的要件”第 1 章“适于工业应用的外观设计”21.1.2“外观设计是具体的”）

第 9 部分　特殊的外观设计专利申请

第 1 章　外观设计专利申请的分案

91　相关条文

外观设计法

第十条之二外观设计专利申请人仅在外观设计专利申请正在审查、审判或者再审的审理中的情况下，才能够将包含两项以上的外观设计的外观设计专利申请的一部分作为一件或者两件以上新的外观设计专利申请。

2　在依照前款规定的外观设计专利申请进行分案时，新的外观设计专利申请被视为是在原外观设计专利申请时提交的。但是，当关于在第四条第三款以及第十五条第一款中适用的特许法第四十三条第一款以及第二款（包含在第十五条第一款中适用的该法第四十三条之三第三款中适用这些规定的情况）的规定适用时，不限于此。

3　在进行第一款规定的新的外观设计专利申请的情况下，针对原外观设计专利申请提交的文书或者文件，即对于新的外观设计专利申请根据第四条第三款或者第十五条第一款中适用的特许法第四十三条第一款以及第二款（包含在第十五条第一款适用的该特许法第四十三之三第三款适用这些规定的情况）的规定应提交的文件，视为是与该新的外观设计专利申请同时向日本特许厅长官提交的。

91.1　外观设计法第 10 条之 2 的规定

外观设计专利申请的分案是指将包含两项以上外观设计的外观设计专利申请的一部分作为一件或者两件以上的新的外观设计专利申请。

关于外观设计专利申请的分案，在误将两项以上的外观设计直接作为一件申请提交了外观设计专利申请的情况下，仅在办理了合法的手续的情况下，新的外观设计专利申请才会被视为是在原外观设计专利申请时提交的。

另外，在此所说的新的外观设计专利申请，包含由国际外观设计专利申请的分案产生的新的外观设计专利申请。

91.1.1　外观设计专利申请的分案要件

为了使基于分案的新外观设计专利申请被视为是在原外观设计专利申请时提交的，必须满足以下所有要件。

（1）外观设计专利申请正在审查、审判或者再审的审理中。

分案的手续必须在外观设计专利申请的审查、审判或者再审的审理中进行，即在外观设计专利申请放弃、撤回、不予受理或者审查决定或审判决定确定之后（再审过程中除外）的情况下，无法进行外观设计专利申请的分案。

（2）外观设计专利申请人为同一人。

基于分案的新外观设计专利申请的申请人，必须与原外观设计专利申请的申请人相同。但是，在外观设计专利申请权被从原外观设计专利申请人合法承继给新的外观设计专利申请人的情况下，视为相同。

（3）是包含了两项以上外观设计的外观设计专利申请的分案。

所谓外观设计专利申请中包含两项以上外观设计，是指请求书以及附于请求书的图片等表示了两项以上的外观设计的情况。例如，在请求书的“外观设计产品”栏并列记载了两个以上的产品的情况，或者附于请求书的图片等表示两个以上的形态的情况等（参照第 5 部分“一设计一申请”51. 1. 2“不满足外观设计法第 7 条规定要件的外观设计的例子”）情况。

（4）基于分案的新外观设计专利申请的外观设计是与原外观设计专利申请中包含的两个以上的外观设计中的任意一项相同的外观设计。

91. 1. 2 不被认为是合法的外观设计专利申请的分案手续的情况的例子

（1）将按一项外观设计提交申请，且满足外观设计法第 7 条规定的要件的外观设计专利申请，按构成产品的部件进行分案的情况；

（2）已按每个组成产品对满足外观设计法第 8 条规定的要件的成套产品的外观设计的外观设计专利申请进行了分案的情况；

（3）在基于分案的新外观设计专利申请将超出原外观设计专利申请的原请求书的记载以及附于请求书的图片等表示的外观设计的范围的内容作为要点时，即从原外观设计专利申请中包含的两项以上的外观设计的任何一项来看，新的外观设计专利申请所示的外观设计都是对要点进行变更的情况。

91. 1. 3 不满足分案要件的新外观设计专利申请的处理

新的外观设计专利申请不视为是在原外观设计专利申请时提交的，而是作为在分案时提交的申请来处理。

91. 1. 4 基于分案的新外观设计专利申请要适用新颖性丧失的例外规定的情况，或者按照巴黎公约主张优先权等的情况下提交的文书

在提交基于分案的新外观设计专利申请的情况下，针对原外观设计专利申请提交的文书或者文件，即要适用不丧失外观设计专利申请的新颖性的例外规定的情况下的手续所需要的文书（根据外观设计法第 4 条第 3 款的规定必须提交的文书）或者要按照巴黎公约主张优先权的情况（按照巴黎公约的例子的情况也包含在内）的手续所需要的文书（外观设计法第 15 条第 1 款适用的特许法第 43 条第 1 款以及第 2 款，或者根据特许法第 43 条之 3 第 3 款的规定必须提交的文书），视为是与根据外观设计法第 10 条之 2 第 3 款的规定进行的该新的外观设计专利申请同时向日本特许厅长官提交的。

第 2 章　申请的变更

92　相关条文

外观设计法

第十三条　发明专利申请人可以将发明专利申请变更为外观设计专利申请。但应在该发明专利申请被予以驳回的最初的审查决定的副本送达之日起三个月期满之前。

2　实用新型专利申请人能够将该实用新型专利申请变更为外观设计专利申请。

3　第一款的但书规定的期间，在根据特许法第四条的规定该法第一百二十一条第一款规定的期间被延长时，视为仅延长该被延长的期间。

4　有根据第一款或者第二款的规定的申请变更时，原申请被视为撤回。

5　在该发明专利申请存在临时专用实施权人时，仅在获得发明专利申请人许可的情况下，能够进行第一款规定的申请变更。

6　第十条之二第二款以及第三款的规定适用于第一款或者第二款规定的申请变更的情况。

92.1　外观设计法第 13 条的规定

所谓申请的变更不是申请内容的变更，而是原发明专利申请或者实用新型专利申请与变更后的外观设计专利申请之间的申请形式的变更。另外，在存在这些变更时，新的外观设计专利申请被视为是在原发明专利申请或者实用新型专利申请时提交的，原发明专利申请或者实用新型专利申请被视为撤回。

92.1.1　向外观设计专利申请变更的要件

为了使基于变更的新外观设计专利申请被视为是在原发明专利申请或者实用新型专利申请时提交的，必须满足以下所有要件。

（1）在由发明专利申请向外观设计专利申请变更的情况下，原发明专利申请应予以驳回的最初的授权通知的副本送达之日起三个月以内。

（2）在由实用新型专利申请向外观设计专利申请变更的情况下，原实用新型专利申请在日本特许厅的审理中。

（3）基于变更的新外观设计专利申请的申请人与原发明专利申请人或者原实用新型专利申请人相同。

但是，获得外观设计专利授权的权利被从原发明专利申请人或者实用新型专利申请人合法承继给新的外观设计专利申请人的情况下，认为是相同的。

（4）具体记载在原发明专利申请或实用新型专利申请的最初的说明书以及图片中，使得能够明确识别基于变更的新外观设计专利申请的外观设计。

（5）基于变更的新的外观设计专利申请的外观设计与原发明专利申请或者实用新

型专利申请的最初的说明书以及图片所示的外观设计相同。

92.1.2 不认为是合法的向外观设计专利申请变更的手续的情况的例子

（1）原发明专利申请或者实用新型专利申请的最初的说明书以及图片中没有使基于变更的新外观设计专利申请的外观设计能够被明确识别的具体记载的情况。

（2）认为基于变更的新的外观设计专利申请的外观设计与从原发明专利申请或者实用新型专利申请的最初的说明书以及图片能够被明确识别的具体记载所表示的外观设计不相同的情况。

（3）基于变更的新的外观设计专利申请的外观设计中附加了原发明专利申请或者实用新型专利申请的最初的说明书或者图片的记载以外的内容的情况。

92.1.3 不满足变更要件的新的外观设计专利申请的处理

新的外观设计专利申请不视为是在原发明专利申请或者实用新型专利申请时提交的，而作为在变更时提交的申请来处理。

92.1.4 基于变更的新外观设计专利申请要适用外观设计新颖性丧失的例外规定的情况，或者要按照巴黎公约主张优先权的情况下的文书提交

在进行基于变更的新外观设计专利申请的情况下，针对原发明专利申请或者实用新型专利申请提交的，要适用外观设计新颖性丧失的例外规定的情况下的手续所需要的文书（根据外观设计法第 4 条第 3 款的规定必须提交的文书）或者按照巴黎公约主张优先权的情况下（按照巴黎公约的例子的情况也包含在内）的手续所需要的文书（根据外观设计法第 15 条第 1 款适用的特许法第 43 条第 1 款以及第 2 款，或者特许法第 43 条之 3 第 3 款的规定必须提交的文书），根据外观设计法第 13 条第 6 款适用的外观设计法第 10 条之 2 第 3 款的规定，视为是在与进行该新的外观设计专利申请同时向日本特许厅厅长提交的。

第 3 章　基于专利合作条约的国际申请的申请变更的特例

93　相关条文

外观设计法

第十三条之二　关于根据特许法第一百八十四条之三第一款或者第一百八十四条之二十第四款的规定被视为发明专利申请的国际申请向外观设计专利申请的变更，在同法第一百八十四条之六第二款的日语发明专利申请的情况下，进行该法第一百八十四条之五第一款规定的手续，在同法第一百八十四条之四第一款的外语发明专利申请的情况下，进行该款以及该条第四款和该法第一百八十四条之五第一款规定的手续，且都必须在缴付根据该法第一百九十五条第二款的规定应缴付的手续费之后（关于根据该法第一百八十四条之二十第四款的规定视为发明专利申请的国际申请，在该款规定的决定之后）进行上述手续。

2　关于根据实用新型法（1959 年法第一百二十三项）第四十八条之三第一款或者第四十八条之十六第四款的规定被视为实用新型专利申请的国际申请向外观设计专利申请的变更，在该法第四十八条之五第四款的日语实用新型专利申请的情况下，进行该条第一款规定的手续，在该法第四十八条之四第一款的外语实用新型专利申请的情况下，进行该款或者该条第四款以及该法第四十八条之五第一款规定的手续，且都必须在缴付根据该法第五十四条第二款的规定应缴付的手续费之后（根据该法第四十八条之十六第四款的规定被视为实用新型专利申请的国际申请，在该款规定的决定之后）进行上述手续。

93.1　基于专利合作条约的国际申请的申请变更的特例的处理

基于专利合作条约规定被承认国际申请日且指定国含日本的国际申请，被视为在国际申请日提交的发明专利申请或者实用新型专利申请。

由这些发明专利申请或者实用新型专利申请向外观设计专利申请的变更，在原申请是以日语记载的国际专利申请（国际实用新型专利申请）的情况下，必须在缴付应缴付的手续费后提交记载了申请人的姓名、住所，发明人（设计人）的姓名、住所，国际申请日等的文书，另外，在用外语记载的国际专利申请（国际实用新型专利申请）的情况下，必须在缴付应缴付的手续费之后提交上述文书以及说明书、权利要求书的日语译文。

第 4 章　补正后外观设计的新申请

94　相关条文

外观设计法

第十七条之三　外观设计注册申请人自上一条第一款规定的不予受理决定的副本送达之日起三个月以内，对该补正后的外观设计提交新的外观设计专利申请时，该外观设计专利申请被视为是在针对该补正进行手续补正书时提交的。

2　在存在前款规定的新的外观设计专利申请时，原外观设计专利申请视为已撤回。

3　前两款的规定仅在外观设计专利申请人将记载了第一款规定的新的外观设计专利申请要适用该款规定的文书与该外观设计专利申请同时向日本特许厅厅长提交的情况下才适用。

94.1　外观设计法第 17 条之 3 的规定

作出补正不予受理的决定的补正后的外观设计的新的外观设计专利申请被视为是在对该补正提交手续补正书时提交的新申请，原外观设计专利申请视为已撤回。

94.1.1　作出补正不予受理的决定的补正后的外观设计的新的外观设计的授权要件

为了使作出补正不予受理的决定的补正后的外观设计的新的外观设计专利申请被视为是在针对该补正提交手续补正书时提交的，必须满足以下所有要件。

（1）将作出了补正不予受理的决定的补正后的外观设计作为新的外观设计专利申请。

（2）新的外观设计专利申请自补正不予受理的决定的副本的送达之日起 3 个月以内提交。

（3）新的外观设计专利申请根据外观设计法实施规则第 2 条第 4 款规定的格式第 5 提交申请。

第 10 部分　按照巴黎公约主张优先权等的手续

101　相关条文

外观设计法

第十五条　特许法第三十八条（共同申请）、第四十三条第一款至第四款、第六款及第七款（按照巴黎公约主张优先权的手续）以及第四十三条之三（按照巴黎公约的例子主张优先权）的规定，适用于外观设计专利申请。该情况下，该法第四十三条第一款中的“经济产业省令规定的期间内”，替换为“与外观设计专利申请同时”，该条第二款中“自以下各项所列的日期中最早之日起一年四个月”替换为“自外观设计专利申请之日起三个月”，该法第四十三条之三第三款中“前两条”替换为“第四十三条”。

（第 2 款略）

特许法

第四十三条　根据巴黎公约第四条 D（1）的规定，对发明专利申请主张优先权的人必须在经济产业省令规定的期间内向日本特许厅长官提交记载有优先权主张以及进行最初申请的巴黎公约缔约国国名与申请日日期的文书，该巴黎公约成员国国名还可以是进行了根据同条 C（4）的规定被视为最初申请的或根据同条 A（2）的规定被认定为最初申请的巴黎公约缔约国国名。

2　根据前款规定主张优先权的人，应将由最初申请的或根据巴黎公约同条 C（4）的规定被视为最初申请的或根据同条 A（2）的规定被认定为最初申请的巴黎公约成员国进行过认证的记载有申请日日期的文书、发明的说明书以及图片的副本或者具有相同内容的由该成员国政府所发行的公报或证明文件，自下列各款所列日期中最早的一个起一年四个月内提交给日本特许厅长官：

一　该最初申请的或根据巴黎公约同条 C（4）的规定被视为最初申请的或是根据同条 A（2）的规定被认定为最初申请的申请日；

二　该专利申请依第四十一条第一款的规定主张了优先权的情况下该优先权主张之基础的申请的申请日；

三　该专利申请依前款或下一条第　款（包括第四十三条之三第三款适用的情况）或第四十三之三第一款或者第二款的规定主张其他优先权的情况下该优先权主张之基础的申请的申请日。

3　根据第一款的规定主张优先权的人在向日本特许厅长官提交前款所规定的文件时还必须一并提交记载有最初申请的或根据巴黎公约 C（4）的规定被视为最初申请的或根据同条 A（2）的规定被认定为最初申请的申请号的文件，但在前款所规定的文件提交前尚未能得知其申请号的，可提交记载理由的文件以代替提交记载申请号的文件，在得知申请号后必须及时提交记载申请号的文件。

4　根据第一款的规定主张优先权的未在第 2 款所规定的期间内提交该款所规定文件的，该优先权主张失效。

（第 5 款略）

6 如果在第二款规定的期间内该款规定的文件或者前一款规定的文书的提交者因不可归责于自身的原因未提交文件，不受该款或者前一款的规定限制，都能够自该理由消除之日起十四日（在外者情形两个月）之内，在该期间经过后六个月以内向日本特许厅长官提交该文件或文书。

7 第一款规定的优先权主张人根据前款的规定提交了第二款规定的文件或者第五款规定的文书时，不适用第四款的规定。

特许法

第四十三条之三

根据巴黎公约第四条规定的例子，对于专利申请，可以要求基于下表中上栏所列人在该表下栏所列国家提交的申请的优先权。

日本国民或巴黎公约成员国国民（含根据巴黎公约第三条的规定视为成员国国民，本款下同）	世界贸易组织成员方
世界贸易组织成员方国民（指关于成立世界贸易组织的马拉喀什协定之附件一 C 第一条 3 所规定的成员国国民，本款下同）	巴黎公约成员国或世界贸易组织成员方

2 根据巴黎公约第四条规定的例子，对于专利申请，可以主张基于既非巴黎公约成员国又非世界贸易组织成员方的国家（仅限于对日本国民以与日本相同的条件承认优先权要求的、由日本特许厅厅长指定的国家，以下本款称作“指定国”）的国民在指定国提交的申请的优先权以及日本国民或者巴黎公约成员国国民或者世界贸易组织成员方国民在指定国提交的申请的优先权。

3 前两条的规定在根据前两款的规定主张优先权的情况下适用。

日内瓦修改协定：第 6 条（1）、(2)

101.1 按照巴黎公约主张优先权等的效果

对于按照巴黎公约主张优先权的效果，巴黎公约第 4 条 B 有如下规定，自向成员国之一提交的最初申请之日起至向其他成员国主张优先权的申请日为止的期间内提交的其他申请或者公知的事实等，都不会导致后提交的申请受到不利的处理。

基于此，关于主张优先权的外观设计专利申请的新颖性（外观设计法第 3 条第 1 款）、设计非易性（外观设计法第 3 条第 2 款）、与在先申请外观设计的一部分相同或者相似的在后申请外观设计的保护排除（外观设计法第 3 条之 2）、在先申请（外观设计法第 9 条）以及关联外观设计（外观设计法第 10 条）的审查，将向作为优先权基础的首次申请国提交的最初申请之日作为该判断的基准日来处理。即，即使在优先权期限内出现与主张优先权的外观设计专利申请的外观设计相同或者相似的外观设计有关的其他外观设计专利申请，该外观设计专利申请仍然作为主张优先权的申请的在后申请来处理，并且，在优先权期限内即使发生丧失该外观设计新颖性的事实，也不会作为驳回理由的根据。

另外，在日本，除了巴黎公约成员国的国民之外，根据外观设计法第 15 条第 1 款适用的特许法第 43 条之 3 的规定，对于世界贸易组织成员方的国民或者既非巴黎公约成员国又非世界贸易组织成员方的国家（仅限于对于日本国民以与日本相同的条件承认优先权要求的、由日本特许厅长官指定的国家）的国民，也承认按照巴黎公约的例子的优先权要求，其效果与按照巴黎公约主张优先权的情况相同。

101.1.1　用于按照巴黎公约主张优先权的手续

要根据巴黎公约第 4 条 D（1）的规定对外观设计专利申请主张优先权者，必须办理外观设计法第 15 条第 1 款适用的特许法第 43 条第 1 款、第 2 款以及第 3 款规定的手续。

另外，关于按照巴黎公约的例子主张优先权的手续，与按照巴黎公约主张优先权的情况相同（外观设计法第 15 条第 1 款适用的特许法第 43 条之 3 第 3 款）。

101.1.2　按照巴黎公约主张优先权等的情况下的优先权期限

主张基于外观设计专利申请或者实用新型专利申请要求按照巴黎公约的优先权向日本提出外观设计专利申请的情况下的优先权期限是 6 个月［巴黎公约第 4 条 C（1）、巴黎公约第 4 条 E（1）］。

另外，按照巴黎公约的例子的优先权期限与巴黎公约的优先权期限相同（外观设计法第 15 条第 1 款适用的特许法第 43 条之 3 第 2 款）。

101.2　按照巴黎公约主张优先权等的效果被承认的要件

按照巴黎公约主张优先权的效果要被承认就必须满足巴黎公约规定的以下所有要件。

（1）向作为优先权基础的首次申请国提出的申请是在任一成员国正式提出的最初的申请（包含基于日内瓦修改协定（注）的国际申请（注））。

（巴黎公约第 4 条 A（1）、巴黎公约第 4 条 A（2）、巴黎公约第 4 条 A（3）、巴黎公约第 4 条 C（4）、日内瓦修改协定第 6 条（2））

（2）向日本提交申请的外观设计专利申请人是向作为优先权基础的首次申请国提交了最初申请的、能够享受条约利益的人或者其承继人。

（巴黎公约第 2 条、巴黎公约第 3 条、巴黎公约第 4 条 A（1））

（3）向作为优先权基础的首次申请国提交的最初申请是外观设计专利申请或者实用新型专利申请。

（巴黎公约第 4 条 E（1））

（4）向日本提交的外观设计专利申请是自向首次申请国提交的最初申请之日起 6 个月以内提交的。

（巴黎公约第 4 条 C（1）、巴黎公约第 4 条 E（1））

（5）基于向首次申请国提交的最初申请主张优先权。

（巴黎公约第 4 条 D）

（6）向日本提交的外观设计专利申请的外观设计与向作为优先权基础的首次申请国提交的最初申请的外观设计相同。

（巴黎公约第 4 条 A（1）、巴黎公约第 4 条 B）

（注）

关于“日内瓦修改协定”以及“国际申请”，参照第 11 部分“国际外观设计专利申请”，以下相同。

另外，要求承认按照巴黎公约例子优先权的效果的要件与要求承认按照巴黎公约优先权的效果的要件相同。（外观设计法第 15 条第 1 款适用的特许法第 43 条之 3 第 2 款）

101.3 判断巴黎公约优先权的主张是否被承认的“外观设计相同”的基本考虑方式

（1）不管外观设计的表现形式如何，只要优先权证明文件中示出与向日本提交的外观设计专利申请的外观设计实质相同的外观设计即可。（外观设计审查须知 15.07）

（2）优先权证明文件中是否示出向日本提交的外观设计专利申请的外观设计，要通过根据该外观设计所属领域的一般常识、综合判断整个优先权证明文件的记载内容来进行判断。

（3）优先权证明文件中记载的外观设计的认定（外观设计产品，产品的形状，图案，色彩，期望获得外观设计专利授权的部分相对于整体外观设计的位置、大小、范围等），还须考虑首次申请国（最初申请的国家）的法令等来进行。

101.3.1 关于外观设计产品栏的记载

原则上，优先权证明文件中记载的外观设计与向日本提交的外观设计专利申请的外观设计被认为是相同，则两个外观设计产品必须相同。

但是，关于请求书的外观设计产品名称等，各个国家的要求大不相同，因此即使优先权证明文件中记载的外观设计产品名称等与向日本提交的外观设计专利申请的外观设计的“外观设计产品”的名称不同的情况下，该不同是在因各国法令等的不同而不得已导致的情况下，优先权证明文件中记载的外观设计产品与向日本提交的外观设计专利申请的外观设计产品，在是否承认优先权的判断中被认为是相同的。

101.3.1.1 关于优先权证明文件记载的外观设计，根据优先权证明文件的整体记载综合判断为该外观设计产品的用途、功能明确的情况

向日本提交的外观设计专利申请中，记载有与根据优先权证明文件的整体记载综合判断认为明确的用途、功能相应的、第一附表的产品分类或者同程度的产品分类的情况下，两个外观设计产品在判断是否承认优先权时认为是相同的。

【认为两个外观设计产品相同的例子】

【例 1】记载了与根据优先权证明文件的整体记载综合判断认为明确的用途、功能相应的产品分类的情况下。

首次申请国申请：外观设计产品的名称等为“图形用户界面（原文：Graphical user

interface)”，图片中记载了显示部所显示图像的状态下的便携式电话机的主视图。

日本申请：外观设计产品为“便携式电话机”，便携式电话机的显示部为期望获得外观设计专利授权的部分的部分外观设计的专利申请。显示部示出图像。另外，显示部以外的部分的形态与用优先权证明文件中记载的虚线表示的便携式电话机的形态一致。

（说明）

由于在国外存在即使不特定采用图像的产品也能够仅对图像获得外观设计专利授权的情况，因此，即使不特定优先权证明文件记载的外观设计产品的名称等，根据记载了显示在特定的产品的情况下的图片等、优先权证明文件的整体记载综合判断也能够推导出向日本提交的外观设计专利申请的外观设计产品的情况下，优先权证明文件记载的外观设计产品与向日本提交的外观设计专利申请的外观设计产品，在是否承认优先权的判断中被认为是相同的。

101.3.1.2　优先权证明文件记载的外观设计的外观设计产品名称等为总名称，存在多个与用途、功能对应的产品分类的情况

优先权证明文件中记载的外观设计产品名称等为总名称的情况下，根据优先权证明文件的整体记载综合判断可推导出的多个产品的分类中的一个产品分类记载在向日本提交的外观设计注册申请中的情况下，两个外观设计产品在是否承认优先权的判断中被认为是相同的。

【两个外观设计产品被认为相同的例子】

> 【例 2】优先权证明文件的外观设计产品的名称等为总名称，日本的外观设计专利申请的外观设计产品栏的记载为与该总名称中所含的第一附表的产品的分类相同程度的分类的情况。

首次申请国申请：外观设计产品的名称等为“容器（原文：bottle)”，图片中记载有一般的饮料用的塑料瓶子的形态。

日本申请：外观设计产品记载为“包装用容器”。

101.3.2 一个申请中所含的外观设计数量

国外对于一个申请中能够包含的外观设计的数量、表现方式的手续有各种各样的规定，在基于日本的外观设计专利制度按照根据优先权证明文件能够认定的每个外观设计进行申请的情况下，即使一个申请所含的外观设计数量不同，两个外观设计在优先权是否相同的认定中也认为是相同的。

101.3.2.1 优先权证明文件中记载了多项外观设计的情况下，将其中的一项外观设计作为向日本提交的外观设计专利申请的外观设计时，在是否承认优先权的判断中被认为是相同的

101.3.2.2 优先权证明文件中记载了多个外观设计的情况下，对于全部或者部分构成部件作为成套产品（外观设计法第8条规定的经济产业省令规定的第二附表所列的成套产品）的外观设计，并作为向日本提交的外观设计专利申请的外观设计的情况下，在是否承认优先权的判断中被认为是相同的

101.3.2.3 将记载在优先权证明文件中的外观设计与未记载在优先权证明文件中的外观设计组合，作为成套产品的外观设计，并作为向日本提交的外观设计专利申请的外观设计的情况下，不认为是相同的

101.3.2.4 关于组合了要求多个优先权的外观设计的外观设计，在作为向日本提交的外观设计专利申请的外观设计的情况下，不认为是相同的

若将多个优先权证明文件记载的外观设计与向日本提交的外观设计申请分别进行对比，根据任何一个优先权证明文件都不能推导出向日本提交的外观设计专利申请的外观设计，或者可将多个首次申请国申请的外观设计分别单独作为向日本提交的外观设计专利申请，因此，对于组合了这些多个优先权证明文件记载的外观设计而成的外观设计，在作为向日本提交的外观设计专利申请的外观设计的情况下，不被认为是相同的。

【两项外观设计不认为是相同的例子】

【例3】关于组合了所要求多个优先权的外观设计而成的外观设计，作为向日本提交的外观设计专利申请的外观设计的情况。

首次申请国申请A：圆珠笔盖的外观设计。

首次申请国申请B：圆珠笔本体的外观设计。

日本申请：将首次申请国申请A和首次申请国申请B组合而成的圆珠笔（盖+主体）的外观设计。

101.3.3 关于优先权证明文件的图片中未表现期望获得外观设计专利授权的外观设计产品整体的形态的情况

在日本的外观设计专利申请中，需要公开期望获得外观设计专利授权的外观设计产品整体，但在国外存在附于请求书的图片中不需要公开期望获得外观设计专利授权的外观设计产品整体等的国家。

因此，在附于优先权证明文件的图片中，在期望获得外观设计专利授权的外观设计产品整体形态未示出的情况下，对于综合判断优先权证明文件的记载或图片等能够推导出的首次申请国的期望获得外观设计专利授权的外观设计，作为日本期望获得外观设计

专利授权的外观设计的情况下，两项外观设计在是否承认优先权的判断中被认为是相同的。

101.3.3.1　将表现产品整体的形态的外观设计作为向日本提交的外观设计专利申请的外观设计的情况

①即使综合判断优先权证明文件整体的记载，也不能推导出不清楚部分的具体形态的情况下，不认为两项外观设计是相同的。

②根据产品的特性等大概能定形等的原因，综合判断优先权证明文件整体的记载判断，能够推导出不清楚部分的具体形态的情况下，则两项外观设计在是否承认优先权的判断中被认为是相同的。

【两项外观设计被认为是相同的例子】

【例 4】根据产品的特性能够推导出不清楚部分的具体形态的情况。

首次申请国申请：手表的表盘的外观设计中仅记载主视图。另外，没有是否为部分外观设计的申请的记载。

日本申请：记载了实线表示的一组图片的整体外观设计的申请。

这一组图片与优先权证明文件中记载的主视图一致。

（说明）

手表的表盘通常为板状，能够推导出平面、底面以及左右侧面的形态为与主视图的宽度或高度对应的、几乎没有厚度的形态。另外，背面的形态在手表的表盘的外观设计中通常隐藏在机械内部，因此不加以特别的装饰，能够特定为用于通过主视图中表现的针等的孔部和左右对称开孔的状态。因此，优先权证明文件记载的外观设计和向日本提交的外观设计专利申请的外观设计，在是否承认优先权的判断中被认为是相同的。

101.3.3.2　在向日本提交的外观设计专利申请的外观设计中将优先权证明文件记载的外观设计中体现了具体形态的部分作为期望获得外观设计专利授权的部分而将未表现的部分作为其他部分的部分外观设计的申请的情况

①在即使综合判断优先权证明文件的记载，也无法推导出体现具体形态的部分相对于产品整体的位置、大小、范围的情况下，两项外观设计不被认为是相同的。

②对于优先权证明文件记载的外观设计，在表现了形态的部分相对于产品整体的位置、大小、范围根据优先权证明文件的图片以外的记载或者产品特性等能够综合判断而推导出的情况下，两项外观设计在是否承认优先权的判断中被认为是相同的外观设计。

【两项外观设计为被认为相同的例子】

【例 5】将首次申请国申请中未表示的部分作为“期望获得外观设计专利授权的部分以外的部分”的情况。

首次申请国申请：在折叠式的便携式电话机的外观设计中，仅记载了表示闭合状态的形态的图片，未记载打开状态的内侧的形态。另外，未记载是否为部分外观设计的申请。

日本申请：用虚线表示打开状态的内侧，将闭合状态表示的部分作为“期望获得外观设计专利授权”的部分的、部分外观设计专利申请。

（说明）

在国外未必如日本那样要求在请求书明确表示是部分外观设计的申请。另外，便携式电话机中，在日本，即使仅对闭合状态表现的部分期望获得外观设计专利授权，也需要提供用虚线表示打开状态的内侧的形态的图片，但在国外未必需要这样。若综合判断优先权证明文件的记载，则首次申请国申请是仅对便携式电话机闭合状态表示的部分期望获得外观设计专利授权，如果对照日本的制度则被认为是部分外观设计的申请，且闭合状态表示的部分相对于便携式电话机整体的位置、大小、范围明确，因此优先权证明文件记载的外观设计与向日本提交的外观设计专利申请的外观设计，在是否承认优先权的判断中被认为是相同的。

【两项外观设计被认为相同的例子】

【例 6】若综合判断优先权证明文件的记载能够推导出期望获得外观设计专利授权的部分的位置、大小、范围的情况（图像）。

首次申请国申请：外观设计产品的名称等是“图形用户界面（原文：Graphical user interfaces）”，图片中记载显示部所显示的图像（a）的状态下的便携式电话机（A）的主视图（显示部以外的部分用虚线表示）和仅表示多个图像的图（b、c、d）。

日本申请：外观设计产品是“便携式电话机”，是将便携式电话机的显示部作为期望获得外观设计专利授权的部分的部分外观设计的申请。便携式电话整体的形状与优先权证明文件记载的虚线表示的便携式电话机（A）的形态一致，显示部显示图像（c）。

（说明）

首次申请国申请是将图形用户界面作为期望获得外观设计专利授权的部分的申请，由于还记载了表示图像（a）显示在便携式电话机（A）的显示部的状态的图，由此进行综合判断，则认为是图像（c）也显示在便携式电话机（A），被认可作为期望获得外观设计专利授权的部分。

虽然国外存在仅针对图像申请外观设计的情况，但对于向日本提交的外观设计专利申请的外观设计，不能仅将图像作为期望获得外观设计专利授权的部分。因此，假设外观设计产品是根据优先权证明文件的整体记载综合判断能够推导出的产品分类（参照例2），在仅将便携式电话（A）中显示了图像（c）的显示部作为期望获得外观设计专利授权的部分的情况下，由于能够根据优先权证明文件的整体记载综合判断推导出显示部相对于外观设计产品整体的具体位置、大小、范围，因此被认为优先权证明文件中示出了与向日本提交的外观设计专利申请的外观设计相同的外观设计。

【不认为两项外观设计相同的例子】

【例 7】即使综合判断优先权证明文件的记载，也无法推导出期望获得外观设计专利授权的部分的位置、大小、范围的情况。

首次申请国申请：外观设计产品的名称等是“包装用容器（原文：Package）”，图片中仅显示图案。

日本申请：外观设计产品是“包装用箱”，包装用箱的一部分显示的图案部分为期望获得外观设计专利授权的部分的部分外观设计专利申请。

（说明）

优先权证明文件的图片中仅记载了图案的情况下，即使记载了附加该图案的产品的名称，也不能根据优先权证明文件的记载推导出该图案在产品整体的位置、大小、范围，因此不认为是相同的外观设计。

101.3.4　构成外观设计的部件的组合、分离

记载在优先权证明文件中的外观设计，对照外观设计法第 7 条的规定被认为是一项外观设计的情况下，仅在作为以与该外观设计相同的外观设计单位向日本提交的外观设计专利申请时，在是否承认优先权的判断中被认为相同。

101.3.4.1　向日本提交的外观设计专利申请的外观设计，是将优先权证明文件中记载的部件的外观设计与未记载在优先权证明文件中的其他部件的外观设计组合而成的完成品的外观设计的情况

认为两项外观设计不相同。

101.3.4.2　优先权证明文件中记载的外观设计是完成品的外观设计的情况下，将构成该完成品的一个部件作为向日本提交的外观设计专利申请的外观设计的情况

认为两项外观设计不相同。

【认为两项外观设计不相同的例子】

【例 8】将构成完成品的一个部件作为向日本提交的外观设计专利申请的外观设计的情况。

首次申请国申请：自行车的外观设计。

日本申请：自行车用座的外观设计。

（说明）

首次申请国申请根据外观设计法第 7 条的规定关于被认为一项外观设计的自行车整体可以获得外观设计专利授权，而关于构成该自行车的自行车用座不能单独获得外观设计专利授权，因此两项外观设计被认为不相同。

101.3.4.3 对于优先权证明文件中记载的外观设计是将多个可拆换的部件组合而成的完成品，即优先权证明文件中不存在的组合，作为向日本提交的外观设计专利申请的外观设计的情况

①根据优先权证明文件的整体记载综合判断，认为包含向日本提交的外观设计专利申请的外观设计的组合的形态在首次申请国可以获得外观设计专利授权的情况下，两项外观设计在是否承认优先权的判断中被认为相同。

②即使综合判断优先权证明文件的整体记载，对于向日本提交的外观设计专利申请的外观设计的组合，在首次申请国期望获得外观设计专利授权的外观设计前景不明的情况下，两项外观设计不被认为相同。

【被认定为两项外观设计相同的例子】

【例 9】优先权证明文件中记载的外观设计是将多个可拆换的组件组合作为完成品，将优先权证明文件中未公开的组合作为向日本提交的外观设计专利申请的外观设计的情况。

首次申请国申请：记载三个圆珠笔主体的外观设计（A，B、C）、三个圆珠笔盖的外观设计（a，b，c）、一个带盖的圆珠笔的外观设计（A + a）。另外，请求书中不仅记载一个带盖的圆珠笔的外观设计（A + a），还有圆珠笔主体和圆珠笔盖可相互改变组合的记载。

日本申请：带盖的圆珠笔的外观设计（A + b）。

（说明）

首次申请国申请中，图示的外观设计是三个圆珠笔主体的外观设计（A，B、C）、三个圆珠笔用盖的外观设计（a，b，c）、一个带盖的圆珠笔的外观设计（A + a）的总计 7 个。

但是，根据请求书的记载综合进行判断，以带盖圆珠笔的外观设计（A + a）为例示，首次申请国申请，包含未图示的组合的外观设计（A + b）在内，对于带盖圆珠笔的外观设计，认为是对 9 个外观设计期望获得外观设计专利授权的申请。

※首次申请国的请求书中没有记载带盖圆珠笔的外观设计（A + a）的情况下，圆珠笔主体和圆珠笔用盖是否可相互改变组合不明确时，即使综合判断优先权证明文件的整体记载，对于向日本提交的外观设计专利申请的外观设计的组合是否在首次申请国期望获得外观设计专利授权不明确的情况下，两项外观设计被认为不相同。

101.3.5 关于外观设计的构成要素（形状、图案、色彩）不同的情况

要使两项外观设计被认定为相同，两个外观设计产品的形状、图案、色彩（以下称作“外观设计的构成要素”）必须相同。

如果外观设计的构成要素不同，则为不同的外观设计，会影响是否相似的判断，因此原则上不能在变更了外观设计的构成要素的情况下还承认主张优先权的效果。

但是，即使构成要素不同，根据优先权证明文件的记载，在日本的外观设计专利申请的外观设计中没有的构成要素不能获得外观设计专利授权的情况下，以及在外观设计的制图方法等的表现方法不同的情况下，对于与日本的外观设计专利申请中记载的外观设计相同的外观设计，在综合判断优先权证明文件记载的图片等时，被认为必然能够推导出的情况下，两项外观设计在是否承认优先权的判断时也被认为相同。

（外观设计的表现方法不同的情况的例子）

①优先权证明文件记载的外观设计与向日本提交的外观设计专利申请的外观设计由不同的作图方法表示的情况。

②优先权证明文件记载的外观设计由图片（包含 CG）表示，向日本提交的外观设计专利申请的外观设计由照片（黑白或者彩色）、样本、模型表示的情况。

③优先权证明文件记载的外观设计由照片（黑白或者彩色）或者样本、模型表示，向日本提交的外观设计专利申请的外观设计由图片（包含 CG）表示的情况。

【两项外观设计被认定为相同的例子】

> 【例 10】虽然表现方法不同，但综合判断优先权证明文件的记载时，能够必然推导为与向日本提交的外观设计专利申请的外观设计相同的外观设计的情况。

首次申请国申请：钉子的外观设计。由没有色彩的图片表示，但请求书中记载了是铁制。

日本申请：钉子的外观设计。由照片表示，具有一般的铁制钉子所表现的金属光泽、金属色彩。

（说明）

尽管优先权证明文件记载的外观设计中没有图案以及色彩，但请求书中记载了是铁制，因此综合来看，能够必然推导出与日本的外观设计专利申请所附的照片表示的具有金属光泽、金属图案的钉子的外观设计相同，因此两项外观设计在是否承认优先权的判断中被认为相同。

【两项外观设计被认定为相同的例子】

> 【例 11】优先权证明文件记载的外观设计用立体图 2 表示，向日本提交的外观设计注册申请的外观设计由正投影法的六面图表示的情况。

首次申请国申请：外观设计由主视、俯视、右视角度看到的立体图和从后视、仰视、左视角度看到的立体图表示。

日本申请：外观设计由正投影法的六面图（主视图、后视图、左视图、右视图、俯视图、仰视图）表示。由这六面图表示的形态，与根据优先权证明文件记载的立体图必然推导出的内容一致。

（说明）

优先权证明文件记载的图片是六面表示的立体图的两幅图，由于综合判断这些图必然推导出的内容与向日本提交的申请的外观设计一致，只是制图方法不同，两项外观设计在是否承认优先权的判断中仍然被认为是相同的。

【两项外观设计被认定为相同的例子】

【例 12】优先权证明文件记载的外观设计由照片表示，向日本提交的外观设计专利申请的外观设计由图片（着色图片）表示的情况。

首次申请国申请：外观设计由照片表示，具有色彩。

日本申请：外观设计由图片表示，具有与首次申请国申请表示的色彩相同的着色。

101.3.6 作为优先权基础的申请不是外观设计专利申请以及实用新型专利申请的情况

关于基于发明专利申请或者商标注册申请主张优先权来进行外观设计专利申请的情况，巴黎公约没有规定。对于巴黎公约没有规定的这些主张优先权的效果，在日本基于这些法律领域的申请能否相互变更来进行判断。

101.3.6.1 作为优先权的基础的申请是发明专利申请的情况

在日本，特许法和外观设计法的领域之间的申请可相互变更。

因此，要求基于发明专利申请的优先权来进行外观设计专利申请的情况下，如果优先权证明文件中示出了与向日本提交的外观设计专利申请的外观设计相同的外观设计，则承认主张优先权的效果。

101.3.6.2 作为优先权的基础的申请是商标注册申请的情况

在日本，从商标注册申请向外观设计专利申请的申请变更是不被认可的。

因此，基于商标注册申请来主张优先权进行外观设计专利申请的情况下，主张优先权的效果不被认可。

另外，即使作为优先权的基础的向首次申请国提交的商标注册申请是立体商标，主张优先权的效果也不被认可。

101.3.7 按照巴黎公约主张优先权等的个别的外观设计专利申请的外观设计相同的判断方式

①关于部分外观设计，参照第 7 部分“个别的外观设计专利申请”第 1 章“部分外观设计”71.13“按照巴黎公约主张优先权等的部分外观设计的外观设计专利申请”。

②关于成套产品的外观设计，参照第 7 部分“个别的外观设计注册申请”第 2 章“成套产品的外观设计”72.1.7“按照巴黎公约主张优先权等的成套产品的外观设计的外观设计专利申请”。

第 11 部分　国际外观设计专利申请

第 1 章　视为外观设计专利申请的国际申请

111　相关条文

外观设计法：第 6 条、第 16 条、第 60 条之 6

日内瓦修改协定：第 1 条（vi）～（viii）、（xix），第 5 条（4），第 10 条（2）、（3），第 12 条（1），第 14 条（1）

111.1　外观设计法第 60 条之 6 的规定

外观设计法第 60 条之 6 第 1 款规定：将日本作为工业品外观设计国际注册海牙协定日内瓦修改协定（以下称作“日内瓦修改协定”）第 1 条（xix）规定的指定缔约国（以下称作“指定缔约国”）的日内瓦修改协定第 1 条（vii）规定的国际申请（以下称作“国际申请”），在进行日内瓦修改协定第 10 条（3）（a）规定的公布（以下称作“国际公布”）之后，视为以日内瓦修改协定第 10 条（2）规定的国际注册日（以下称作“国际注册日”）向日本提交的外观设计专利申请。另外，本条第 2 款规定：基于日内瓦修改协定第 5 条（4）的规定，对于包含两项以上外观设计的国际申请，视为按日内瓦修改协定第 1 条（vi）规定的国际注册（以下称作“国际注册”）的每个对象，即每项外观设计提出的外观设计专利申请（以下将根据这些规定视为外观设计专利申请的国际申请称作“国际外观设计专利申请”）。

本条第 3 款以及第 4 款规定：由于日内瓦修改协定第 14 条（1）规定国际注册自国际注册日起具有与指定缔约国的正规申请至少相同的效果，因此将国际外观设计专利申请作为日本的外观设计专利申请来进行手续所需要的事项，日内瓦修改协定第 1 条（viii）规定的国际注册簿（以下称作“国际注册簿”）中记载的事项，视为外观设计法第 6 条第 1 款规定的请求书的记载事项以及图片的记载事项。

（注）关于国际外观设计专利申请的审查

日内瓦修改协定规定：基于该协定的国际注册，自国际注册日起，在指定缔约国具有与基于该指定缔约国的法令用于对外观设计专利授予保护的正规申请至少相同的效果［日内瓦修改协定第 14 条（1）］。另外，基于日内瓦修改协定，被指定的缔约方的官方局，作为国际注册对象的外观设计未满足基于该指定缔约国的法令授予保护的条件（与申请的形式或者记载事项相关的要件除外）的情况下，可以拒绝承认该国际注册的效力［日内瓦修改协定第 12 条（1）］。

由于日本的外观设计法规定授予外观设计专利权保护的前提是对该外观设计专利申请进行审查（外观设计法第 16 条），因此，即使是对于基于日内瓦修改协定指定了日本的国际注册，也应基于日本法令即外观设计法的规定进行审查。

第 2 章　国际外观设计专利申请有关的外观设计的认定

112　相关条文

外观设计法：第 6 条、第 60 条之 6

外观设计法实施规则：第 2 条、第 2 条之 2、第 2 条之 3、第 2 条之 4、第 3 条、第 4 条、第 5 条

日内瓦修改协定：第 5 条（1）、(2)，第 6 条

海牙协定公共规则（注）：第 7 规则至第 11 规则

海牙协定实施细则（注）：第 401 节至第 408 节

（注）

分别省略基于海牙协定的 1999 年更正协定以及 1980 年更正协定的公共规则以及用于海牙协定的申请的实施规则的记载。

112.1　国际注册簿中记载的事项和外观设计专利申请的请求书或者图片中应记载的事项之间的对应关系

根据外观设计法第 6 条第 1 款的规定，对于应记载在外观设计专利申请的请求书中的事项，依据外观设计法第 60 条之 6 第 3 款的规定，将记录在国际注册簿中的规定的事项作为应记载在外观设计专利申请的请求书中的事项来处理（表 1）。

关于外观设计法第 6 条第 1 款规定的其他应记载在请求书中的事项，由于外观设计国际申请被视为在日本提出的外观设计专利申请，因此，即使对于该国际外观设计专利申请的国际注册簿中记载的事项中外观设计法上未明示规定具体的对应关系的事项，也作为相当于外观设计专利申请的请求书中应记载的事项来处理（表 2）。

另外，虽然在日本期望获得外观设计专利授权者根据外观设计法第 6 条第 1 款的规定，需要在请求书附上“记载了期望获得外观设计专利授权的外观设计的图片”，但外观设计法第 60 条之 6 第 4 款规定：将国际外观设计专利申请的“国际注册簿中记载的外观设计”视为根据外观设计法第 6 条第 1 款的规定提出的图片中记载的“期望获得外观设计专利授权的外观设计”，因此，在国际外观设计专利申请的情况下，将记载了国际注册簿中记录的外观设计的图片，即“记录在国际注册簿中的外观设计的复制品”作为相当于“记载了期望获得外观设计专利授权的外观设计的图片”来进行处理（表 3）。

［表 1］关于外观设计法第 6 条第 1 款规定的事项的对应关系

国际注册簿中记录的事项	外观设计专利申请的请求书的记录事项
构成国际注册的对象即外观设计的一个或者两个以上的产品或者使用国际注册的对象即外观设计的一个或者两个以上的产品 ［日内瓦修改协定第 5 条（1）（iv）］	【外观设计产品】

续表

国际注册簿中记录的事项	外观设计专利申请的请求书的记录事项
国际注册名义人的姓名或者名称以及其住所 [日内瓦修改协定第 5 条（1）（ii）、海牙协定公共规则第 7 规则（3）（i）以及（ii）]	【外观设计专利申请的申请人】的姓名或者名称以及住所或者居所
进行国际注册的对象即外观设计的设计人的姓名以及其住所 [日内瓦修改协定第 5 条（2）（b）（i）、海牙协定公共规则第 7 规则（5）（a）]	【外观设计设计人】的姓名以及住所以及居所

[表 2] 关于外观设计法第 6 条第 1 款规定的其他事项的对应关系

国际注册簿中记录的事项	外观设计专利申请的请求书的记录事项
关于作为申请的对象的外观设计的复制品或者特征的简洁说明 [日内瓦修改协定第 5 条（2）（b）（ii）、海牙协定公共规则第 7 规则（5）（a）]	【外观设计说明】或者 【外观设计产品说明】 ※国际外观设计专利申请中对此不进行分类，均记载在【外观设计的说明】栏
本申请或者本注册或者本外观设计的表述 [日内瓦修改协定第 5 条（1）（vii）、海牙协定公共规则第 7 规则（5）（f）、海牙协定实施细则第 407 节（a）]	【本外观设计的表示】
关于丧失新颖性的例外的宣言 [日内瓦修改协定第 5 条（1）（vii）、海牙协定公共规则第 7 规则（5）（f）、海牙协定实施细则第 408 节（c）（i）]	【特记事项】栏的“要适用外观设计法第 4 条第 2 款的规定的外观设计专利申请”的记载
要求在先申请的优先权的申请 [日内瓦修改协定第 6 条（1）（a）、海牙协定公共规则第 7 规则（5）（c）]	【按照巴黎公约主张的优先权等】

[表 3] 关于外观设计的复制品和图片的对应关系

国际注册簿中记录的外观设计的复制品 [海牙协定公共规则第 15 规则（2）（ii）]	记载了期望获得外观设计专利授权的外观设计的图片

以下，在国际外观设计专利申请中，将被认为是根据外观设计法第 6 条第 1 款的规定提出的请求书中的记载称作“国际外观设计专利申请的请求书的记载”，将被认为是根据外观设计法第 6 条第 1 款提出的图片中的记载称作“国际外观设计专利申请的图片的记载”。

112.2 国际外观设计专利申请的外观设计的认定

国际外观设计专利申请的外观设计的认定，既要留意与国际外观设计专利申请的请求书以及图片的记载相关的上述处理，也要适用日本国内的外观设计专利申请的外观设计的认定（参照第1部分“请求书及图片”第2章“外观设计专利申请有关的外观设计的认定”）基准来进行。

另外，关于国际外观设计专利申请的请求书的记载，基于用英语书写的记载实施认定。

第 3 章 国际外观设计专利申请相关的外观设计专利授权的要件

作为国际外观设计专利申请而提交的外观设计专利申请（注），为了获得外观设计专利授权，必须满足以下所有要件。

（注）

所谓作为国际外观设计专利申请而提交的外观设计专利申请是指审查员尚未作出是否符合外观设计法第 2 条第 1 款定义的外观设计的判断的申请。

（1）适于工业应用的外观设计的； （→113.1）

（2）具有新颖性的； （→113.2）

（3）具有设计非易性的； （→113.3）

（4）不与在先申请外观设计的一部分相同或者相似的在后申请外观设计的。 （→113.4）

113 相关条文

外观设计法：第 2 条第 1 款、第 2 款，第 3 条，第 3 条之 2，第 60 条之 6 第 1 款

外观设计法实施规则：格式第 6 备注 7 ~ 10、备注 12 ~ 16、备注 18 ~ 20、备注 24

日内瓦修改协定：第 12 条（1）

海牙协定公共规则：第 7 规则至第 11 规则

113.1 适于工业应用的外观设计

作为国际外观设计专利申请而提交的外观设计专利申请，为了符合外观设计法第 3 条第 1 款总括部分规定的适于工业应用的外观设计，必须满足以下所有要件。

因此，由于未满足以下任何一个要件的外观设计都不属于外观设计法第 3 条第 1 款总括部分规定的适于工业应用的外观设计，所以不能获得外观设计专利授权。

（1）构成外观设计的； （→113.1.1）

（2）外观设计是具体的； （→113.1.2）

（3）适于工业应用的。 （→113.1.3）

113.1.1 构成外观设计的

关于构成外观设计，参照第 2 部分“外观设计专利授权的要件”第 1 章“适于工业应用的外观设计”21.1.1“构成外观设计的要素”。

113.1.2 外观设计是具体的

作为外观设计专利权客体的期望获得外观设计专利授权的外观设计，基于外观设计所属领域的一般常识，根据国际外观设计专利申请的请求书以及图片的记载必须能直接推导出具体的一项外观设计的内容，即与以下①以及②有关的具体内容。

①基于外观设计产品的使用目的、使用状态等的用途以及功能；

②外观设计产品的形态。

(1) 认为外观设计不具体的情况的例子。

虽然国际外观设计专利申请不要求与日本国内的外观设计专利申请必须满足的请求书以及图片等的形式以及记载事项相关的要件，但在国际外观设计专利申请的审查中，该国际外观设计专利申请的请求书或者图片的记载，若具有日本国内的外观设计专利申请的情况下的记载缺陷（第2部分“外观设计专利授权的要件”第1章“适于工业应用的外观设计”21.1.2“外观设计是具体的”（1）“外观设计不被认定为是具体时的例子”所示的①~⑱），则处于相同的状态，即使综合判断该国际外观设计专利申请的请求书以及图片的记载，结果也无法直接推导出具体的一项外观设计的内容的情况下，认为外观设计不具体。

另外，关于外观设计是具体的其他判断基准，参照第2部分“外观设计专利授权的要件”第1章“适于工业应用的外观设计”21.1.2“外观设计是具体的”。

113.1.3 适于工业应用的

关于适于工业应用，参照第2部分“外观设计专利授权的要件”第1章“适于工业应用的外观设计”21.1.3“适于工业应用的”。

113.2 新颖性

113.2.1 外观设计法第3条第1款第1项

在外观设计专利申请之前在日本国内或者国外已公知的外观设计。

113.2.1.1 关于外观设计专利申请之前

所谓外观设计专利申请之前，与以日为单位判断的外观设计专利申请之日（外观设计法第9条、外观设计法第10条等）不同，需考虑外观设计专利申请的时刻（注）。

然而，关于国际外观设计专利申请，根据日内瓦修改协定第14条（1）以及外观设计法第60之6第1款的规定，申请的时间以日为单位来规定，不能特定至时刻，因此，国际外观设计专利申请的申请日和作为公知的外观设计被公众所知的时期而采用的日子是同日的情况下，该公知的外观设计被公知的时期不在国际外观设计专利申请之前。

（注）

在“在外国公知的外观设计”的情况下，对于该外观设计，将在该国或者地域被公众所知的时间换算成日本时间来进行判断。

另外，关于与外观设计法第3条第1款第1项的适用相关的其他判断基准，参照第2部分“外观设计专利授权的要件”第2章“新颖性”22.1.1“外观设计法第3条第1款第1项”。

113.2.2 外观设计法第3条第1款第2项

在外观设计专利申请之前，在日本国内或者国外公开的出版物上记载的外观设计或者通过电子通信回路使公众能够利用的外观设计。

113.2.2.1　外观设计专利申请之前

所谓外观设计专利申请之前，与以日为单位判断的外观设计专利申请日（外观设计法第 9 条、外观设计法第 10 条等）不同，还需考虑外观设计专利申请的时刻（注）。

然而，在国际外观设计专利申请中，根据日内瓦修改协定第 14 条（1）以及外观设计法第 60 之 6 第 1 款的规定，申请的时间以日为单位来规定，只能特定到时刻，因此，在国际外观设计专利申请的申请日和作为出版物发行的日期而采用的日期或者通过电子通信回路公众能够利用的时期而采用的日子是同日的情况下，该出版物发布的时期或者通过电子通信回路公众能够利用的时期不在国际外观设计专利申请之前。

（注）

在“在国外，已发行的出版物中记载的外观设计或者公众通过电子通信回路能够利用的外观设计”的情况下，将在该国或者地域记载了该外观设计的出版物被发行的时间，或者该外观设计通过电子通信回路能够被通知利用的时间，换算成日本时间来进行判断。

另外，关于与外观设计法第 3 条第 1 款第 2 项的适用相关的其他判断基准，参照第 2 部分“外观设计专利授权的要件”第 2 章“新颖性”22.1.2“外观设计法第 3 条第 1 款第 2 项”。

113.2.3　外观设计法第 3 条第 1 款第 3 项

关于外观设计法第 3 条第 1 款第 3 项，参照第 2 部分“外观设计专利授权的要件”第 2 章“新颖性”22.1.3“外观设计法第 3 条第 1 款第 3 项”。

113.3　设计非易性

113.3.1　外观设计专利申请之前

所谓外观设计专利申请之前，是指与外观设计法第 3 条第 1 款第 1 项或者第 2 项规定的外观设计专利申请之前相同地考虑外观设计专利申请的时刻，与以日为单位进行判断的外观设计专利申请日（外观设计法第 9 条、外观设计法第 10 条等）不同。

然而，在国际外观设计专利申请中，根据日内瓦修改协定第 14 条（1）以及外观设计法第 60 之 6 第 1 款的规定，申请的时间以日为单位来规定，不能特定至时刻，因此在国际外观设计专利申请的申请日与公知的形状、图案或色彩或者它们的结合公知时期而采用的日期同日的情况下，该公知形状、图案或色彩及其结合公知的时期不在国际外观设计专利申请之前。

另外，判断具有该外观设计所属领域的一般常识的人是否为易设计外观设计的基准时间，也是在该外观设计专利申请之前。

此外，关于设计非易性适用的其他判断基准，参照第 2 部分“外观设计专利授权的要件”第 3 章“设计非易性”。

113.4 与在先申请外观设计的一部分相同或者相似的在后申请外观设计的保护排除

113.4.1 关于外观设计法第3条之2的规定的适用的时期性要件

外观设计法第3条之2的规定，适用于自在先申请的外观设计专利申请的申请日后起至该外观设计专利申请的外观设计专利公报（将授权外观设计专利公报、同日申请的协商不成立或者无法协商的情况下的确定驳回的申请公开的公报）的发行日（含同日）为止申请的外观设计专利申请（适用但书的规定除外），因此，在国际外观设计专利申请的申请日与在先申请的外观设计专利公报的发行日是同日的情况下，作为符合外观设计法第3条之2规定的情况来处理。

另外，关于与在先申请外观设计的一部分相同或者相似的在后申请外观设计的保护排除的适用相关的其他判断基准，参照第2部分“外观设计专利授权的要件”第4章“与在先申请外观设计的一部分相同或者相似的在后申请外观设计保护排除”。

第 4 章　国际外观设计专利申请新颖性丧失的例外

114　相关条文

外观设计法：第 4 条、第 60 条之 7

外观设计法实施规则：第 1 条之 2、第 1 条之 3、格式第 1、格式第 1 之 2

海牙协定实施细则：第 408 节（c）

114.1　外观设计法第 60 条之 7 的规定

为了使国际外观设计专利申请也能够适用外观设计法第 4 条第 2 款的规定，对国际外观设计专利申请的情况下能采取的手续进行了规定。

114.1.1　用于在国际外观设计专利申请的情况下适用外观设计法第 4 条第 2 款的规定的具体手续

（1）在国际公布日之后的外观设计法实施规则第 1 条之 2 规定的 30 日的期间内，向日本特许厅长官提交记载有要适用外观设计法第 4 条第 2 款的规定的内容的文书（外观设计法第 4 条第 3 款、外观设计法第 60 条之 7），或者在国际申请中声明该意思（海牙协定实施细则第 408 节（c）、外观设计法实施规则第 19 条第 3 款适用的特许法实施细则第 27 条之 4）。

（2）在国际公布日之后的外观设计法实施规则第 1 条之 2 规定的 30 日的期间内，提交证明与公知外观设计相符的外观设计是能够适用外观设计法第 4 条第 2 款的规定的外观设计的文件。（外观设计法第 4 条第 3 款、外观设计法第 60 条之 7）

（3）提交依照外观设计法实施规则第 1 条规定的格式第 1 的新颖性丧失的例外的证明文件提交书。

另外，关于与适用新颖性丧失的例外相关的其他判断基准，参照第 3 部分“新颖性丧失的例外”。

第5章　与国际外观设计专利申请相关的外观设计法第5条的规定

关于与适用外观设计法第5条的规定相关的判断基准，参照第4部分“不能获得外观设计专利授权的外观设计”。

第 6 章　国际外观设计专利申请相关的一设计一申请

116　相关条文

外观设计法：第 7 条、第 60 条之 6 第 2 款、第 3 款

外观设计法实施规则：第 2 条之 4、第 7 条、格式第 2 备注 39、第一附表备注

日内瓦修改协定：第 13 条（1）

116.1　外观设计法第 60 条之 6 第 2 款的规定

外观设计法第 60 条之 6 第 2 款规定如下：对于包含两项以上外观设计的国际申请，在日本视为按作为国际注册的对象的外观设计逐项提出的外观设计专利申请。然而，所谓“作为国际注册的对象的外观设计”，是指基于国际事务局的判断的国际注册的外观设计的单位，不是直接指基于日本外观设计法第 7 条由外观设计法实施规则第一附表规定的产品分类或者与之同等程度分类的外观设计的单位。

从而，在国际外观设计专利申请不满足外观设计法第 7 条规定的要件的情况下，作为属于外观设计法第 7 条的驳回理由来处理。

116.1.1　经济产业省令规定的产品的分类

对于经济产业省令规定的产品的分类，参照第 5 部分“一设计一申请”51.1.1“经济产业省令规定的产品分类”。

116.1.2　不满足外观设计法第 7 条规定的要件的国际外观设计专利申请的例子

116.1.2.1　不受产品分类限制的“外观设计产品”栏的记载例

第 5 部分“一设计一申请”51.1.2.1“不受产品分类限制的请求书的‘外观设计产品’栏记载的例子”所示的“外观设计产品”栏的记载，不受产品分类或者与之同程度分类的产品的分类的限制。

但是，由于国际外观设计专利申请的请求书的记载语言是英语，因此（5）采用外国文字；（6）采用未转换成日语的外语的申请除外。

116.1.2.2　未按每项外观设计进行申请的例子

在根据国际外观设计专利申请的请求书以及图片的记载综合进行判断的情况下，在与以下两项相符的情况下，包含两项以上的外观设计不被认为是按每项外观设计提交的外观设计专利申请。

（1）将两个以上的产品分类并列记载在请求书的“外观设计产品”栏中的情况。

但是，为表示种类整体的复数形式的书写（例如，“Desks”等）的情况，或者能

够认定为成套产品的外观设计的国际外观设计专利申请的情况除外。

（2）显示了两个以上产品的图片的情况（包含排列了多个产品的情况）。

但是，能够认定为成套产品的外观设计的国际外观设计专利申请的情况除外。

116.1.2.3 部分外观设计的处理

关于部分外观设计的处理，参照第11部分“国际外观设计专利申请”第8章“部分外观设计的国际外观设计专利申请”118.1.6“部分外观设计的国际外观设计专利申请相关的一设计一申请”。

第 7 章　国际外观设计专利申请相关的外观设计法第 9 条的规定

适用外观设计法第 9 条的规定有关的判断基准，参照第 6 部分“在先申请”。

第 8 章　部分外观设计的国际外观设计专利申请

118　相关条文

外观设计法：第 2 条第 1 款、第 2 款、第 60 条之 6 第 1 款

外观设计法实施规则：格式 2 的备注 8、格式 6 的备注 11、备注 14、格式 8 的备注 3

海牙协定公共规则：规则 9 的（2）（b）

海牙协定实施细则：第 403 节

118.1　国际外观设计专利申请的部分外观设计的处理

在国际申请中，接受对于虽然示出在图片中但“未要求保护的部分”的说明，或者用点线、虚线或者上色进行的表示（海牙协定公共规则的规则 9（2）（b）、海牙协定实施细则第 403 节）。该“未要求保护”的表现，虽然日本外观设计法中未预先明确规定，但基于日内瓦修改协定的国际注册制度的宗旨，示出了“未要求保护的部分”的国际外观设计专利申请中该“未要求保护的部分”，相当于外观设计产品中“期望获得外观设计专利授权的部分以外的部分”（以下称作“其他部分”），结果，对于能够明确认定“期望获得外观设计专利授权的部分”的，即，对于产品的部分的形状、图案或色彩或它们的结合，在其认定为期望获得外观设计专利授权的申请是适当的情况下，作为日本的部分外观设计的外观设计专利申请来处理。

118.1.1　部分外观设计的国际外观设计专利申请的请求书以及图片的记载

118.1.1.1　部分外观设计的国际外观设计专利申请的请求书的记载

（1）“外观设计产品”栏的记载。

对于“外观设计产品”栏的记载，参照第 7 部分“个别的外观设计专利申请”第 1 章“部分外观设计”71.2.1“部分外观设计的外观设计专利申请的请求书的记载事项”（2）“‘外观设计产品’栏的记载”以及第 11 部分“国际外观设计专利申请”第 6 章“国际外观设计专利申请相关的一设计一申请”。

（2）“外观设计的说明”栏的记载。

在部分外观设计的国际外观设计专利申请中，对于虽然图示在图片中但“不要求保护的部分”，能够记载在“外观设计说明”栏。（海牙协定实施细则第 403 节）

另外，在国际申请的申请格式中，不认可日本国内外观设计专利申请的请求书的“部分外观设计”栏的记载。

118.1.1.2　部分外观设计的国际外观设计专利申请的图片的记载

在部分外观设计的国际外观设计专利申请中，对于虽然图示在图片中但“未要求保

护的部分”，能够通过点线或者虚线或者上色来表示。（海牙协定实施细则第 403 节）

118.1.2　部分外观设计的国际外观设计专利申请的外观设计的认定

关于部分外观设计的国际外观设计专利申请的外观设计的认定的以下几点，对国际外观设计专利申请的请求书以及图片的记载综合判断来进行认定。

①部分外观设计的外观设计产品；

②“期望获得外观设计专利授权的部分”的用途以及功能；

③“期望获得外观设计专利授权的部分”的位置、大小以及范围；

④“期望获得外观设计专利授权的部分”的形态。

关于上述①～④的认定，参照第 7 部分“个别的外观设计专利申请”第 1 章“部分外观设计”71.3“部分外观设计的外观设计专利申请相关的外观设计的认定”以及第 11 部分“国际外观设计专利申请”第 2 章“国际外观设计专利申请有关的外观设计的认定”112.2“国际外观设计专利申请有关的外观设计的认定。

118.1.3　与部分外观设计相关的外观设计的授权要件

作为部分外观设计的国际外观设计专利申请而提交的外观设计专利申请（注），为了获得外观设计专利授权，必须与整体外观设计的国际外观设计专利申请同样地满足以下所有要件。

（注）

所谓作为部分外观设计的国际外观设计专利申请而提交的外观设计专利申请，是指审查员尚未判断是否属于外观设计法第 2 条第 1 款定义的外观设计的申请。

（1）是适于工业应用的外观设计的；（→118.1.3.1）

（2）具有新颖性的；（→118.1.3.2）

（3）具有设计非易性的；（→118.1.3.3）

（4）与在先申请的外观设计的一部分相同或者相似的在后申请的外观设计。（→118.1.3.4）

118.1.3.1　适于工业应用的外观设计

作为部分外观设计的国际外观设计专利申请而提交的外观设计专利申请，为了符合外观设计法第 3 条第 1 款总括部分规定的适于工业应用的外观设计，必须满足以下所有要件。

因此，不满足以下的任何一个要件的申请，由于不符合外观设计法第 3 条第 1 款总括部分规定的适于工业应用的外观设计，因此无法获得外观设计专利授权。

（1）构成外观设计的；（→118.1.3.1.1）

（2）外观设计是具体的；（→118.1.3.1.2）

（3）适于工业应用的。（→118.1.3.1.3）

118.1.3.1.1 构成外观设计的

关于构成外观设计，参照第7部分“个别的外观设计专利申请”第1章“部分外观设计”71.4.1.1“构成外观设计的”。

118.1.3.1.2 外观设计是具体的

第一，在对国际外观设计专利申请的请求书的“外观设计产品”“外观设计说明”栏以及图片的记载进行综合判断的情况下，必然推导出该国际外观设计专利申请的外观设计与日本外观设计法中的部分外观设计相当。

第二，与整体外观设计一样，基于该外观设计所属领域的一般常识，根据外观设计国际申请的请求书以及图片的记载必须能直接推导出具体的一项外观设计的内容，即与以下的①至④相关的具体内容。

①部分外观设计的外观设计产品；

②“期望获得外观设计专利授权的部分”的用途以及功能；

③“期望获得外观设计专利授权的部分”的位置、大小、范围；

④“期望获得外观设计专利授权的部分”的形态。

进而，对于包含“期望获得外观设计专利授权的部分”和“其他部分”的、部分外观设计的外观设计的整个产品的形态，必须具体地示出为了识别属于“外观设计产品”栏记载的产品分类的产品所需要的最低限度的构成要素。

另外，关于部分外观设计的国际外观设计专利申请的请求书以及图片的记载的正确性，由于适用整体外观设计相关的处理，因此参照第11部分“国际外观设计专利申请”第3章“国际外观设计专利申请相关的外观设计专利授权的要件”113.1.2“外观设计是具体的”。

（1）外观设计被认定为是具体时的例子。

参照第7部分“个别的外观设计专利申请”第1章“部分外观设计”71.4.1.2“外观设计是具体的”（1）“外观设计被认定为是具体时的例子”。

（2）外观设计不被认定为是具体时的例子。

国际外观设计专利申请的请求书或者图片的记载处于如下状态，即使对该请求书以及图片的记载进行综合判断，也无法直接推导出一个具体的外观设计的内容时，外观设计不被认定为是具体的。

①国际外观设计专利申请的请求书的“外观设计说明”栏中没有关于“不要求保护的部分”的确定方法的记载，即使对国际外观设计专利申请的图片的记载进行综合判断，也不能明确是部分外观设计的国际外观设计专利申请，还是整体外观设计的国际外观设计专利申请。

②国际外观设计专利申请的图片记载中包含是否相当于外观设计产品的形状、图案或色彩或它们的结合不明确的部分，是整体外观设计的国际外观设计专利申请还是部分外观设计的国际外观设计专利申请不明确，或者是“期望获得外观设计专利授权的部

分”还是“其他部分”的形态不明确的情况。

③部分外观设计的外观设计产品或者“期望获得外观设计专利授权的部分”的具体用途以及功能不明确的情况。

④未表示“期望获得外观设计专利授权的部分”的整体形态的情况。

⑤未表示“其他部分”的整体形态的情况。

⑥在包含“期望获得外观设计专利授权的部分”和“其他部分”的、部分外观设计的外观设计产品整体的形态中，未明确表示识别属于“外观设计产品”栏所记载的产品分类的产品所需要的最低限度的必须包含的构成要素的情况。

⑦“期望获得外观设计专利授权的部分”形态不明确的情况：

(i)“期望获得外观设计专利授权的部分”的形态在各个图中不一致的情况；

(ii)“期望获得外观设计专利授权的部分”不是一个封闭的区域的情况。

⑧虚线等表示“其他部分”的形态，因例如在各个图中不一致，因而不具体，“期望获得外观设计专利授权的部分”的部分外观设计在外观设计产品整体的形态中的位置、大小、范围不明确的情况。

118.1.3.1.3　适于工业应用的

关于适于工业应用，参照第 7 部分“个别的外观设计专利申请”第 1 章“部分外观设计”71.4.1.3“适于工业应用的”。

在判断出国际外观设计专利申请的外观设计相当于日本外观设计法中的部分外观设计的情况下，审查员认为应该在国际外观设计专利申请的请求书记载“部分外观设计”栏，通过申请人的手续补正，或者由审查员增加“部分外观设计”栏（在没有其他驳回理由等的情况下，设必要仅为了增加“部分外观设计”栏而进行手续补正）。

118.1.3.2　新颖性

关于新颖性，参照第 7 部分“个别的外观设计专利申请”第 1 章“部分外观设计”71.4.2“新颖性”、第 11 部分“国际外观设计专利申请”第 3 章“国际外观设计专利申请相关的外观设计专利授权的要件”113.2.1“外观设计法第 3 条第 1 款第 1 项”以及 113.2.2“外观设计法第 3 条第 1 款第 2 项”。

118.1.3.3　设计非易性

关于设计非易性，参照第 7 部分“个别的外观设计专利申请”第 1 章“部分外观设计”71.4.3“设计非易性”以及第 11 部分“国际外观设计专利申请”第 3 章“国际外观设计专利申请相关的外观设计专利授权的要件”113.3“设计非易性”。

118.1.3.4　与在先申请外观设计的一部分相同或相似的在后申请外观设计

关于与在先申请外观设计的一部分相同或相似的在后申请外观设计，请参照第 7 部分“个别的外观设计专利申请”第 1 章“部分外观设计”71.4.4“与在先申请外观设计的一部分相同或者相似的在后申请的外观设计”以及第11部分“国际外观设计专利申请”第3章“国际外观设计专利申请相关的外观设计专利授权的要件”113.4“与在先申请外观设计的一部分相同或者相似的在后申请外观设计的保护排除”。

118.1.4 与部分外观设计的国际外观设计专利申请相关的新颖性丧失的例外

关于与部分外观设计的国际外观设计专利申请相关的新颖性丧失的例外，参照第7部分“个别的外观设计专利申请”第1章“部分外观设计”71.5“部分外观设计的外观设计专利申请相关的新颖性丧失的例外”以及第11部分“国际外观设计专利申请”第4章“国际外观设计专利申请新颖性丧失的例外”。

118.1.5 部分外观设计的国际外观设计专利申请相关的外观设计法第5条的规定

关于与部分外观设计的国际外观设计专利申请相关的外观设计法第5条的规定的适用的判断基准，参照第7部分“个别的外观设计专利申请”第1章“部分外观设计”71.6“部分外观设计的外观设计专利申请相关的外观设计法第5条的规定”。

118.1.6 部分外观设计的国际外观设计专利申请相关的一设计一申请

关于与部分外观设计的国际外观设计专利申请相关的一设计一申请，参照第7部分“个别的外观设计专利申请”第1章“部分外观设计”71.7“部分外观设计的外观设计专利申请相关的一设计一申请”以及第11部分“国际外观设计专利申请”第6章“国际外观设计专利申请相关的一设计一申请”（116.1.2.3“部分外观设计的处理”除外）。

118.1.7 成套产品的外观设计的部分外观设计

关于成套产品的外观设计的部分外观设计，参照第7部分“个别的外观设计专利申请”第1章“部分外观设计”71.8“成套产品的外观设计有关的部分外观设计”以及第11部分“国际外观设计专利申请”第9章“国际外观设计专利申请的成套产品的外观设计”。

118.1.8 部分外观设计的国际外观设计专利申请相关的外观设计法第9条以及第10条的规定

关于与部分外观设计的国际外观设计专利申请相关的外观设计法第9条以及第10条的规定，参照第7部分“个别的外观设计专利申请”第1章“部分外观设计”71.9“部分外观设计的外观设计专利申请相关的外观设计法第9条以及第10条的规定”以及第11部分“国际外观设计专利申请”第7章“国际外观设计专利申请相关的外观设计法第9条的规定”。

118.1.9　部分外观设计的国际外观设计专利申请相关的要点的变更

118.1.9.1　部分外观设计的外观设计要点

关于部分外观设计的外观设计的要点，参照第 7 部分“个别的外观设计专利申请”第 1 章“部分外观设计”71.10.1“部分外观设计的外观设计的要点”。

118.1.9.2　变更要点的补正的类型

关于变更要点的补正的类型，参照第 7 部分“个别的外观设计专利申请”第 1 章“部分外观设计”71.10.2“变更要点的补正的类型”以及第 11 部分“国际外观设计专利申请”第 12 章“国际外观设计专利申请的请求书以及图片的记载的补正”1112.2.1.2.1“变更要点的补正的类型”。

118.1.9.3　针对国际外观设计专利申请的请求书的记载进行的补正的具体处理

（1）增加“部分外观设计”栏的补正。

在对于申请当初的请求书以及图片的记载进行综合判断，必然地推导出该国际外观设计专利申请是整体外观设计的国际外观设计专利申请时，或者即使综合进行判断也无法必然推导出该国际外观设计专利申请是部分外观设计的国际外观设计专利申请，还是整体外观设计的国际外观设计专利申请时，通过增加“部分外观设计”栏，从而将该国际外观设计专利申请作为部分外观设计的国际外观设计专利申请的补正，是变更要点的补正。

在对申请当初的请求书以及图片的记载进行综合判断，能够必然推导出该国际外观设计专利申请是部分外观设计的国际外观设计专利申请时，增加“部分外观设计”栏的补正不是变更要点的补正。

（2）对与确定“期望获得外观设计专利授权的部分”的方法相关的记载进行补充的补正。

在申请当初的“外观设计的说明”栏没有与确定“期望获得外观设计专利授权的部分”的方法相关的记载，且即使对该请求书以及图片的记载进行综合判断，“期望获得外观设计专利授权的部分”也不明确，无法必然推导出具体的外观设计时，在“外观设计说明”栏对与确定“期望获得外观设计专利授权的部分”的方法相关的记载进行补充的补正是变更要点的补正。

在申请当初的“外观设计说明”栏没有与确定“期望获得外观设计专利授权的部分”是方法相关的记载的情况下，对该请求书以及图片的记载进行综合判断，在明确为部分外观设计的国际外观设计专利申请，且能够必然推导出“期望获得外观设计专利授权的部分”时，在“外观设计说明”栏补充与确定“期望获得外观设计专利授权的部分”的方法相关的记载的补正，不是变更要点的补正。

（3）关于部分外观设计的国际外观设计专利申请，删除与确定“期望获得外观设计专利授权的部分”的方法相关的记载的补正。

对申请当初的请求书以及图片的记载进行综合判断，能够必然推导出该国际外观设计专利申请是部分外观设计的国际外观设计专利申请时，从“外观设计说明”栏删除与确定“期望获得外观设计专利授权的部分”的方法相关的记载，使该国际外观设计专利申请是部分外观设计专利申请还是整体外观设计专利申请的不明确的补正，或者使该国际外观设计专利申请的“期望获得外观设计专利授权的部分”的不明确的补正是变更要点的补正。

对申请当初的请求书以及图片的记载进行综合判断，能够必然推导出该国际外观设计专利申请是整体外观设计的国际外观设计专利申请时，从“外观设计说明”栏删除与确定“期望获得外观设计专利授权的部分”的方法相关的记载的补正，不是变更要点的补正。

118.1.9.4　针对国际外观设计专利申请的图片记载进行的补正的具体处理

（1）将包含物理上分离的两个以上的“期望获得外观设计专利授权的部分”的部分外观设计的国际外观设计专利申请作为一个具有“期望获得外观设计专利授权的部分”的部分外观设计的国际外观设计专利申请的补正。

在对包含物理上分离的两个以上的“期望获得外观设计专利授权的部分”，且无法作为一项外观设计处理的部分外观设计的国际外观设计专利申请进行分案时，在“其他部分”，对与分案后的新的部分外观设计的外观设计专利申请中的“期望获得外观设计专利授权的部分”相当的原部分外观设计的国际外观设计专利申请的图片中表示的该“期望获得外观设计专利授权的部分”进行订正的补正，不是变更要点的补正。

该情况下不分案，而是在“其他部分”对图片表示的一个“期望获得外观设计专利授权的部分”以外的所有“期望获得外观设计专利授权的部分”进行订正的补正，不是变更要点的补正。

（2）对“期望获得外观设计专利授权的部分”的形态等进行变更的补正。

超过基于该外观设计所属领域的普通知识能够必然推导出“期望获得外观设计专利授权的部分”的形态的同一范围进行变更的补正或者该部分的形态自身未被变更，但超过同一范围对“期望获得外观设计专利授权的部分”的该部分外观设计的外观设计在产品整体形态中的位置、大小、范围进行变更的补正，是变更要点的补正。

另外，即使对申请当初的请求书以及图片的记载进行综合判断，“期望获得外观设计专利授权的部分”的形态或者“期望获得外观设计专利授权的部分”在该部分外观设计的外观设计产品整体形态中的位置、大小、范围不清楚时，使之明确的补正，是变更要点的补正。

（3）变更“其他部分”的形态的补正。

通过用实线对“其他部分”的一部分进行更正，从而超过基于该外观设计所属领域的一般常识能够必然推导出“期望获得外观设计专利授权的部分”的形态的同一范围来进行变更的补正，或者通过对“其他部分”的轮廓形状进行变更从而超过基于该外观设计所属领域的一般常识能够必然推导出“期望获得外观设计专利授权的部分”在该部分外观设计的外观设计产品整体的形态中的位置、大小、范围进行变更的补正，是变更要点的补正。

对申请当初的请求书以及图片的记载综合进行判断，在能够必然推导出该国际外观设计专利申请是部分外观设计的国际外观设计专利申请时，对“其他部分”全部用实线进行更正，对该请求书的记载也进行必要的更正，将该部分外观设计的国际外观设计专利申请变更为整体外观设计的国际外观设计专利申请的补正，是变更要点的补正。

（4）删除表示“不要求保护的部分”的虚线等的补正。

在申请当初的图片中记载有虚线等，对该请求书以及图片的记载进行综合判断，在不能必然推导出该虚线等表示仅将对部分外观设计的外观设计产品整体的形态附加的要素作为“不要求保护的部分”时，删除该虚线等的补正是变更要点的补正。

在申请当初的图片中记载有虚线等，但对该请求书以及图片的记载进行综合判断，在能够必然推导出该虚线表示仅将对部分外观设计的外观设计产品整体的形态附加的要素作为“不要求保护的部分”时，删除该虚线等的补正不是变更要点的补正。

118.1.10　在部分外观设计的国际外观设计专利申请的情况下基于分案的新的外观设计专利申请

关于在部分外观设计的国际外观设计专利申请的情况下基于分案的新的外观设计专利申请，参照第 7 部分“个别的外观设计专利申请”第 1 章“部分外观设计”71.11“部分外观设计的外观设计专利申请相关的分案”。

118.1.11　按照巴黎公约主张优先权等的部分外观设计的国际外观设计专利申请

关于按照巴黎公约主张优先权等的部分外观设计的国际外观设计专利申请，参照第 7 部分“个别的外观设计专利申请”第 1 章“部分外观设计”71.13“按照巴黎公约主张优先权等的部分外观设计的外观设计专利申请”以及第 11 部分“国际外观设计专利申请”第 14 章“与国际外观设计专利申请相关的按照巴黎公约主张优先权等的手续”。

第 9 章　国际外观设计专利申请的成套产品的外观设计

119　相关条文

外观设计法：第 2 条第 1 款、第 8 条
外观设计法实施规则：第 2 条之 4、第 8 条、第二附表
日内瓦修改协定：第 5 条（1）（iv）
海牙协定公共规则：规则 7（3）（iv）

119.1　成套产品的外观设计

关于成套产品的外观设计，参照第 7 部分“个别的外观设计专利申请”第 2 章“成套产品的外观设计”。

119.1.1　被认定为成套产品的外观设计的要件

为了使国际外观设计专利申请能够作为成套产品的外观设计进行外观设计专利申请，必须满足以下所有要件。

（1）记载在“外观设计产品”栏的是由经济产业省令规定的产品的；（→118.2.1.1.1）

（2）组成产品适当的；（→118.2.1.1.2）

（3）作为成套产品全体具有统一性的。（→118.2.1.1.3）

119.1.1.1　记载在“外观设计产品”栏的是由经济产业省令规定的产品

记载在“外观设计产品”栏的必须是由经济产业省令规定的产品，即必须与第二附表列举的成套产品相符。

但是，由于国际外观设计专利申请的情况下的语言是英语，因此，只要在“外观设计产品”栏按照“a set of ○○”这样记载与外观设计法实施规则第二附表列举的成套产品中的任一个相当的产品即可。

在记载在“外观设计产品”栏的不是经济产业省令规定的产品的情况下，不认为是成套产品，根据外观设计法第 8 条的规定通知驳回理由。

另外，关于与成套产品的外观设计的适用相关的其他判断基准，参照第 7 部分“个别的外观设计专利申请”第 2 章“成套产品的外观设计”。

第 10 章　国际外观设计专利申请相关的外观设计法第 10 条的规定

关于与外观设计法第 10 条的规定的适用相关的判断基准，参照第 7 部分“个别的外观设计专利申请”第 3 章“关联外观设计”。

第 11 章　国际外观设计专利申请中包含图像的外观设计

1111　相关条文

外观设计法：第 2 条第 1 款、第 2 款

外观设计法实施规则：第 2 条、第 3 条、格式 2 备注 40、格式 6 备注 8 ~ 11、备注 14、备注 21

1111. 1　包含图像的外观设计的国际外观设计专利申请的请求书以及图片的记载

1111. 1. 1　包含图像的国际外观设计专利申请的请求书的记载事项

（1）“外观设计产品”栏的记载。

关于包含图像的外观设计的国际外观设计专利申请，成为该外观设计的设计基础的产品必须被认为是作为外观设计法的对象的产品。（例如“Graphical user interface for ○○”不属于外观设计产品）

在“外观设计产品”栏，必须根据外观设计法第 7 条的规定用英语记载第一附表的下栏列举的产品的分类或者与之同程度分类的产品分类。

例如，关于视频播放器的外观设计的设计，即使期望获得外观设计专利授权的部分的图像是显示在与该产品同时使用的电视机的部分，由于成为权利客体的外观设计产品是包含该图像的视频播放器，因此必须如“Video disc player”那样记载在“外观设计产品”栏。

另外，关于与包含图像的国际外观设计专利申请的请求书的记载事项相关的其他判断基准，参照第 11 部分“国际外观设计专利申请”第 2 章“国际外观设计专利申请有关的外观设计的认定”112. 1“国际注册簿中记载的事项和外观设计专利申请的请求书或者图片中应记载的事项之间的对应关系”。

关于与包含其他图像的外观设计相关的要件，参照第 7 部分“个别的外观设计专利申请”第 4 章“包含图像的外观设计”；关于整体外观设计，参照第 11 部分“国际外观设计专利申请”第 3 章“国际外观设计专利申请相关的外观设计授权的要件”；关于部分外观设计，参照第 11 部分“国际外观设计专利申请”第 8 章“部分外观设计的国际外观设计专利申请”。

第 12 章　国际外观设计专利申请的请求书以及图片的记载的补正

1112　相关条文

外观设计法：第 60 条之 24、第 68 条第 2 款
外观设计法实施规则：第 15 条、格式第 14
特许法：第 17 条第 3 款、第 4 款、第 17 条之 2

1112.1　补正

关于补正，参照第 8 部分“请求书、图片等的记载的补正”第 1 章“补正”。

1112.2　补正不予受理

1112.2.1　补正不予受理

1112.2.1.1　外观设计的要点和外观设计的要点的认定

关于外观设计的要点和外观设计的要点的认定，参照第 8 部分“请求书、图片等的记载的补正”第 2 章“补正不予受理”82.1.1“外观设计的要点和外观设计的要点的认定”。

1112.2.1.2　要点的变更

1112.2.1.2.1　变更要点的补正的类型

在针对国际外观设计专利申请的请求书或者图片的记载进行的补正，属于第 8 部分“请求书及图片等的记载的补正”第 2 章“补正不予受理”82.1.2.1.1“被认定为超出根据该外观设计所属领域中的一般常识能够理所当然推导出的同一范围而变更的情况”或者 82.1.2.1.2“被认定为使申请当初不明确的外观设计的要点成为明确要点的情况”中的任何一种的情况下，该补正是对申请当初的国际外观设计专利申请的请求书以及图片的记载的要点进行变更的补正。

1112.2.1.2.2　不是变更要点的补正类型

在对申请当初和补正后的各项外观设计进行比较的判断中，在对请求书以及图片的记载综合进行判断的情况下，该补正属于第 8 部分“请求书、图片等的记载的补正”第 2 章“补正不予受理”82.1.2.2.1“更正为根据该外观设计所属领域中的一般常识能够理所当然推导出的同一范围的外观设计的情况”或者 82.1.2.2.2“将未对外观设计要点认定造成影响的细微部分的记载缺陷订正为正确记载的情况”中的任何一种的情况

下，该补正不是对申请当初的国际外观设计专利申请的请求书的记载或者请求书所附的图片等的要点进行变更的补正。

另外，对于对国际外观设计专利申请的请求书的记载进行的补正，以基于英语记载的比较来判断是否为要点变更为原则，但对于采用英语以外的语言（法语或者西班牙语）作为国际申请的语言的国际外观设计专利申请，在存在与申请当初的该国际申请的语言记载相应的解释的情况下，在要点变更的判断中参考该解释。

第 13 章　国际外观设计专利申请相关的特殊的外观设计专利申请

对于国际外观设计专利申请的情况下基于分案的新的外观设计专利申请，参照第 9 部分“特殊的外观设计专利申请”第 1 章“外观设计专利申请的分案”以及第 11 部分“国际外观设计专利申请”第 6 章“国际外观设计专利申请相关的一设计一申请”116.1.2“不满足外观设计法第 7 条规定的要件的国际外观设计专利申请的例子”；对于关于补正后的外观设计的新申请，参照第 9 部分“特殊的外观设计专利申请”第 4 章“补正后外观设计的新申请”。

第14章　与国际外观设计专利申请相关的按照巴黎公约主张优先权等的手续

1114　相关条文

外观设计法：第15条第1款、第60条之10
外观设计法实施规则：第12条之2
特许法：第43条、第43条之3
日内瓦修改协定：第6条
海牙协定公共规则：规则7（5）（c）

1114.1　外观设计法第60条之10的规定

对于关于国际外观设计专利申请的优先权要求，由于统一为根据日内瓦修改协定第6条（1）规定的由国际事务局经办的手续，因此根据本条第1款，国际外观设计专利申请不适用于向日本特许厅主张优先权的情况下的手续规定。

由于日内瓦修改协定中未对国际申请伴随的优先权证明文件的提交手续进行规定，因此，与优先权证明文件提交手续相关的特许法的规定也适用于“日内瓦修改协定第6条（1）（a）规定的主张优先权的人”。

另外，日内瓦修改协定第6条（1）（a）的规定中未认可外观设计法第15条第1款适用的特许法第43条之3第2款规定的对于“特定国”主张的优先权，因此外观设计法第15条第1款的规定不适用于国际外观设计专利申请。

1114.1.1　按照巴黎公约主张优先权等的效果

根据外观设计法第60条之10第1款的规定，对于国际外观设计专利申请，不承认外观设计法第15条第1款适用的特许法第43条之3第2款规定的与“特定国”的国民相关的按照巴黎公约的优先权主张。

1114.1.1.1　用于按照巴黎公约主张优先权等的手续

根据巴黎公约第4条D（1）的规定，对于国际外观设计专利申请主张优先权的人，必须进行根据日内瓦修改协定第6条（1）（a）以及外观设计法第60条之10第2款的规定替换适用的特许法第43条第2款以及第3款规定的手续。

1114.1.2　用于承认按照巴黎公约主张优先权等的效果的要件

对于以国内外观设计专利申请为基准主张优先权的国际外观设计专利申请，不承认该优先权主张的效果。

另外，对于与按照巴黎公约主张优先权等的手续相关的其他判断基准，参照第10部分“按照巴黎公约主张优先权等的手续”。

第 12 部分　审查方法

第 1 章　概论

121　与审查手续相关的主要条文

外观设计法第 16 条（审查员的审查）
外观设计法第 17 条（驳回决定）
外观设计法第 17 条之 2（补正不予受理）
外观设计法第 18 条（外观设计专利的授权）
外观设计法第 19 条适用的特许法第 50 条（驳回理由的通知）
外观设计法第 19 条适用的特许法第 52 条（授权的方式）
日内瓦修改协定第 12 条（驳回）

121.1　审查的基本方针

审查员对外观设计专利申请进行与是否应授予外观设计专利权相关的实体审查。要求审查员根据高度的专业知识来进行公正的判断。

审查时应特别留意以下几点。

（1）既要留意确保迅速性、准确性、公平性以及透明性，又要依照审查指南等的标准，进行统一审查。

（2）关于在先设计检索以及授权要件等的判断，努力实现维持和进一步提高审查品质。

（3）既要留意与申请人以及代理人（以下仅称作“申请人”）之间的意见沟通，又要进行高效的审查。

121.2　审查步骤的概要

以下是审查步骤的概要。对于各个步骤的详细情况，参照第 2 章“分论”。另外，图中示出实体审查的主要流程。

（1）外观设计专利申请相关的外观设计的认定（→ 122.1）。

从认定外观设计专利申请涉及的外观设计（以下称作“本申请的外观设计”）开始审查。在外观设计的认定中，基于请求书的记载以及附于请求书的图片等来进行综合判断。另外，还针对外观设计法第 3 条第 1 款总括部分、第 7 条、第 8 条的要件进行探讨。

（2）在先设计检索（→ 122.2）。

为了发现有助于本申请的外观设计的新颖性、设计非易性等的授权要件（外观设计法第 3 条第 1 款各项以及第 2 款、第 3 条之 2）、在先申请的要件（外观设计法第 9 条）以及关联外观设计的要件（外观设计法第 10 条）的判断的①在先设计、②公知的（或者周知的）形状、图案或者色彩或者它们的结合（以下将①和②合并称作“在先设计等”），而进行在先设计检索。

（3）新颖性、设计非易性等的探讨（→ 122. 3）。

针对在先设计检索中发现的在先设计等的内容，是否构成与本申请的外观设计的新颖性、设计非易性等的授权要件（外观设计法第 3 条第 1 款各项以及第 2 款、第 3 条之 2）、在先申请的要件（外观设计法第 9 条）或者关联外观设计的要件（外观设计法第 10 条）相关的驳回理由进行探讨。

另外，针对外观设计专利申请是否符合外观设计法第 17 条各项规定的驳回理由进行探讨。

（4）驳回理由的通知（→ 122. 4、122. 5）。

在探讨的结果发现了驳回理由的情况下，通知驳回理由（外观设计法第 19 条适用的特许法第 50 条）。驳回理由，尽可能采用平实易懂的语言记载要点。

在国际外观设计专利申请的情况下，根据国际事务局发出的驳回的通报（日内瓦修改协定第 12 条）来进行驳回理由的通知。

（5）提出了意见陈述书或者手续补正书时（→ 122. 6）。

在提出了意见陈述书或者手续补正书的情况下，在仔细阅读意见陈述书，充分理解了意见陈述书的内容之后，针对意见陈述书中主张的各事项进行探讨，另外，充分探讨手续补正书的内容，判断之前示出的驳回理由是否已消除。

在提出了手续补正书的情况下，针对申请当初和补正后的各个外观设计进行比较，确认申请当初的请求书的记载或者附于请求书的图片等的要点是否未变更。

在对请求书或者图片等进行的补正为变更外观设计的要点的补正时，作出该补正不予受理的决定。

（6）审查决定（→ 122. 7）。

在未发现驳回理由的情况下，作出授权决定。通过提出意见陈述书或者手续补正书来消除驳回理由，在未发现其他驳回理由的情况下，作出授权决定（外观设计法第 18 条）。

另外，在对意见陈述书或者手续补正书的内容进行探讨，判断所通知的驳回理由未被消除时，作出驳回决定（外观设计法第 17 条）。在驳回的情况下，通过平实易懂的语言记载所通知的驳回理由未被消除的具体理由。

第 2 章　分论

122.1　外观设计专利申请有关的外观设计的认定

（1）整体外观设计的认定（→ 第 1 部分第 2 章）。

作为判断本申请的外观设计的新颖性、设计非易性等的前提，必须掌握外观设计的内容。将该作业称作外观设计的认定。

本申请的外观设计的认定中，关于以下几点，基于该外观设计所属领域的一般常识（本领域设计人员的知识）根据请求书的记载以及附于请求书的图片等来进行综合判断。

①外观设计产品；

②外观设计产品的形态。

关于外观设计产品，根据请求书的“外观设计产品”以及“外观设计产品说明”栏等的记载以及附于请求书的图片等，来认定外观设计产品的用途以及功能。

关于外观设计产品的形态，根据附于请求书的图片等以及请求书的“外观设计说明”栏等的记载，来认定外观设计产品整体的形态、各部的形态。

（2）部分外观设计的认定（→ 71.3）。

在部分外观设计的本申请的外观设计的认定中，关于以下几点，在留意“外观设计说明”栏记载的“期望获得外观设计专利授权的部分”的特定方法的同时，确定“期望获得外观设计专利授权的部分”之后，根据请求书的记载以及附于请求书的图片等来进行综合判断。

①部分外观设计的外观设计产品；

②“期望获得外观设计专利授权的部分”的用途以及功能；

③“期望获得外观设计专利授权的部分”的位置、大小、范围；

④“期望获得外观设计专利授权的部分”的形态。

关于部分外观设计的外观设计产品，根据请求书的“外观设计产品”以及“外观设计产品说明”栏等的记载以及附于请求书的图片等，来认定部分外观设计的外观设计产品的用途以及功能。

关于“期望获得外观设计专利授权的部分”的用途以及功能，基于上述已认定的部分外观设计的外观设计产品所具有的用途以及功能来进行认定。

关于“期望获得外观设计专利授权的部分”的位置、大小、范围，根据附于请求书的图片等以及请求书的“外观设计说明”栏等的记载进行认定。

关于“期望获得外观设计专利授权的部分”的形态，根据附于请求书的图片等以及请求书的“外观设计说明”栏等的记载进行认定。

（3）外观设计的认定时的留意事项。

在认定本申请的外观设计时，在请求书的记载或者附于请求书的图片等中发现了记载不完备的情况下，在认定具体的外观设计的基础上判断该记载缺陷是否能合理解决。（参照 21. 1. 2 “外观设计是具体的”）

122. 2 在先设计检索

为了发现有助于本申请的外观设计的新颖性、设计非易性等的授权要件（外观设计法第 3 条第 1 款各项以及第 2 款、第 3 条之 2）、在先申请的要件（外观设计法第 9 条）以及关联外观设计的要件（外观设计法第 10 条）的判断的在先设计等，而进行在先设计检索。

另外，在无法确定本申请的外观设计所属的领域时，于在先设计检索之前，针对是否属于适于工业应用的外观设计（外观设计法第 3 条第 1 款总括部分）、是否包含两项以上的外观设计（外观设计法第 7 条）、成套产品的外观设计的情况下，是否满足被认为是成套产品的外观设计的要件（外观设计法第 8 条）进行探讨，在发现驳回理由的情况下，通知驳回理由。（参照 72. 1. 1 “被认为成套产品的外观设计的要件”）

（1）参考文献。

将揭示了有助于本申请的外观设计的新颖性、设计非易性等的判断的在先外观设计等的审查资料称作参考文献。

发现与本申请的外观设计之间作为整体外观设计或者在各部件的形态上具有相同点的在先设计等，将公开了该在先设计的审查资料记录为参考文献。

另外，在存在用于审查员理解本申请的外观设计以及该外观设计所属的领域的作为参考的在先设计等的审查资料的情况下，能够记录为参考文献。

（2）在先设计检索方法。

①对于外观设计专利申请，不要求申请人记载与申请人认为对该外观设计而言重要的形态、该产品中被重视的部分相关的说明。因而，为了设置在先设计检索中的审查资料的范围、提取参考文献，于在先设计检索之前，审查员首先需要基于请求书的记载以及附于请求书的图片等，自己针对该外观设计的形态推测引起注意的部分、引起注意的程度。在该推测中，在关联外观设计的外观设计专利申请的情况下，参考与本外观设计之间在形态上的相同点；另外，在外观设计专利申请在提交了特征记载文件的情况下，还参考特征记载文件的内容。（参照 131. 1 “特征记载文件”）

②将外观设计专利申请、公知资料（国内外的图书、国内外的杂志、国内外的目录、国内外的日本特许厅的外观设计专利公报、互联网的首页）、公开发明专利的公报以及实用新型专利公报等的审查资料作为对象，来进行在先设计检索。

③基于审查员的知识、经验以及本申请的外观设计所属的领域的过去的外观设计专利申请的审查判断，设置应检索的审查资料的范围，将与本申请的外观设计之间关联性高的产品领域优先来进行检索。通常，根据请求书的记载以及附于请求书的图片等，来将包含本申请的外观设计的外观设计产品的日本外观设计分类设置作为检索范围，根据属于该日本外观设计分类的外观设计专利申请以及公知资料来开始检索。

④是否应扩大检索范围，要考虑作为检索范围设置的日本外观设计分类的检索结果来决定。即，在检索属于包含本申请的外观设计的外观设计产品的日本外观设计分类的审查资料的结果，无法发现用于足以合理判断新颖性、设计非易性等的在先设计等的情况下，如下例所示，在考虑有可能发现有助于新颖性、设计非易性等的判断的在先设计等的检索方法时，在考虑检索的迅速性和准确性这两个方面之后，增加假设可能更高效发现在先设计的检索方法。

（扩大检索范围的在先设计检索方法的例子）

（i）在有可能包含与本申请的外观设计的外观设计产品、用途（使用目的、使用状态等）以及功能有共同性的产品的日本外观设计分类或者洛迦诺协定（注）规定的外观设计的国际分类（以下称作“国际外观设计分类”）的情况下，进行属于该日本外观设计分类或者国际外观设计分类的外观设计专利申请以及公知资料的检索。

（注）

正式协定为1979年9月28日修订、1968年10月8日于洛迦诺署名的规定外观设计的国际分类的洛迦诺协定。

（ii）在存在有可能包含成为本申请的外观设计的构成要素的形状、图案或者色彩或者它们的结合表示的在先外观设计等的日本外观设计分类或者国际外观设计分类的情况下，进行属于该日本外观设计分类或者国际外观设计分类的外观设计专利申请以及公知资料的检索。

（iii）本申请的外观设计为部件的外观设计或者部分外观设计，存在包含有可能含有将该部件或者“期望获得外观设计专利授权的部分”的形态作为在先设计的一部分而公开的在先设计产品的日本外观设计分类或者国际外观设计分类的情况下，进行属于该日本外观设计分类或者国际外观设计分类的外观设计专利申请以及公知资料的检索。

（iv）在本申请的外观设计的“外观设计产品”“外观设计产品说明”或者“外观设计说明”栏记载了表示该产品的特征的语句的情况下，进行“外观设计产品”“外观设计产品说明”或者“外观设计说明”栏含有该语句的外观设计专利申请以及“外观设计产品”含有该语句的公知资料的检索。

（v）在存在与本申请的外观设计的外观设计产品关联的发明专利的技术领域，且有可能该技术领域的公开发明专利的公报以及授权实用新型专利公报等有可能示出该产品的形态的情况下，进行属于该技术领域的公开发明专利的公报以及授权实用新型专利公报等的检索。

（vi）在本申请的外观设计有可能不满足设计非易性的授权要件的情况下，根据需要进行成为设计非易性的判断基础的资料以及成为对于本领域设计人员而言常规手段等的根据的资料检索。

（vii）在所发现的在先外观设计记录了参考文献的情况下，进行该在先外观设计的参考文献的检索。

（viii）在外观设计专利申请的申请人过去进行了外观设计专利申请的情况下，进行该过去的外观设计专利申请以及该参考文献的检索。

（3）在先外观设计检索的结束。

对于本申请的外观设计，在发现了用于足以判断新颖性、设计非易性等的在先外观设计等时，或者即使扩大检索范围，发现有意义的在先设计等的可能性非常小时，可以结束在先外观设计检索。

122.3 新颖性、设计非易性等的探讨

关于通过在先设计检索发现的在先外观设计等的内容是否构成与本申请的外观设计的新颖性、设计非易性等的授权要件（外观设计法第 3 条第 1 款各项以及第 2 款、第 3 条之 2）、在先申请的要件（外观设计法第 9 条）以及关联外观设计的要件（外观设计法第 10 条）相关的驳回理由，按照以下的要领进行探讨。

另外，针对外观设计专利申请是否属于外观设计法第 17 条各项规定的驳回理由进行探讨。

（1）资料的著录项目的确认。

在探讨外观设计法第 3 条第 1 款各项以及第 2 款的规定的适用的情况下，确认在先设计等的公开日与成为本申请的外观设计的授权要件等的判断的基准日之间的关系。（在探讨外观设计法第 3 条第 1 款各项以及第 2 款的规定的适用时，不仅要考虑日期还要考虑到时刻）

在探讨外观设计法第 3 条之 2、第 9 条、第 10 条的规定的适用的情况下，确认在先设计（在先申请的外观设计）的授权要件等的判断的基准日与公报发行日以及申请人或者外观设计专利权人与本申请的外观设计的授权要件等的判断的基准日以及申请人之间的关系。

（外观设计法第 3 条之 2）

24.1.6.1　参照“外观设计专利申请的申请人与在先的外观设计专利申请的申请人相同”

24.1.6.2　参照“（略）在先的外观设计专利申请的外观设计专利公报（略）的发行日前已有该外观设计专利申请”

24.1.7　参照“适用外观设计法第 3 条之 2 规定的期限要求”

（外观设计法第 9 条）

61.1.10　参照“在不同日期对相似的外观设计提出的外观设计专利申请的处理”

61.1.11　参照“在同日就相同或者相似的外观设计提出的外观设计专利申请的处理”

61.1.12　参照“关于外观设计专利申请的分案、申请的变更以及补正后的外观设计的新申请的外观设计法第 9 条第 1 款或者第 2 款规定的判断基准日”

61.1.13　参照“按照巴黎公约主张优先权等的外观设计专利申请的外观设计法第 9 条第 1 款或者第 2 款规定的判断基准日”

（外观设计法第 10 条）

73.1.1.1　参照“是由与本外观设计相同的外观设计专利申请人进行的外观设计专利申请”

73.1.1.3　参照“是在本外观设计的外观设计专利申请日之后、本外观设计的外观设计专利公报（略）的发行日前提交申请的外观设计专利申请”

另外，在此所说的“授权要件等的判断基准日”，是指以下的任一日子。

①申请日；

②成为巴黎公约优先权等的基础的向首次申请国提交的申请之日；

③分案申请、变更申请的情况下的原申请的申请日；

④补正不予受理之后的新申请的情况下的手续补正书的提交日。

当所发现的在先设计是欲适用新颖性丧失的例外（外观设计法第 4 条第 1 款或者第 2 款）的规定的已公开外观设计时，确认新颖性丧失的例外规定的适用的申请是否满足规定的条件。（参照第 3 部分“新颖性丧失的例外”）

（2）新颖性等的判断中的外观设计是否相似的判断（→ 22.1.3）。

探讨与新颖性（外观设计法第 3 条第 1 款各项）、在先申请（外观设计法第 9 条）、与在先申请外观设计的一部分相同或相似的在后申请外观设计的保护排除（外观设计法第 3 条之 2）相关的驳回理由时，主要通过留意以下几点来进行在先设计与本申请的外观设计之间的对比以及判断。

①本申请的外观设计与驳回理由的通知中引用的在先设计（以下称作“引用外观设计”）之间是否相似的判断，将需求人（包含交易人）作为判断主体。

②判断本申请的外观设计与引用外观设计的外观设计产品的用途以及功能是否相同或者相似。在该情况下，不需要在比较产品的详细用途以及功能的基础上决定是否相似，只要是产品的用途（使用目的、使用状态等）以及功能具有相同性的产品，则足以判断产品的用途以及功能具有相似性。

③确认引用外观设计充分体现出与本申请的外观设计有可对比的程度，对本申请的外观设计与引用外观设计之间进行对比，在认定外观设计产品整体的形态（基本的构成形态）以及各部件的形态的共同点以及差异点的基础上，进一步根据以下的观点（i）和（ii）来进行共同点以及差异点的个别评价。

（i）在对该形态进行对比观察的情况下，进行是否为引起注意的部分的认定以及引起注意的程度的评价；

（ii）基于与在先外观设计群之间的对比进行引起注意的程度的评价。

对于部分外观设计，在认定“期望获得外观设计专利授权的部分”的用途以及功能、位置、大小、范围、形态的共同点以及差异点的基础上，进一步进行共同点以及差异点的单独评价。（参照 71.4.2.2.1“公知外观设计和部分外观设计是否相似的判断”）

④综合观察两项外观设计的所有共同点以及差异点的情况下，判断作为整体外观设计，是否对需求人（包含交易人）引起不同的美感。

（3）设计非易性的判断（→ 第 2 部分第 3 章）。

设计非易性（外观设计法第 3 条第 2 款）的判断，是通过基于在先设计等探讨本申请的外观设计是否能够容易创作来进行的。

关于设计非易性的判断，主要通过留意以下几点来进行。

①将具有该外观设计所属领域的一般常识的人（本领域设计人员）作为设计非易性的判断主体。

②确认作为设计非易性的判断基础的资料公知或者周知。另外，在公知的情况下，确认该事实的证据。

③确认表示是采用对于本领域设计人员而言常规的手段设计的外观设计的具体事实证据。

（4）是否符合外观设计法第 17 条各项的判断。

针对外观设计专利申请是否属于外观设计法第 17 条各项规定的驳回理由进行探讨。例如，探讨外观设计是否存在驳回事由（外观设计法第 5 条各项）、外观设计专利申请是否符合经济产业省令规定的产品分类或者与之同程度的分类（外观设计法第 7 条）。（参照第 4 部分“不能获得外观设计专利授权的外观设计”及第 5 部分“一设计一申请”）

122.4 驳回理由的通知

在发现了驳回理由的情况下，对申请人通知驳回理由，指定一定的期限以给予其提交意见陈述书的机会（外观设计法第 19 条适用的特许法第 50 条）。

122.4.1 进行驳回理由的通知时的注意事项

在进行驳回理由的通知时，主要注意以下几点进行具体指出以使申请人能够明确理解驳回理由的主旨。

（1）对于驳回理由，尽量以平实易懂的语言记载要点，以使申请人易理解。

（2）对于外观设计不具体，且明显不属于外观设计法第 3 条第 1 款总括部分规定的适于工业应用的外观设计的外观设计，具体示出请求书的记载以及附于请求书的图片等中不完备的地方及其理由。（参照 21.1.2“外观设计是具体的”）

（3）在本申请的外观设计符合外观设计法第 3 条第 1 款各项、第 3 条之 2、第 9 条第 1 款的规定，不满足新颖性、在先申请等的要件的情况下，驳回理由通知书中具体示出审查判断的理由。另外，在确定引用外观设计时，记载知道引用外观设计的出处的信息（文献名、发行日、号、卷册、公开页、公开位置等）。此时，在本申请的外观设计为部件的外观设计或者部分外观设计的情况下，根据需要明示用于进行对比、判断的对比部分。

另外，在本申请的外观设计同时符合外观设计法第 3 条之 2 的规定和外观设计法第 9 条第 1 款的规定的情况下（本申请的外观设计与在先申请的外观设计是相同或者相似的部分外观设计，且各自的申请人不是同一人的情况），审查实务上适用外观设计法第 3 条之 2 的规定。（参照 71.9.1.1“外观设计法第 9 条第 1 款中被认为相似的部分外观设计的外观设计专利申请的例子”）

（4）在本申请的外观设计符合外观设计法第 3 条第 2 款的规定，不满足设计非易性的授权要件的情况下，在驳回理由通知书中具体示出审查判断的理由。此时，除了不需要提示便很清楚的情况之外，都需要提示作为设计非易性的判断基础的资料以及表示对于本领域设计人员而言是采用常规手段设计的外观设计的具体事实。（参照23.6“作为设计非易性的判断基础资料的告知”、23.7“本领域设计人员常规手段的告知”）

在提示作为设计非易性的判断基础的资料时，记载得知出处的信息（文献名、发行日、号、卷册、公开页、公开位置等）。

另外，外观设计法第3条第2款的规定，仅在本申请的外观设计不属于外观设计法第3条第1款各项规定的外观设计的情况下才适用。（参照23.8“与外观设计法第3条第1款各项之间的适用关系”）

（5）在外观设计专利申请不满足外观设计法第7条规定的一设计一申请的要件的情况下，在驳回理由通知书中具体示出不认为是根据经济产业省令规定的产品分类或者与之同程度分类按每件外观设计提交的申请的理由。（参照第5部分“一设计一申请”）

122.4.2 确保与申请人之间的交流沟通

（1）审查员在认为有助于迅速、准确的审查的情况下，作为用于确保与申请人之间的交流沟通的辅助手段，有效采用电话、传真、会晤等积极与申请人之间礼貌地进行简单易懂的交流。会晤等基于《会晤指南【外观设计审查篇】》进行，为确保程序的透明性，制作会晤记录或者应对记录。另外，在外观设计专利申请有代理人的情况下，原则上与代理人进行会晤等。

（2）即使担当审查员变更，也要维持、确保审查的持续性。如果与前任审查员作出不同的判断，则尤其要注意与申请人之间的交流沟通。

122.5 国际外观设计专利申请的情况下的驳回的通报

外观设计专利国际申在不满足用于根据日本的法令授予保护的条件的情况下，进行驳回的通报［日内瓦修改协定第12条（1）以及（2）］。

122.5.1 驳回的通报

在进行驳回的通报时，应注意以下几点。

（1）在国际外观设计专利申请不满足用于根据日本法令授权保护的条件的情况，包含以下情况。

①该国际外观设计专利申请符合驳回理由（外观设计法第17条各项）的情况（国际外观设计专利申请的情况下的驳回理由的通知，通过驳回通报进行）。

②需要等待与该国际外观设计专利申请相关的手续或者等待处分的确定的情况。

③需要等待与该国际外观设计专利申请之外的申请相关的处分的确定的情况（等待通知）。

在进行过一次驳回的通报的情况下，以后的程序中，对于驳回理由的通知等，不是采用驳回的通报，而是通过通常的驳回理由通知等来进行。

（2）在与上述（1）①～③中的任一条相符的情况下，在国际公布之后12个月以内对国际事务局进行驳回的通报［日内瓦修改协定第12条（2）（a）、海牙协定公共规则规则18（1）（b）］。

（3）驳回的通报中记载作为其根据的所有理由（注）［日内瓦修改协定第12条（2）（b）］。另外，告知与该理由对应的法令的主要规定［海牙协定公共规则第18规则（2）（iii）］。

（注）

驳回的通报中应记载的“所有理由”，是在进行驳回的通报的时刻能提示的理由，且所同时通知的程度在合理的范围内。

（4）驳回的通报用英语进行［海牙协定公共规则的规则6（3）（i）］。

122.6 提交了意见陈述书或者手续补正书的情况

（1）意见陈述书或者手续补正书的内容的探讨。

在通知了驳回理由之后，提交了意见陈述书或者手续补正书的情况下，仔细阅读意见陈述书，在充分理解了意见陈述书的内容之后，针对意见陈述书中主张的各事项进行探讨，或者，对手续补正书的内容进行充分探讨，判断之前所提示的驳回理由是否被消除。

（2）手续补正书的处理。

在认为对请求书或者图片等进行的补正，是对申请当初的请求书的记载或者附于请求书的图片等的要点进行的变更的情况下（以下①②所示的情况），作出该补正不予受理的决定（外观设计法第17条之2）。作出所谓补正不予受理的决定时示出理由（在存在多个理由的情况下示出全部理由）。（参照82.1“所谓补正不予受理”）

①超过基于该外观设计所属领域的一般常识必然能够推导出的外观设计的同一范围，进行变更的补正；

②使申请当初不清楚的外观设计的要点明确的补正。

在补正不是对申请当初的请求书的记载或者附于请求书的图片等的要点进行的变更的情况下，基于补正后的请求书的记载以及附于请求书的图片等继续进行审查。

另外，补正仅限于外观设计专利申请正在审查、审判或者再审的审理中的情况下才能进行（外观设计法第60条之24）。（参照81.1.2“补正时间上的限制”）

（3）意见陈述书或者手续补正书提交后的驳回理由的通知。

虽然通过提交意见陈述书或者手续补正书，之前通知的驳回理由被消除，但在发现了其他驳回理由时，应重新通知驳回理由。

122.7 审查决定

122.7.1 授权决定

审查员在外观设计专利申请未发现驳回理由的情况下进行授权。通过提交意见陈述书或者手续补正书驳回理由被消除，在未发现其他驳回理由的情况下进行授权（外观设计法第 18 条）。

在授权时，关于本申请的外观设计专利，对于虽然不至于构成驳回理由，但审查中特别参考过的、属于以下所示情况的在先设计等，将公开了该在先设计等的审查资料作为参考文献在外观设计专利公报进行公开。

（1）与本申请的外观设计专利之间，作为整体外观设计被认为具有共同点的在先设计；

（2）与本申请的外观设计专利之间，在部分形态上被认为具有共同点的在先设计等。

122.7.2　驳回决定

在即使采用驳回理由的通知对应的意见陈述书以及手续补正书，也未消除驳回理由的情况下，迅速作出驳回决定（外观设计法第 17 条）。

在作出驳回决定时，应注意以下几点。

（1）用平实的语言记录，使人得知驳回理由未被消除的具体理由。

（2）对于意见陈述书中主张的事项，按照驳回理由的主旨，明确记载审查员的判断。

（3）不局限于所通知的驳回理由，引用新的在先设计等，进行不合理的驳回决定。但是，可以进行用来进一步强调是常规形态、是对于本领域设计人员而言的常规手法的在先设计等的提示。

【图】审查的主要流程

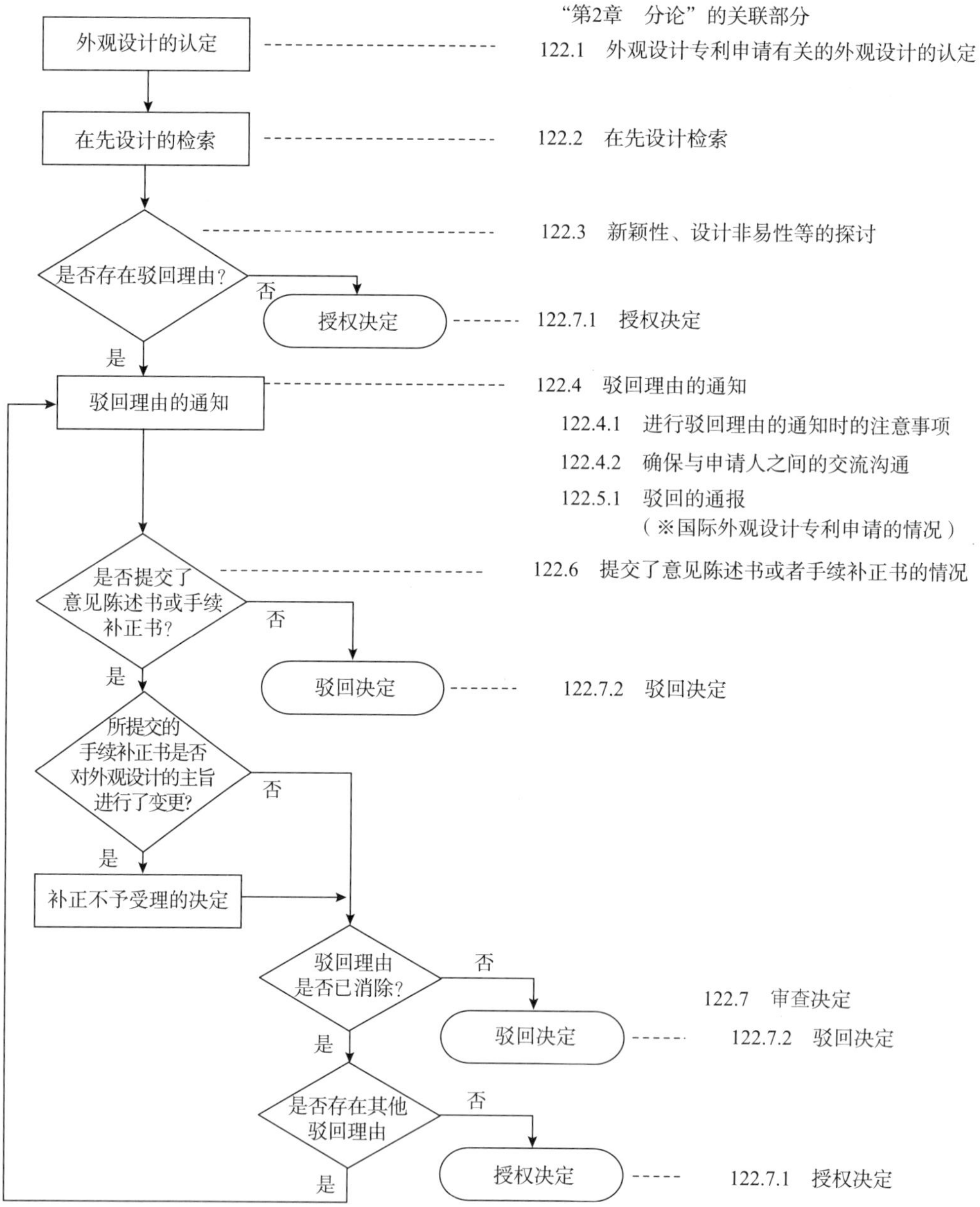

"第2章　分论"的关联部分
外观设计的认定
122.1　外观设计专利申请有关的外观设计的认定
在先设计的检索
122.2　在先设计检索
122.3　新颖性、设计非易性等的探讨
是否存在驳回理由？
否
授权决定
122.7.1　授权决定
是
驳回理由的通知
122.4　驳回理由的通知
122.4.1　进行驳回理由的通知时的注意事项
122.4.2　确保与申请人之间的交流沟通
122.5.1　驳回的通报
（※国际外观设计专利申请的情况）
是否提交了意见陈述书或手续补正书？
122.6　提交了意见陈述书或者手续补正书的情况
否
驳回决定
122.7.2　驳回决定
是
所提交的手续补正书是否对外观设计的主旨进行了变更？
否
是
补正不予受理的决定
驳回理由是否已消除？
否
122.7　审查决定
驳回决定
122.7.2　驳回决定
是
是否存在其他驳回理由
否
授权决定
122.7.1　授权决定
是

第 13 部分　其他

第 1 章　特征记载文件

131　相关条文

外观设计法实施规则

第六条　期望获得外观设计专利授权的人或者外观设计专利申请人，在提交请求书时或者事件正在审查、审判或者再审阶段时，能够提交记载了期望获得外观设计专利授权的外观设计或者外观设计专利申请的外观设计的特征的特征记载文件。

2　提交特征记载文件时，必须依照格式第九。

3　在规定授权外观设计的范围的情况下，不得考虑特征记载文件的记载。

131.1　特征记载文件

审查员在外观设计专利申请的外观设计的认定（参照第 1 部分“请求书及图片”第 2 章“外观设计专利申请有关的外观设计的认定”）或者是否相似的判断、驳回理由中不得将该记载内容作为直接的根据，但通过看该记载内容，比如会成为审查中用于决定准确的检索范围的参考信息，因此能期待审查的加速。

在授权的情况下，通过在外观设计专利公报中披露外观设计的特征以及说明图的记载内容，从而能够使第三者得知与该授权的外观设计专利的设计相关的申请人的主观意图。

由于不作为限定外观设计法第 24 条规定的授权外观设计的范围的基础，因此记载内容对于权利范围不会直接产生任何影响。

131.1.1　提交手续

特征记载文件的提出不是义务，而是根据期望获得外观设计专利授权的人或者外观设计专利申请人的选择能够提出的任意手续。

手续的提交仅限于在提交请求书时，或者申请正在审查、审判或者再审的审理中时才能进行。

131.1.2　外观设计专利公报的披露

关于特征记载文件中的外观设计的特征以及说明图的记载内容，原则上将申请人提出的内容直接披露在外观设计专利公报上。在有新的特征记载文件的提交的情况下，仅披露最新的特征记载文件的记载内容。

另外，在基于外观设计法第 66 条第 3 款的规定的外观设计专利公报（同日申请的协商不成立或者无法协商的情况下公示确定驳回的申请的公报）中，不披露该记载内容。特征记载文件的记载中，在包含不适于公报披露的表达的情况下，不进行该部分的公报披露。

附件　成套产品的组成产品表

作为成套产品的外观设计，原则上每项外观设计必须包含各个“组成产品”栏内列举的所有产品中的至少一种。

对于包含所列举产品之外的产品，作为同时使用所增加的产品，且是附于各组成产品的范围内的产品。

另外，“备注”栏附有注意事项的成套产品，将至少包含该“组成产品”栏内的两种以上产品的组合或者每个被细化的“组成产品”栏的组合作为成套产品来处理。

	成套产品	组成产品	备注
1	一套内衣	胸罩 束腰 三角裤 长衬裙 吊带背心 衬裙 紧身衣裤	包含栏内的两种以上的产品
2	一套袖扣及领带夹	袖扣 领带夹	
3	一套首饰	项链 耳环	
4	一套吸烟用具	台式打火机 烟灰缸	
5	一套美容用具	电动按摩器 电动眉毛剃刀	由任意一栏的组成产品的组合组成
		电动洗脸粉扑 电动吸引棒	
6	一套人偶	大内人偶 三名女官人偶 五名乐手人偶 左右大臣人偶	
7	一套洗衣机	电动洗衣机 衣服烘干机	

续表

	成套产品	组成产品	备注
8	一套厕所清洁用具	带盒子的刷帚 卫生容器	
9	一套盥洗用具	牙刷架 杯子	
10	一套电动牙刷	电动牙刷 支架	
11	一套露营用锅	煮锅 煎锅	
12	一套红茶用具	红茶碗以及托盘 茶壶 盛奶壶 糖罐	
13	一套咖啡用具	咖啡杯以及托盘 咖啡壶 盛奶壶 糖罐	
14	一套酒器	玻璃杯 冰桶	由任意一栏的组成产品的组合组成
		玻璃杯 酒瓶	
		德利酒杯	
15	一套餐桌用器皿以及杯子	餐桌器皿 杯子	
16	一套煎茶用具	煎茶碗 茶壶	
17	一套餐具	盛肉盘子 面包盘子 汤碗 红茶碗以及托盘 大盆 盛奶壶 糖罐	

续表

	成套产品	组成产品	备注
18	一套佐料盘	盐瓶 胡椒瓶	由任意一栏的组成产品的组合组成
		酱油罐 汤罐	
19	一套饮食用刀、叉以及勺子	刀 叉 勺	
20	一套椅子	椅子（两把以上）	
21	一套办公家具	桌子 安乐椅	
22	一套户外用椅子以及桌子	户外用椅子 户外用桌子	
23	一套玄关收纳	鞋柜 收纳架	
24	一套收纳架	收纳架（两个以上）	
25	一套书桌	书桌 腋桌	
26	一套桌子	桌子（两张以上）	
27	一套吊灯	吊灯 吊灯装饰	
28	一套空调	空调 空调室外机	
29	一套洗脸化妆台	洗脸化妆台 化妆镜 收纳柜	
30	一套厨房用具	洗碗池 烹饪桌 煤气台 收纳柜	
31	一套坐便器用附属品	坐便器外盖 坐便器盖 马桶垫	

续表

	成套产品	组成产品	备注
32	一套红茶组合玩具	各组成产品分别准照上述非玩具类成套产品	
33	一套咖啡组合玩具		
34	一套餐具组合玩具		
35	一套佐料组合玩具		
36	一套刀、叉、勺子组合玩具		
37	一套高尔夫球棍	高尔夫球棍（两根以上）	
38	一套鼓	鼓 铙钹	
39	一套办公用具	剪刀 剪纸刀 纸张切割器 尺 订书机	包含栏内的两种以上的产品
40	一套文具	自动铅笔 圆珠笔 钢笔 标记笔	包含栏内的两种以上的产品
41	一套汽车用空气阻流板	汽车用空气整流器（两个以上）	
42	一套汽车用座套	座套（两个以上）	
43	一套汽车用地垫	地垫（两个以上）	
44	一套汽车用踏板	加速踏板 刹车踏板	
45	一套摩托车用整流罩	整流罩（两个以上）	
46	一套摩托车用挡泥板	前挡泥板 后挡泥板	
47	一套车载用导航	车载用导航主体 监控电视机	

续表

<table>
<tr><th></th><th>成套产品</th><th>组成产品</th><th>备注</th></tr>
<tr><td>48</td><td>一套音响设备</td><td>调节器
扬声器
扬声器箱</td><td>还包含一体式调节器和扬声器</td></tr>
<tr><td>49</td><td>一套车载用音响设备</td><td>车载用调节器
车载用扬声器
扬声器箱</td><td>还包含一体式车载用调节器和车载用扬声器</td></tr>
<tr><td>50</td><td>一套扬声器箱</td><td>扬声器箱（两个以上）</td><td></td></tr>
<tr><td>51</td><td>一套电视接收机</td><td>电视接收机
电视柜</td><td></td></tr>
<tr><td>52</td><td>一套光盘播放器</td><td>显示器接收机
光盘播放设备</td><td></td></tr>
<tr><td rowspan="5">53</td><td rowspan="5">一套电子计算机</td><td>电子计算机
电子计算机用数据表示设备或者数据输出设备</td><td rowspan="5">由任意一栏的组成产品的组合组成</td></tr>
<tr><td>带数据显示器备的电子计算机
电子计算机用键盘或者数据输入设备</td></tr>
<tr><td>带键盘的电子计算机
电子计算机用数据显示器</td></tr>
<tr><td>电子计算机
（两台以上（由多个机箱构成））</td></tr>
<tr><td>电子计算机数据输入输出用辅助器</td></tr>
<tr><td>54</td><td>一套自动售货机</td><td>自动售货机
（两台以上）</td><td></td></tr>
<tr><td>55</td><td>一套医疗用 X 射线摄像机</td><td>X 射线摄像机
医疗用床</td><td></td></tr>
<tr><td>56</td><td>一套门柱、门扇以及栅栏</td><td>门柱
门扇
栅栏</td><td></td></tr>
</table>